橡胶配方设计经纬

——制品实例篇

张芬厚 著

化学工业出版社

·北京·

本书收集作者六十多年间试验过的、有价值的生产配方384例，主要对密封圈、黏合剂、轮胎以及各种耐热、耐油、耐磨、抗撕裂、耐老化、耐酸碱等功能制品的配方进行了介绍。该书每例配方占一页，且每例配方都附有相应的产品性能和制造工艺，清晰明了。

本书全部配方都经作者亲身操作，极具实用性、可操作性，对从事配方研究、产品开发的技术人员有较高的参考价值。

图书在版编目（CIP）数据

橡胶配方设计经纬——制品实例篇/张芬厚著. —北京：化学工业出版社，2017.1

ISBN 978-7-122-28569-0

Ⅰ.①橡… Ⅱ.①张… Ⅲ.①橡胶制品-配方-设计 Ⅳ.①TQ330.6

中国版本图书馆CIP数据核字（2016）第287853号

责任编辑：赵卫娟　高　宁　　装帧设计：关　飞

责任校对：王　静

出版发行：化学工业出版社（北京市东城区青年湖南街13号　邮政编码100011）

印　　装：北京虎彩文化传播有限公司

787mm×1092mm　1/16　印张21　字数508千字　2017年3月北京第1版第1次印刷

购书咨询：010-64518888　　售后服务：010-64518899

网　　址：http://www.cip.com.cn

凡购买本书，如有缺损质量问题，本社销售中心负责调换。

定　　价：98.00元

序

橡胶行业是国民经济中的一个重要部门，与工业、农业、交通运输、人民生活都有密切的关系。各行业的发展都离不开橡胶产品。

我国橡胶工业从1915年在广州创办广东兄弟树胶创制公司起至今已逾100年。全行业员工经过100年打拼，使我国年耗胶量和轮胎产量这两项表征行业实力的重要指标超过美国，进入国际橡胶大国行列。

为了纪念这件具有历史意义的大事，由中国化工学会橡胶专业委员会牵头，在全行业大力支持下，2015年在广州举办了我国橡胶行业百年庆典，与会领导殷切希望全行业员工继续努力，使我国尽快由橡胶大国进入橡胶强国行列，实现“橡胶强国梦”的首要条件是依靠科技进步。

本书作者长期在北京橡胶工业研究设计院从事橡胶加工应用技术研究工作，担任院原材料室主任多年。他对各类橡胶实用配方作过系统研究，对配方设计技术有许多宝贵的知识和经验，在本书中有详尽论述。

本书最大的特点是有很强的实用性。适合橡胶企业、科研单位、高等院校和中职院校读者选用。相信本书的出版发行将会对促进我国橡胶行业的快速发展起到积极作用。

原化工部北京橡胶工业研究设计院院长、总工程师

2016年11月

前言

随着国民经济，特别是汽车工业的高速发展，对橡胶制品的需求以惊人的速度增长，同时也对橡胶工业提出了更高的要求。由于橡胶制品特有的高弹性及优良的物理机械性能，其作为各种机械、车辆、设备的配套元件及日常生活用品，是一种不可替代的主要产品，发挥着越来越大的作用，应用范围也日益广泛。其产品性能和质量直接影响到主机及相关机械的使用性能和使用寿命，特别是一些与安全有关的产品，如汽车刹车皮膜、皮碗，在汽车行驶中发挥着至关重要的作用。产品结构、胶料配方、生产工艺、原材料质量均是影响产品性能和质量的主要因素；而胶料配方和生产工艺又是最为关键的两个因素。只有好的配方和合理的制造工艺才能生产出高性能、高质量的产品。

笔者从事橡胶研究工作六十余年，一直从事橡胶加工应用技术方面的研究。接触过多种橡胶产品和各种类别的橡胶，在橡胶配方、制造工艺、制品开发等方面积累了较丰富的经验和大量的配方、工艺资料。现将其中有价值的配方，工艺整理成册，供广大同行参考及应用，以发挥其应有的作用。

本书最大特点是突出了实用性。与目前许多由文献报道汇编而成的橡胶配方手册不同，本书中所列出的每个配方都经实际配方试验和性能检验，胶料性能数据真实、准确、可靠，且每个配方都附有制造工艺、具有可操作性。其次，配方内容包括密封圈、黏合剂、轮胎以及各种耐热、耐油、耐磨、抗撕裂、耐老化、耐酸碱等功能制品。覆盖面大，选择的范围广。在基础配方中，每个配合体系呈现了很好的规律性；在制品配方中，收录有高硬度、高耐热、耐磨等特殊性能要求的配方。其三，与产品有关的配方有相当一部分已用于产品中，具有一定的可靠性。因此本书对从事配方研究、产品开发的技术人员有较高的参考价值；特别对于中小企业，缺乏试验条件的单位，可从中选择合适的配方，直接套用，或稍加调整即可使用，节省了时间、精力，可快速进行新产品开发，非常方便、实用。由于配方是作者长期研究工作积累，有部分原材料可能目前已不常用，但可以选用目前相应常用原材料取代，仍有很大的实用参考价值。

本书在编写过程中，曾得到张涛和陈运熙二位教授级高工的热情指导，并对此书进行了精心的审核与修正。对此特提出衷心感谢。

著者

2016 年 11 月

目录

编写说明 1

橡胶配方设计原则 2

第1部分　橡胶制品实用配方

第1章　制动器密封圈（刹车密封圈）研制配方 6

1.1　胶型选择 …… 6
　表1-1　不同牌号EPDM对比 …… 6
　表1-2　EPDM/NBR变量（1） …… 7
　表1-3　EPDM/NBR变量（2） …… 8
1.2　硫化体系 …… 9
　表1-4　EPDM/NBR胶中硫化剂的变化 …… 9
　表1-5　EPDM/NBR胶中硫化体系的变化 …… 10
　表1-6　EPDM/NBR胶中不同促进剂变量对硫化的影响 …… 11
1.3　补强剂、软化剂对EPDM性能的影响 …… 12
　表1-7　EPDM/NBR胶中不同炭黑对比（1） …… 12
　表1-8　EPDM/NBR胶中不同炭黑对比（2） …… 13
　表1-9　EPDM/NBR胶中不同促进剂变量对硫化的影响 …… 14
　表1-10　不同软化剂对EPDM性能的影响 …… 15
1.4　实用配方 …… 16
　表1-11　EPDM/NBR密封圈胶料（1） …… 16
　表1-12　EPDM/NBR密封圈胶料（2） …… 17
　表1-13　EPDM/NBR密封圈胶料（3） …… 18
　表1-14　EPDM/NBR密封圈胶料（4） …… 19
　表1-15　EPDM/NBR密封圈胶料（5） …… 20
　表1-16　EPDM/NBR密封圈胶料（6） …… 21
　表1-17　EPDM/NBR密封圈胶料（7） …… 22

表 1-18　EPDM 密封圈胶料（1） 23
表 1-19　EPDM 密封圈胶料（2） 24
表 1-20　EPDM 密封圈胶料（3） 25
表 1-21　EPDM 密封圈胶料（4） 26

第 2 章　黏合剂应用配方　27

2.1　不同黏合剂在 NR 中对金属的黏合作用 27
表 2-1　NR＋环烷酸钴对多股镀铜钢丝的黏合 27
表 2-2　NR＋癸酸钴对多股镀铜钢丝的黏合 28
表 2-3　NR＋不同黏合剂对多股镀铜钢丝的黏合（1） 29
表 2-4　NR＋不同黏合剂对多股镀铜钢丝的黏合（2） 30
表 2-5　NR＋不同黏合剂对多股镀铜钢丝的黏合（3） 31
表 2-6　NR/SBR/BR＋黏合剂对钢丝的黏合 32
2.2　不同黏合剂在通用胶中对纤维材料的黏合 33
表 2-7　NR＋不同黏合剂对未浸胶尼龙帘线的黏合 33
表 2-8　NR＋不同黏合剂对浸胶尼龙帘线的黏合 34
表 2-9　NR＋不同黏合剂对浸胶尼龙帘线的黏合 35
表 2-10　NR＋不同黏合剂对尼龙帘线的黏合 36
表 2-11　NR/BR＋不同黏合剂对浸胶尼龙帘线的黏合 37
表 2-12　NR/SBR/BR＋不同黏合剂对未浸胶尼龙帘线的黏合 38
2.3　不同黏合剂在 EPDM、CR、NBR 中对织物和金属的黏合 39
表 2-13　EPDM＋黏合剂对尼龙 66 白细布的黏合 39
表 2-14　不同黏合剂在 EPDM 中对尼龙布的黏合 40
表 2-15　不同黏合剂在 EPDM 中对尼龙 66 布的黏合 41
表 2-16　NBR＋不同黏合剂对尼龙帘线的黏合 42
表 2-17　NBR＋不同黏合剂对金属的黏合 43
表 2-18　NBR＋环烷酸钴对金属的黏合 44
表 2-19　CR＋不同黏合剂对尼龙布、聚酯布的黏合 45
表 2-20　CR/NBR＋不同黏合剂对尼龙布、聚酯布的黏合 46
2.4　黏合胶料产品配方 47
表 2-21　EPDM 夹尼龙布泵膜配方 47
表 2-22　NRB 泵膜胶浆 48
表 2-23　NBR/CR 泵膜覆盖胶（配合 RH-25 用） 49
表 2-24　NBR 仪表磨片用胶浆（覆盖胶用 RH-28） 50
表 2-25　NBR/CR 仪表磨片覆盖胶（配合 RH-27 用） 51
表 2-26　CR 耐酸碱夹布胶膜胶浆（覆盖胶用 RH-30） 52
表 2-27　CR 耐酸碱夹布膜覆盖胶（配合 RH-29 用） 53

表 2-28　NBR/高苯乙烯，耐油、耐压、高硬度夹布组合密封圈 …… 54
表 2-29　NR 刹车皮膜胶浆（覆盖胶用 RH-33） …… 55
表 2-30　NR/SBR/BR，刹车皮膜覆盖胶（配合 RH-32 用） …… 56
表 2-31　风扇带包布胶、缓冲胶、压缩胶整体配方 …… 57

第 3 章　轮胎重点部位配方　58

3.1　胎面胶、胎侧胶配方 …… 58
表 3-1　NR/BR（30/70）胎面胶 …… 58
表 3-2　NR/BR（50/50）胎面胶 …… 59
表 3-3　NR/BR（70/30）胎面胶 …… 60
表 3-4　NR 胎面胶 …… 61
表 3-5　NR/SBR（70/30）胎面胶 …… 62
表 3-6　NR/SBR（50/50）胎面胶 …… 63
表 3-7　NR/SBR（30/70）胎面胶 …… 64
表 3-8　NR/BR（50/50）＋炭黑并用胎侧胶（1） …… 65
表 3-9　NR/BR（50/50）＋炭黑并用胎侧胶（2） …… 66
表 3-10　NR/BR（50/50）＋炭黑并用胎侧胶 …… 67
表 3-11　NR/BR（50/50）＋炭黑胎侧胶 …… 68
3.2　内外层胶、缓冲层胶、油皮胶配方 …… 69
表 3-12　NR/SBR＋BR（75/10/15）内层胶 …… 69
表 3-13　NR/SBR（90/10）外层胶 …… 70
表 3-14　IR/BR（90/10）内层胶 …… 71
表 3-15　NR 缓冲层胶（1） …… 72
表 3-16　NR 缓冲层胶（2） …… 73
表 3-17　IR 缓冲层胶 …… 74
表 3-18　NR/SBR/BR（35/45/20）钢丝帘布胶 …… 75
表 3-19　SBR 油皮胶 …… 76
表 3-20　NR/SBR（50/50）油皮胶 …… 77

第 4 章　其他制品配方　78

4.1　聚四氟乙烯（PTFE）滑环研制配方 …… 78
表 4-1　PTFE/铜粉不同配比性能对比 …… 78
表 4-2　PTFE 中二硫化钼不同用量性能对比（1） …… 79
表 4-3　PTFE 二硫化钼不同用量性能对比（2） …… 80
表 4-4　PTFE、铜粉、二硫化钼不同用量材料性能对比 …… 81
4.2　轨枕垫研制配方 …… 82

表 4-5　不同填料对 SBR 性能的影响 …… 82
表 4-6　不同填料对 NR/BR 胶料性能的影响 …… 83
表 4-7　白炭黑、混气炭黑不同配比对 NR/SBR/BR 性能的影响 …… 84
表 4-8　不同比例白炭黑、混气炭黑对 NR/SBR/BR 胶料性能的影响 …… 85
4.3　门窗用密封条配方 …… 86
表 4-9　PVC（XO-5）高硬度汽车门窗密封条 …… 86
表 4-10　PVC（XO-4）高硬度汽车门窗密封条 …… 87
表 4-11　PVC（XO-3）中硬度汽车门窗密封条 …… 88
表 4-12　PVC（XO-4）中硬度汽车门窗密封条 …… 89
表 4-13　PVC（XO-4）中硬度密封条 …… 90
表 4-14　PVC（XO-4）/CR 中硬度密封条 …… 91
4.4　其他配方 …… 92
表 4-15　BR 透明胶 …… 92
表 4-16　BR/SBR（80/20）透明胶 …… 93
表 4-17　EPDM 透明胶 …… 94
表 4-18　EPDM 透明胶 …… 95
表 4-19　IIR 耐热密封垫胶 …… 96
表 4-20　NR 导电胶（1）…… 97
表 4-21　NR 导电胶（2）…… 98
表 4-22　NR 导电胶（3）…… 99
表 4-23　NR 导电胶（4）…… 100

第 2 部分　橡胶制品优选配方

第 5 章　耐油胶配方　102

5.1　耐油胶配方（邵尔 A 硬度 41～68） …… 102
表 5-1　印染胶辊（硬度 41）…… 102
表 5-2　印染胶辊（硬度 42）…… 103
表 5-3　印染胶辊（硬度 46）…… 104
表 5-4　印染胶辊（硬度 50）…… 105
表 5-5　印染胶辊（硬度 55）…… 106
表 5-6　印染胶辊（硬度 68）…… 107
表 5-7　耐油密封圈（硬度 48）…… 108
表 5-8　耐油密封圈（硬度 49）…… 109
表 5-9　耐石油密封圈（硬度 54）…… 110
表 5-10　耐石油密封圈（硬度 57）…… 111
表 5-11　耐石油密封圈（硬度 60）…… 112

表 5-12　耐燃气密封圈（硬度 55） …… 113
表 5-13　煤气罐密封圈（硬度 62） …… 114
表 5-14　煤气罐密封圈（硬度 62） …… 115
表 5-15　煤气罐密封圈（硬度 64） …… 116
表 5-16　煤气罐密封圈（硬度 68） …… 117
5.2　耐油胶配方（邵尔 A 硬度 73～97） …… 118
表 5-17　耐油密封圈（硬度 73） …… 118
表 5-18　耐油密封圈（硬度 75） …… 119
表 5-19　耐油密封圈（硬度 75） …… 120
表 5-20　耐油密封圈（硬度 80） …… 121
表 5-21　耐油密封圈（用于泥浆泵，硬度 84） …… 122
表 5-22　耐磨、耐油胶（用于泥浆泵，硬度 82） …… 123
表 5-23　耐磨、耐油胶（硬度 89） …… 124
表 5-24　耐油、耐酸碱（轨枕垫，硬度 85） …… 125
表 5-25　耐燃气密封圈（硬度 87） …… 126
表 5-26　耐石油密封圈（硬度 88） …… 127
表 5-27　高硬度耐油密封圈（硬度 92） …… 128
表 5-28　高硬度耐油胶（硬度 93） …… 129
表 5-29　高硬度耐油胶（硬度 93） …… 130
表 5-30　高硬度耐油胶（硬度 97） …… 131
表 5-31　浅色高硬度耐油胶（硬度 97） …… 132

第 6 章　耐热胶配方

133

6.1　耐热胶配方（邵尔 A 硬度 56～65） …… 133
表 6-1　耐 250℃高温硅胶（硬度 56） …… 133
表 6-2　耐热硅胶（联管器密封圈，硬度 59） …… 134
表 6-3　通用胶联管器密封圈（硬度 63） …… 135
表 6-4　耐高温氟胶（联管器密封圈，硬度 65） …… 136
6.2　耐热胶配方（邵尔 A 硬度 61～78） …… 137
表 6-5　耐热、耐老化密封圈（硬度 61） …… 137
表 6-6　耐热、耐老化密封圈（硬度 63） …… 138
表 6-7　耐高温氟胶（硬度 67） …… 139

第 7 章　耐酸碱胶配方（邵尔 A 硬度 53～88）

140

表 7-1　压滤机鼓膜胶（无毒、耐酸碱，硬度 53） …… 140
表 7-2　耐酸碱胶（硬度 57） …… 141
表 7-3　耐酸碱胶（硬度 67） …… 142

表 7-4　耐酸碱胶（硬度 75） 143
表 7-5　无毒胶瓶塞（硬度 63） 144
表 7-6　耐温泵膜胶（硬度 70） 145
表 7-7　压滤机板框胶（硬度 75） 146
表 7-8　高硬度板框胶（硬度 88） 147

第 8 章　耐屈挠、耐老化胶配方　148

8.1　耐屈挠、耐老化胶配方（邵尔 A 硬度 35～59） 148
表 8-1　低硬度、高弹性（吸盘用，硬度 35） 148
表 8-2　医用胶塞（耐屈挠，硬度 47） 149
表 8-3　压滤机鼓膜胶（耐屈挠，硬度 55） 150
表 8-4　压滤机鼓膜胶（耐酸碱，硬度 56） 151
表 8-5　压滤机鼓膜胶（耐屈挠，硬度 57） 152
表 8-6　汽车全景玻璃密封条（硬度 58） 153
表 8-7　小实心胎（游乐场用，硬度 58） 154
表 8-8　美容仪用气拍胶（耐屈挠、耐老化，硬度 58） 155
表 8-9　通用胶（耐屈挠，硬度 59） 156
8.2　耐屈挠、耐老化胶配方（邵尔 A 硬度 62～91） 157
表 8-10　通用胶（耐屈挠，硬度 62） 157
表 8-11　通用胶（耐屈挠，硬度 63） 158
表 8-12　减震胶垫（耐屈挠，硬度 63） 159
表 8-13　制动钳用防尘圈（耐老化，硬度 65） 160
表 8-14　美容仪用气拍胶（耐老化，硬度 66） 161
表 8-15　三元乙丙胶（耐老化，硬度 68） 162
表 8-16　三元乙丙胶（耐老化，硬度 74） 163
表 8-17　真空密封耐热胶（硬度 72） 164
表 8-18　再生胶压滤机板框胶（硬度 91） 165

第 9 章　耐磨、抗撕裂胶配方　166

9.1　耐磨、抗撕裂胶配方（邵尔 A 硬度 59～63） 166
表 9-1　耐磨胶（硬度 59） 166
表 9-2　耐磨胶 1（三胶并用，硬度 63） 167
表 9-3　耐磨胶 2（三胶并用，硬度 63） 168
表 9-4　耐磨、耐低温胶（硬度 60） 169
表 9-5　耐磨、耐低温胶（硬度 63） 170
表 9-6　抗撕裂胶（硬度 61） 171
表 9-7　抗撕裂、耐低温胶（硬度 61） 172

表 9-8　耐磨、抗撕裂胶（硬度 63） …… 173
9.2　耐磨、抗撕裂胶配方（邵尔 A 硬度 65～88） …… 174
表 9-9　耐屈挠、抗撕裂胶（硬度 65） …… 174
表 9-10　耐磨、抗撕裂、耐屈挠胶（硬度 65） …… 175
表 9-11　抗撕裂天然胶（硬度 68） …… 176
表 9-12　抗撕裂胶（硬度 70） …… 177
表 9-13　抗撕裂天然胶（硬度 73） …… 178
表 9-14　高硬度耐磨胶（硬度 88） …… 179

第 10 章　绝缘胶、导电胶配方　180

10.1　绝缘胶、导电胶配方（邵尔 A 硬度 45～60） …… 180
表 10-1　绝缘天然胶（硬度 45） …… 180
表 10-2　绝缘胶（硬度 48） …… 181
表 10-3　绝缘胶（硬度 54） …… 182
表 10-4　绝缘胶（硬度 60） …… 183
10.2　绝缘胶、导电胶配方（邵尔 A 硬度 74～83） …… 184
表 10-5　导电胶（健身鞋底，硬度 74） …… 184
表 10-6　导电胶（硬度 76） …… 185
表 10-7　导电胶（硬度 77） …… 186
表 10-8　导电胶（硬度 83） …… 187
表 10-9　导电海绵胶（硬度同国外样品） …… 188
表 10-10　医用导电胶（硬度 78） …… 189
表 10-11　三胶并用绝缘胶（轨枕垫，硬度 80） …… 190
表 10-12　三胶并用绝缘胶（轨枕垫，硬度 83） …… 191
表 10-13　丁苯胶绝缘胶（轨枕垫，硬度 80） …… 192

第 11 章　高弹性、高硬度胶配方　193

11.1　高弹性胶（邵尔 A 硬度 35～58） …… 193
表 11-1　两胶并用高弹性胶（硬度 35） …… 193
表 11-2　两胶并用高弹性胶（硬度 53） …… 194
表 11-3　天然胶高弹性胶（硬度 49） …… 195
表 11-4　天然胶高弹性胶（硬度 58） …… 196
11.2　高硬度胶（邵尔 A 硬度 93～99） …… 197
表 11-5　氟胶高硬度胶（硬度 93） …… 197
表 11-6　再生胶高硬度胶（硬度 94） …… 198
表 11-7　丁腈胶/高苯乙烯高硬度胶（硬度 95） …… 199
表 11-8　聚氨酯胶高硬度胶（硬度 96） …… 200

表 11-9　丁腈胶＋树脂高硬度胶（硬度 98） 201
表 11-10　天然胶硬质胶（硬度 99） 202

第 12 章　黏合胶、透明胶、快速硫化胶、海绵胶配方　203

12.1　黏合胶、透明胶、快速硫化胶（邵尔 A 硬度 48～84） 203
表 12-1　快速硫化胶（硬度 48） 203
表 12-2　快速硫化胶（硬度 59） 204
表 12-3　丁苯/顺丁胶透明胶（硬度 63） 205
表 12-4　高填料低温硫化胶（硬度 67） 206
表 12-5　直接黏合尼龙布胶（硬度 73） 207
表 12-6　高填料天然胶（硬度 77） 208
表 12-7　天然胶黏多股钢丝胶（硬度 84） 209
12.2　海绵胶 210
表 12-8　三胶并用海绵胶 210
表 12-9　天然胶/EVA 海绵胶（闭孔） 211
表 12-10　天然胶/高苯乙烯海绵胶（可做小球） 212
表 12-11　天然胶海绵（球用） 213
表 12-12　氯丁胶海绵（耐酸碱、耐热垫） 214
表 12-13　橡塑并用发泡胶（减震垫） 215

第 13 章　其他产品配方　216

13.1　其他产品配方（邵尔 A 硬度 52～92） 216
表 13-1　力车内胎胶（硬度 52） 216
表 13-2　汽车用雨刷条胶（硬度 53） 217
表 13-3　耐海水止水胶（硬度 63） 218
表 13-4　泥浆泵活塞胶（硬度 80） 219
表 13-5　通孔胶塞（旋转防喷器密封胶芯，硬度 83） 220
表 13-6　高硬度耐油夹布密封圈胶（硬度 92） 221
13.2　PTFE 滑环 222
表 13-7　滑环用料（聚四氟乙烯）＋高量铜粉 222
表 13-8　滑环用料（聚四氟乙烯）＋中量铜粉 223

第 3 部分　海绵胶配方

第 14 章　海绵胶衬垫配方（减震、高弹性、不吸水）　226

14.1 圆形海绵减震垫 …… 226
表 14-1 颗粒胶/EVA 海绵减震垫 …… 226
表 14-2 颗粒胶/EVA，海绵衬垫（1） …… 227
表 14-3 颗粒胶/EVA，海绵衬垫（2） …… 228
表 14-4 颗粒胶 90/EVA70，海绵衬垫（3） …… 229
表 14-5 烟片胶/EVA，海绵衬垫 …… 230
14.2 闭孔海绵（弹性好、变形小、耐热、减震） …… 231
表 14-6 颗粒胶/CPE，微孔海绵 …… 231
表 14-7 SBR1500/CPE，海绵减震垫 …… 232
表 14-8 SBR1502/CPE，微孔海绵 …… 233
表 14-9 颗粒胶/SBR1502/EVA，海绵衬垫 …… 234
表 14-10 烟片胶/SBR1502/高苯乙烯，海绵减震垫 …… 235

第 15 章 微孔海绵胶配方

236

15.1 NR/SBR/CPE 海绵胶 …… 236
表 15-1 颗粒胶/SBR1500/CPE，微孔海绵（1） …… 236
表 15-2 颗粒胶/SBR1500/CPE，微孔海绵（2） …… 237
表 15-3 颗粒胶/SBR1500/CPE，微孔海绵（3） …… 238
表 15-4 颗粒胶/SBR1502/CPE，微孔海绵（1） …… 239
表 15-5 颗粒胶/SBR1502/CPE，微孔海绵（2） …… 240
表 15-6 颗粒胶/SBR1502/CPE，微孔海绵（3） …… 241
15.2 NR/SBR/LDPE 海绵胶 …… 242
表 15-7 颗粒胶/SBR1502/LDPE，海绵胶（1） …… 242
表 15-8 颗粒胶/SBR1502/LDPE，海绵胶（2） …… 243
表 15-9 颗粒胶/SBR1502/LDPE，海绵胶（3） …… 244
表 15-10 颗粒胶/SBR1502/LDPE，海绵胶（4） …… 245
表 15-11 颗粒胶/LDPE，海绵胶 …… 246
15.3 NR/高苯乙烯，海绵胶 …… 247
表 15-12 颗粒胶/高苯乙烯，海绵胶（1） …… 247
表 15-13 颗粒胶/高苯乙烯，海绵胶（2） …… 248
表 15-14 烟片胶/SBR1502/高苯乙烯，海绵胶（1） …… 249
表 15-15 烟片胶/SBR1502/高苯乙烯，海绵胶（2） …… 250
表 15-16 烟片胶/SBR1502/高苯乙烯，海绵胶（3） …… 251
表 15-17 烟片胶/SBR1502/高苯乙烯，海绵胶（4） …… 252
表 15-18 颗粒胶/SBR1502/高苯乙烯，海绵胶（1） …… 253
表 15-19 颗粒胶/SBR1502/高苯乙烯，海绵胶（2） …… 254

第16章 大孔海绵衬垫配方（圆海绵衬垫，减震用） 255

表16-1 烟片胶，大孔海绵衬垫 …… 255
表16-2 烟片胶/SBR^{1502}/BR，大孔海绵衬垫（1） …… 256
表16-3 烟片胶/SBR^{1502}/BR，大孔海绵衬垫（2） …… 257
表16-4 烟片胶/SBR^{1502}/BR/LDPE，大孔海绵衬垫（3） …… 258
表16-5 烟片胶/SBR^{1502}/BR，大孔海绵衬垫 …… 259
表16-6 烟片胶/高苯乙烯，大孔海绵衬垫（1） …… 260
表16-7 烟片胶/高苯乙烯，大孔海绵衬垫（2） …… 261

第17章 不同硬度海绵胶配方 262

17.1 不同孔径海绵胶 …… 262
表17-1 颗粒胶/高苯乙烯，微孔软海绵 …… 262
表17-2 颗粒胶，微孔软海绵 …… 263
表17-3 烟片胶，微孔软海绵 …… 264
表17-4 烟片胶，软海绵（1） …… 265
表17-5 烟片胶，软海绵（2） …… 266
17.2 大孔径软海绵胶（海绵球） …… 267
表17-6 颗粒胶，大孔径软海绵（1） …… 267
表17-7 颗粒胶，大孔径软海绵（2） …… 268
表17-8 颗粒胶，大孔径软海绵（3） …… 269
表17-9 颗粒胶，大孔径软海绵（4） …… 270
表17-10 颗粒胶，大孔径软海绵（5） …… 271
表17-11 颗粒胶/EVA，大孔径软海绵（1） …… 272
表17-12 烟片胶/EVA，大孔径软海绵（2） …… 273
表17-13 颗粒胶/高苯乙烯，大孔径软海绵 …… 274
17.3 微孔硬海绵胶配方 …… 275
表17-14 烟片胶/高苯乙烯/EVA，微孔硬海绵（1） …… 275
表17-15 烟片胶/高苯乙烯/EVA，微孔硬海绵（2） …… 276
表17-16 烟片胶/高苯乙烯/EVA，微孔硬海绵（3） …… 277
表17-17 烟片胶/高苯乙烯/EVA，微孔硬海绵（4） …… 278
表17-18 烟片胶/SBR^{1502}/高苯乙烯，微孔硬海绵 …… 279
表17-19 烟片胶/EVA/高苯乙烯，微孔硬海绵 …… 280
表17-20 烟片胶/EVA，微孔硬海绵 …… 281

第18章 海绵胶产品配方 282

18.1 健身球用海绵胶配方 …… 282

表 18-1　烟片胶，健身球海绵（1） 282
表 18-2　烟片胶，健身球海绵（2） 283
表 18-3　烟片胶，健身球海绵（3） 284
表 18-4　烟片胶，健身球海绵（4） 285
表 18-5　烟片胶，健身球海绵（5） 286
表 18-6　烟片胶，健身球海绵（6） 287
18.2　其他海绵胶产品配方 288
表 18-7　颗粒胶海绵球拍 288
表 18-8　烟片胶海绵人力车座 289
表 18-9　烟片胶海绵座椅垫（1） 290
表 18-10　烟片胶海绵座椅垫（2） 291
表 18-11　烟片胶汽车尾灯海绵密封垫 292
表 18-12　烟片胶海绵胶带（1） 293
表 18-13　烟片胶海绵胶带（2） 294
表 18-14　颗粒胶粘铝芯柱海绵胶 295
表 18-15　颗粒胶/EVA 粘铝芯柱海绵胶 296
18.3　海绵导电胶配方 297
表 18-16　烟发胶、导电海绵（4.5V，电阻 1290Ω） 297
表 18-17　烟片胶、导电海绵（4.5V，电阻 2600Ω） 298
表 18-18　烟片胶、导电海绵（4.5V，电阻 4200Ω） 299
表 18-19　烟片胶、导电海绵（4.5V，电阻 6800Ω） 300
表 18-20　烟片胶、导电海绵（4.5V，电阻 9600Ω） 301

第 19 章　不同胶种海绵胶配方　302

19.1　通用胶海绵胶配方 302
表 19-1　烟片胶白色微孔海绵胶 302
表 19-2　SBR^{1500} 海绵胶 303
表 19-3　颗粒胶/SBR^{1502} 软海绵 304
表 19-4　颗粒胶/溶聚丁苯胶海绵 305
表 19-5　颗粒胶/BR（100/10）海绵 306
表 19-6　颗粒胶/BR（50/50）海绵 307
表 19-7　烟片胶/再生胶海绵 308
表 19-8　再生胶/烟片胶海绵胶 309
表 19-9　再生胶海绵 310
19.2　NBR、CR 海绵胶配方 311
表 19-10　NBR 耐油海绵胶（1） 311
表 19-11　NBR 耐油海绵胶（2） 312
表 19-12　NBR 耐油海绵胶（3） 313

表 19-13　CR 耐热、耐酸碱微孔海绵（1） …… 314
表 19-14　CR 耐热、耐酸碱微孔海绵（2） …… 315
表 19-15　CR 耐热、耐酸碱微孔海绵（3） …… 316
表 19-16　CR 耐热、耐酸碱微孔海绵（4） …… 317
表 19-17　CR/NBR 耐热、耐油、耐酸碱微孔海绵 …… 318

编写说明

《橡胶配方设计经纬》共分两册，即基础设计篇和制品实例篇。本册编排顺序按橡胶制品实用配方、橡胶制品优选配方、海绵胶配方分为三大部分，共计19章、384个配方。每部分按胶种、产品类别和胶料性能分类编排。包括不同配合体系配方、单一胶种配方、多胶种并用及橡塑并用配方、产品配方。产品配方中包括不同硬度、耐高低温、高弹性、高抗压缩永久变形、耐屈挠、耐老化、耐磨、耐各种介质、抗撕裂、高绝缘和导电胶配方，还有橡胶与纤维、橡胶与金属黏合、海绵胶配方以及各种橡胶硫化、防护、补强、黏合体系试验配方等。每例配方都附有性能和制造工艺。

本书中配方原材料均以“质量份”计算，原材料的代号一律按橡胶工业惯用的符号，物理性能系按国家有关标准进行检测；配方试验中混炼统一采用XK-160开放式炼胶机；硫化时间均指2mm厚的强力片正硫化所需时间。硫化模单位压力如无特殊说明，均为3～6MPa。物理性能一般取正硫化一点数据，个别配方取两个硫化点数据；海绵胶配方：混炼、填胶量大小、硫化、工艺较复杂，影响因素较多。虽有工艺条件，但很难表达全面，仅供参考。海绵硬度使用XHS-W型硬度计测量。

橡胶配方设计原则

一、橡胶配方的组成

橡胶配方中包含多种成分，这些成分也称为配合剂。每种成分在胶料中发挥着不同的作用。正是由于多种配合剂的协同作用才使胶料具有特定的物理机械性能和加工性能。胶料配方由以下几部分组成。

（1）生胶 为配方的主体材料，可以是单一胶种，也可以是两种或两种以上的胶种并用，或为橡塑共混料。生胶的品种和在配方中的含量决定了胶料最基本的特性。例如配方中生胶为天然橡胶，则此配方胶料具有优良的拉伸强度、伸长率、撕裂强度及优异的弹性；生胶为丁腈橡胶，则该配方胶料具有优良的耐油性能等。

（2）硫化体系 包括硫化剂、促进剂和活性剂。硫化剂如硫黄、过氧化物、硫黄给予体等，在配方中的功能是使橡胶大分子之间产生交联，形成网状三维结构，使橡胶具有较高的强度、弹性等物理机械性能；促进剂在配方中的作用是加快硫化速率、缩短硫化时间，其品种有噻唑类、次磺酰胺类、秋兰姆类、胍类和硫脲类等；活性剂的作用是增加促进剂的活性，也称为助促进剂。主要品种是金属氧化物如氧化锌和有机酸如硬脂酸等。硫化剂、促进剂、活性剂三者协同作用使胶料达到充分硫化而具有一定的物理机械性能。

（3）补强填充体系 补强剂包括各种类型的炭黑、白炭黑，在胶料中起补强作用。可使胶料拉伸强度、定伸应力、硬度等力学性能得到明显的提升；填充剂如陶土、碳酸钙、硅粉等在胶料中主要是起填充、降低成本的作用，对物理机械性能贡献较小。

（4）防护体系 在配方中的主要功能是防止橡胶制品在储存、使用过程中受光、热、空气中氧气作用产生降解，或进一步交联、硬化等老化现象。其主要品种有各种胺类和取代酚。

（5）加工助剂 包括各种操作油、塑解剂、均匀剂、分散剂、增塑剂、润滑剂、增黏剂等。在配方中的功能主要是增加胶料易加工性、降低能耗，促进物料分散、增加胶料流动性、调节硫化胶硬度等作用。例如各种石油系软化剂、合成酯类、脂肪酸皂素、石油树脂烷基酚醛树脂类、芳香二硫化物、五氯硫酚等。

（6）黏合体系 其功能是增加橡胶与骨架材料如钢丝帘线、纤维、织物之间的黏合。如间苯二酚-甲醛-白炭黑体系、钴盐体系、间苯二酚乙醛树脂（RE）体系或间苯二酚甲醛树脂与钴盐并用体系等。

（7）其他组分 如着色剂、偶联剂、防静电剂、发泡剂、溶剂等。

二、橡胶配方设计原则

一般而言，配方设计可遵循下面原则进行。

(1) 根据产品的使用条件，如环境温度、介质、受力情况及其他特殊需求，首先选择合适的胶种及配合剂以求得到最佳物理机械性能。

(2) 配方设计时要考虑到加工工艺的可行性，如胶料混炼的易操作性、物料易分散性、胶料流动性、挤出产品表面光洁等度。

(3) 在保证胶料性能及工艺可行的前提下，尽可能降低材料成本，加快硫化速率，提高生产效率。

(4) 应尽量避免使用有毒及污染环境的原材料，以减少环境污染和保护操作人员健康。

(5) 必须考虑到各种配合剂之间的相互作用。某些配合剂之间可产生协同效应，如促进剂 D 可增强防老剂 MB 的防护功能，而过氧化物在硫化温度下极易与含活泼氢物质反应而被消耗，因而在使用过氧化物硫化时，应尽可能避免使用含活泼氢配合剂，如胺类防老剂、硬脂酸等。

总之，在配方设计时应统筹考虑到胶料物理机械性能、加工性能及材料成本的最佳平衡，同时要考虑到环保、安全等因素。

三、橡胶配方表示方法

橡胶配方有以下四种表示方法。

(1) 以生胶或生胶代用品 100 份为基准，其他配合剂都以相应的质量份表示。称为基本配方，是最常用的表达方式。

(2) 根据实际生产用量和炼胶机容量计算出的质量配方，称为实际生产配方。此种配方是根据基本配方经换算而得出，是在实际生产中常用的表达方式。

(3) 配方中生胶及其他配合剂都以质量分数表示。

(4) 配方中生胶及其他配合剂都以体积分数表示。

以上四种配方表示方法常用的是前两种。配方设计者一般先提出基本配方，再按基本配方根据炼胶机容量计算出实际生产配方，实际操作是按实际生产配方进行。从基本配方也可推算出质量分数配方或体积分数配方。本书所收集的配方均以基本配方形式列出。

随着时代发展，研究人员采用数理统计、计算机优选配方，为配方设计提供了便利条件，比传统的配方试验更快捷、方便、科学。

四、几种主要橡胶代号

书中几种主要橡胶代号及含义如下。

NR—天然橡胶

SBR—丁苯橡胶

BR—顺丁橡胶

IIR—丁基橡胶

IR—异戊橡胶

EPDM—三元乙丙橡胶

CR—氯丁橡胶

NBR—丁腈橡胶

HNBR—氢化丁腈橡胶

MVQ—甲基乙烯基硅橡胶

FKM—氟橡胶

ACM—聚丙烯酸酯橡胶

CSM—氯磺化聚乙烯橡胶

CPE—氯化聚乙烯

AU—聚氨酯橡胶

HIPS—高苯乙烯树脂

PVC—聚氯乙烯

PTFE—聚四氟乙烯

第 1 部分

橡胶制品实用配方

本部分共分四章，一百六十八例配方。按制品分为制动器用密封圈、黏合剂的应用、轮胎重点部位配方和其他制品四个部分。主要收录了在产品试制过程中性能较好的试验配方（包括不同胶种、硫化体系、补强体系等配方试验）以及最终产品实用配方，较为系统。对于从事新产品开发和配方研究的技术人员有较高的参考价值。

第1章

制动器密封圈（刹车密封圈）研制配方

1.1 胶型选择

表 1-1 不同牌号 EPDM 对比

材料名称 \ 基本用量/g \ 配方编号	EO-1	EO-2	EO-3	EO-4	EO-5	EO-6
三元乙丙胶 4045	100	—	—	96	—	—
三元乙丙胶 2504	—	100	—	—	96	—
三元乙丙胶 35	—	—	100	—	—	96
丁腈胶 2205	—	—	—	4	4	4
中超耐磨炉黑	47	47	47	47	47	47
硬脂酸	1	1	1	1	1	1
氧化镁	3	3	3	3	3	3
氧化锌	5	5	5	5	5	5
环烷油	6	6	6	6	6	6
硫化剂 DCP	3.9	3.9	3.9	3.9	3.9	3.9
合计	165.9	165.9	165.9	165.9	165.9	165.9
硫化条件(163℃)/min	20	20	20	20	20	20
邵尔 A 型硬度/度	71	71	71	72	73	73
拉伸强度/MPa	20.0	19.6	19.7	18.7	17.3	17.3
拉断伸长率/%	232	242	240	243	242	225
定伸应力/MPa 100%	4.3	4.2	3.7	4.9	4.1	4.3
定伸应力/MPa 200%	16.1	14.3	13.0	16.0	12.4	13.1
拉断永久变形/%	2	2	2	2	3	2
无割口直角撕裂强度/(kN/m)	38	41	39	38	43	38
回弹性/%	47	47	48	46	45	50
脆性温度(单试样法)/℃	−70	−70	−70	−70	−70	−70
热空气加速老化(175℃×22h) 无割口直角撕裂强度/(kN/m)	24	26	23	28	35	30
热空气加速老化(175℃×22h) 邵尔 A 型硬度/度	76	75	76	81	81	80
热空气加速老化(175℃×22h) 拉伸强度/MPa	6.1	7.4	7.3	13.6	12.5	12.7
热空气加速老化(175℃×22h) 拉断伸长率/%	126	160	134	176	191	151
热空气加速老化(175℃×22h) 性能变化率/% 拉伸强度	−70	−62	−63	−27	−28	−27
热空气加速老化(175℃×22h) 性能变化率/% 伸长率	−46	−34	−44	−28	−21	−33
圆盘振荡硫化仪(163℃) M_L/N·m	13.55	13.90	16.64	14.15	14.24	16.78
圆盘振荡硫化仪(163℃) M_H/N·m	42.14	42.58	44.34	43.52	43.57	43.90
圆盘振荡硫化仪(163℃) t_{10}	1分18秒	1分18秒	1分23秒	1分15秒	1分13秒	1分17秒
圆盘振荡硫化仪(163℃) t_{90}	12分45秒	12分09秒	12分05秒	13分02秒	12分35秒	11分17秒

混炼加料顺序：乙丙胶薄通 6 次＋炭黑＋硬脂酸＋(氧化锌/氧化镁)＋环烷油＋DCP——薄通 6 次，停放一天再薄通 8 次下片备用

辊温：45℃±5℃

注：EO-4～6 乙丙胶＋丁腈胶(薄通 6 次)再加料

表 1-2 **EPDM/NBR 变量（1）**

材料名称 \ 基本用量/g \ 配方编号	EO-7	EO-8	EO-9	EO-10	EO-11	EO-12
三元乙丙胶 4045	100	85	70	50	30	15
丁腈胶 2707	—	15	30	50	70	85
硬脂酸	1	1	1	1	1	1
促进剂 CZ	1	1	1	1	1	1
氧化镁	3	3	3	3	3	3
氧化锌	5	5	5	5	5	5
癸二酸二辛酯(DOS)	4	4	4	4	4	4
喷雾炭黑	45	45	45	45	45	45
中超耐磨炉黑	15	15	15	15	15	15
硫化剂 DCP	4	4	4	4	4	4
合计	178	178	178	178	178	178
硫化条件(163℃)/min	25	25	25	20	20	18
邵尔 A 型硬度/度	73	77	80	81	81	83
拉伸强度/MPa	15.0	12.2	11.3	10.7	14.8	15.9
拉断伸长率/%	180	192	132	84	84	86
拉断永久变形/%	3	5	3	2	2	2
无割口直角撕裂强度/(kN/m)	36	36	27	18	21	22
回弹性/%	57	50	46	45	43	41
脆性温度/℃	−70 不断	−70 不断	−70 不断	−60	−53	−43
B 型压缩永久变形(120℃×22h)/% 压缩率/% 20	11	17	20	17	14	12
B 型压缩永久变形(120℃×22h)/% 压缩率/% 25	8	15	14	16	12	9
B 型压缩永久变形(停放 1h 后测)/% 压缩率/% 20	20	31	32	25	18	13
B 型压缩永久变形(停放 1h 后测)/% 压缩率/% 25	17	33	30	27	18	14
耐天津 912 制动液(120℃×70h) 邵尔 A 型硬度/度	71	76	77	78	78	79
耐天津 912 制动液(120℃×70h) 拉伸强度/MPa	15.7	12.6	11.6	11.5	14.1	14.1
耐天津 912 制动液(120℃×70h) 拉断伸长率/%	208	212	148	104	92	76
耐天津 912 制动液(120℃×70h) 性能变化率/% 拉伸强度	+4.7	+3.3	+2.7	+7.5	−5	−11
耐天津 912 制动液(120℃×70h) 性能变化率/% 伸长率	+15.6	+10.3	+12.1	+23.8	+10	−11.6
耐天津 912 制动液(120℃×70h) 质量变化率/%	−2.03	−0.39	+1.93	+4.0	+6.61	+8.68
热空气加速老化(120℃×70h) 拉伸强度/MPa	13.9	11.4	10.3	10.0	14.8	15.7
热空气加速老化(120℃×70h) 拉断伸长率/%	188	212	132	96	84	80
热空气加速老化(120℃×70h) 性能变化率/% 拉伸强度	−7	−7	−9	−7	0	−1
热空气加速老化(120℃×70h) 性能变化率/% 伸长率	+4	+10	0	−8	−2	−7
圆盘振荡硫化仪(163℃) M_L/N·m	5.1	6.6	7.7	8.3	10.1	13.1
圆盘振荡硫化仪(163℃) M_H/N·m	88.2	82.4	86.4	96.4	111.6	123.0
圆盘振荡硫化仪(163℃) t_{10}	4 分	3 分 16 秒	3 分 48 秒	3 分 12 秒	2 分 48 秒	2 分 48 秒
圆盘振荡硫化仪(163℃) t_{90}	19 分 48 秒	18 分	17 分 48 秒	16 分	13 分 24 秒	11 分 12 秒

混炼加料顺序：乙丙胶＋丁腈胶（薄通 6 次）＋炭墨＋硬脂酸＋氧化镁＋DOS＋DCP——CZ / 氧化锌

薄通 6 次，停放一天后，再薄通 8 次下片备用

辊温：45℃±5℃

表 1-3 EPDM/NBR 变量（2）

材料名称 \ 基本用量/g \ 配方编号	EO-13	EO-14	EO-15	EO-16	EO-17
三元乙丙胶 4045	100	96	93	89	84
丁腈胶 2707	—	4	7	11	16
硬脂酸	1	1	1	1	1
促进剂 CZ	1	1	1	1	1
氧化镁	3	3	3	3	3
氧化锌	5	5	5	5	5
癸二酸二辛酯(DOS)	—	1	1	1	2
喷雾炭黑	40	40	40	40	40
中超耐磨炉黑	10	10	10	10	10
硫化剂 DCP	4	4	4	4	4
合计	164	165	165	165	166
硫化条件(163℃)/min	25	25	25	25	25
邵尔 A 型硬度/度	70	70	71	72	73
拉伸强度/MPa	14.4	16.2	15.3	14.2	13.2
拉断伸长率/%	212	226	213	212	200
200%定伸应力/MPa	13.5	12.8	—	—	—
拉断永久变形/%	4	4	3	5	5
无割口直角撕裂强度/(kN/m)	33	34	35	35	33
回弹性/%	58	56	53	52	51
脆性温度(单试样法)/℃	−70 不断	−70 不断	−70 不断	−70 不断	−70 不断
B 型压缩永久变形(120℃×22h,压缩率 25%)/%	10	12	13	13	15
耐天津912制动液(120℃×70h) 邵尔 A 型硬度/度	67	67	70	70	70
耐天津912制动液(120℃×70h) 拉伸强度/MPa	14.0	15.2	14.6	13.9	12.8
耐天津912制动液(120℃×70h) 伸长率/%	188	236	228	228	200
耐天津912制动液(120℃×70h) 性能变化率/% 拉伸强度	−3	−6	−5	−2	−3
耐天津912制动液(120℃×70h) 性能变化率/% 伸长率	−11	+4	+7	+8	0
耐天津912制动液(120℃×70h) 质量变化率/%	−1.02	−0.70	−0.29	−0.21	−0.31
热空气加速老化(120℃×22h) 拉伸强度/MPa	13.8	15.6	14.4	13.8	13.0
热空气加速老化(120℃×22h) 拉断伸长率/%	184	232	212	204	193
热空气加速老化(120℃×22h) 性能变化率/% 拉伸强度	−4	−4	−6	−6	−2
热空气加速老化(120℃×22h) 性能变化率/% 伸长率	−13	+3	+1	−4	−4
圆盘振荡硫化仪(163℃) M_L/N·m	4.2	4.1	5.4	5.5	6.6
圆盘振荡硫化仪(163℃) M_H/N·m	87.1	81.6	84.0	80.5	81.6
圆盘振荡硫化仪(163℃) t_{10}	3 分	3 分 14 秒	3 分 12 秒	3 分 12 秒	3 分 12 秒
圆盘振荡硫化仪(163℃) t_{90}	17 分	19 分 20 秒	18 分 36 秒	20 分	19 分 36 秒

混炼加料顺序：乙丙胶＋丁腈胶(薄通 6 次)＋炭黑＋硬脂酸＋氧化镁＋DOS＋DCP——CZ / 氧化锌

薄通 6 次，停放一天后，再薄通 8 次下片备用

辊温：45℃±5℃

1.2 硫化体系

表 1-4 EPDM/NBR 胶中硫化剂的变化

材料名称 / 基本用量/g / 配方编号		EO-18	EO-19	EO-20	EO-21	EO-22
三元乙丙胶 4045		96	96	96	96	96
丁腈胶 2707(1 段)		4	4	4	4	4
中超耐磨炉黑		50	50	50	50	50
硬脂酸		1	1	1	1	1
氧化镁		3	3	3	3	3
氧化锌		5	5	5	5	5
促进剂 CZ		0.8	0.8	0.8	0.8	0.7
白凡士林		2	2	2	2	2
癸二酸二辛酯(DOS)		3	3	3	—	3
环烷油		—	—	—	3	—
硫化剂 DCP		3.9	2.5	—	3.9	3.9
硫黄		—	—	1.2	—	—
硫化剂 DTDM		—	1.5	2.5	—	—
合计		168.7	168.8	168.8	168.7	168.6
硫化条件(163℃)/min		20	25	20	20	20
邵尔 A 型硬度/度		71	69	81	72	72
拉伸强度/MPa		19.2	21.3	22.3	19.7	22.7
拉断伸长率/%		265	457	454	282	244
定伸应力/MPa	100%	3.9	2.5	4.3	3.5	4.6
	200%	12.1	6.2	8.1	9.3	15.8
拉断永久变形/%		6	12	20	6	7
无割口直角撕裂强度/(kN/m)		41	50	61	42	43
回弹性/%		43	39	36	40	44
脆性温度(单试样法)/℃		−70 不断	−70 不断	−70 不断	−70 不断	−70 不断
试样密度/(mg/m^3)		1.091	1.095	1.099	1.090	1.092
耐德国制动液 DOT4 (120℃×70h)	质量变化率/%	−0.23	+0.68	+0.45	+0.03	−0.15
	体积变化率/%	−0.90	+0.74	−0.35	−0.13	−0.50
耐德国制动液 DOT4 无割口直角撕裂强度/(kN/m)	120℃×70h	42	47	58	40	44
	175℃×22h	39	36	34	42	41
热空气加速老化(175℃×22h)	邵尔 A 型硬度/度	82	84	91	82	81
	拉伸强度/MPa	13.0	10.2	11.5	14.3	15.9
	拉断伸长率/%	195	158	88	198	196
	性能变化率/% 拉伸强度	−32	−52	−48	−27	−24
	性能变化率/% 伸长率	−26	−65	−80	−30	−16
圆盘振荡硫化仪(163℃)	M_L/N·m	13.64	10.07	13.48	13.42	13.50
	M_H/N·m	38.10	35.25	40.42	37.69	39.0
	t_{10}	1 分 46 秒	2 分 12 秒	6 分 17 秒	1 分 17 秒	1 分 16 秒
	t_{90}	13 分 46 秒	19 分 55 秒	15 分 05 秒	14 分 04 秒	13 分 30 秒

混炼加料顺序：乙丙胶＋丁腈胶(薄通 6 次)＋炭黑＋硬脂酸＋(氧化锌
氧化镁
CZ)＋(凡士林
DOS)＋(硫黄
DCP
DTDM)——薄通 6 次，停放一天后，再薄通 8 次下片备用

辊温：45℃±5℃

表 1-5 EPDM/NBR 胶中硫化体系的变化

<table>
<tr><td colspan="3">配方编号
基本用量/g
材料名称</td><td>EO-23</td><td>EO-24</td><td>EO-25</td><td>EO-26</td><td>EO-27</td></tr>
<tr><td colspan="3">三元乙丙胶 4045</td><td>96</td><td>96</td><td>96</td><td>96</td><td>96</td></tr>
<tr><td colspan="3">丁腈胶 2707(1 段)</td><td>4</td><td>4</td><td>4</td><td>4</td><td>4</td></tr>
<tr><td colspan="3">中超耐磨炉黑</td><td>25</td><td>25</td><td>25</td><td>25</td><td>25</td></tr>
<tr><td colspan="3">半补强炉黑</td><td>20</td><td>20</td><td>20</td><td>20</td><td>20</td></tr>
<tr><td colspan="3">石墨(250 目)</td><td>5</td><td>5</td><td>5</td><td>5</td><td>5</td></tr>
<tr><td colspan="3">硬脂酸</td><td>1</td><td>1</td><td>1</td><td>1</td><td>1</td></tr>
<tr><td colspan="3">氧化锌</td><td>5</td><td>5</td><td>5</td><td>5</td><td>5</td></tr>
<tr><td colspan="3">促进剂 CZ</td><td>1.8</td><td>1.5</td><td>1.2</td><td>1.0</td><td>1.0</td></tr>
<tr><td colspan="3">氧化镁</td><td>3</td><td>3</td><td>3</td><td>3</td><td>3</td></tr>
<tr><td colspan="3">癸二酸二辛酯(DOS)</td><td>2.5</td><td>2.5</td><td>2.5</td><td>2.5</td><td>2.5</td></tr>
<tr><td colspan="3">白凡士林</td><td>3</td><td>3</td><td>3</td><td>3</td><td>3</td></tr>
<tr><td colspan="3">硫化剂 DCP</td><td>3.8</td><td>3.5</td><td>3.0</td><td>2.5</td><td>2.0</td></tr>
<tr><td colspan="3">硫黄</td><td>0.1</td><td>0.3</td><td>0.5</td><td>1.0</td><td>1.5</td></tr>
<tr><td colspan="3">合计</td><td>170.2</td><td>169.8</td><td>169.2</td><td>169</td><td>169</td></tr>
<tr><td colspan="3">硫化条件(163℃)/min</td><td>20</td><td>20</td><td>20</td><td>20</td><td>20</td></tr>
<tr><td colspan="3">邵尔 A 型硬度/度</td><td>65</td><td>65</td><td>66</td><td>67</td><td>68</td></tr>
<tr><td colspan="3">拉伸强度/MPa</td><td>14.7</td><td>16.6</td><td>16.5</td><td>17.0</td><td>16.9</td></tr>
<tr><td colspan="3">拉断伸长率/%</td><td>522</td><td>501</td><td>527</td><td>527</td><td>530</td></tr>
<tr><td colspan="2" rowspan="2">定伸应力/MPa</td><td>300%</td><td>6.3</td><td>7.6</td><td>7.1</td><td>8.0</td><td>8.1</td></tr>
<tr><td>500%</td><td>13.5</td><td>16.3</td><td>15.5</td><td>15.8</td><td>16.0</td></tr>
<tr><td colspan="3">拉断永久变形/%</td><td>20</td><td>16</td><td>16</td><td>18</td><td>19</td></tr>
<tr><td colspan="3">无割口直角撕裂强度/(kN/m)</td><td>39</td><td>44</td><td>45</td><td>48</td><td>50</td></tr>
<tr><td colspan="3">回弹性/%</td><td>48</td><td>47</td><td>46</td><td>44</td><td>43</td></tr>
<tr><td colspan="3">脆性温度(单试样法)/℃</td><td>−66</td><td>−67</td><td>−63</td><td>−66</td><td>−61</td></tr>
<tr><td colspan="2" rowspan="2">B 型压缩永久变形(100℃×24h)/%</td><td>压缩率 20%</td><td>23</td><td>18</td><td>22</td><td>35</td><td>40</td></tr>
<tr><td>压缩率 30%</td><td>14</td><td>18</td><td>21</td><td>36</td><td>38</td></tr>
<tr><td rowspan="4">热空气加速老化(100℃×96h)</td><td colspan="2">拉伸强度/MPa</td><td>15.7</td><td>17.8</td><td>17.4</td><td>17.5</td><td>17.7</td></tr>
<tr><td colspan="2">拉断伸长率/%</td><td>532</td><td>490</td><td>508</td><td>442</td><td>424</td></tr>
<tr><td rowspan="2">性能变化率/%</td><td>拉伸强度</td><td>+6.8</td><td>+7.2</td><td>+5.5</td><td>+2.9</td><td>+4.1</td></tr>
<tr><td>伸长率</td><td>+1.9</td><td>−1</td><td>−4</td><td>−16</td><td>−20</td></tr>
<tr><td colspan="2" rowspan="4">圆盘振荡硫化仪(163℃)</td><td>M_L/N·m</td><td>6.8</td><td>6.1</td><td>6.1</td><td>6.2</td><td>4.9</td></tr>
<tr><td>M_H/N·m</td><td>44.7</td><td>45.0</td><td>46.8</td><td>50.0</td><td>42.8</td></tr>
<tr><td>t_{10}</td><td>2 分 36 秒</td><td>2 分 48 秒</td><td>3 分</td><td>3 分</td><td>4 分</td></tr>
<tr><td>t_{90}</td><td>14 分 48 秒</td><td>13 分 12 秒</td><td>12 分 24 秒</td><td>12 分 24 秒</td><td>15 分 48 秒</td></tr>
</table>

混炼加料顺序：乙丙胶＋丁腈胶(薄通 6 次)＋炭黑/石墨＋硬脂酸＋CZ/氧化镁/氧化锌＋DOS/凡士林＋DCP/硫黄——薄通 6 次，停放一天后，再薄通 8 次下片备用

辊温：45℃±5℃

表 1-6 EPDM/NBR 胶中不同促进剂变量对硫化的影响

配方编号 基本用量/g 材料名称			EO-28	EO-29	EO-30	EO-31	EO-32	EO-33
三元乙丙胶 4045(日本)			96	96	96	96	96	96
丁腈胶 2707(薄通 15 次,兰化)			4	4	4	4	4	4
中超耐磨炉黑			37	37	37	37	37	37
硬脂酸			1	1	1	1	1	1
邻苯二甲酸二辛酯(DOP)			5	5	5	5	5	5
白凡士林			6	6	6	6	6	6
氧化锌			5	5	5	5	5	5
氧化镁			3	3	3	3	3	3
促进剂 CZ			—	0.1	0.3	0.5	2	0.5
硫化剂 DCP			3.6	3.6	3.6	3.6	3.6	3
硫黄			0.3	0.3	0.3	0.3	0.3	0.3
合计			160.9	161	161.2	161.4	162.9	160.8
硫化条件(163℃)/min			25	25	25	25	25	25
邵尔 A 型硬度/度			62	62	61	61	59	60
拉伸强度/MPa			15.9	16.7	17.2	18.4	19.1	19.7
拉断伸长率/%			324	324	342	388	480	476
300%定伸应力/MPa			15.0	14.5	13.7	11.8	8.6	9.3
拉断永久变形/%			5	6	6	6	9	10
撕裂强度/(kN/m)			38	37	38	40	42	40
冲击弹性/%			49	50	48	48	46	48
B 型压缩永久变形(压缩率 25%,120℃×70h)/%			15	15	16	15	26	25
耐油试验(912)(70℃×120h)	拉伸强度/MPa		17.4	18.3	18.1	18.3	19.7	20.0
	拉断伸长率/%		336	336	354	408	468	476
	性能变化率/%	拉伸强度	+10	+10	+5	−1	+3	+2
		伸长率	+4	+4	+4	+5	−3	0
	耐油质量变化率/%		−1.87	−1.96	−2.04	−2.09	−2.10	−1.69
老化后试验(120℃×70h)	拉伸强度/MPa		18.7	18.5	19.3	20.4	20.4	20.4
	拉断伸长率/%		356	356	380	416	492	492
	性能变化率/%	拉伸强度	+18	+12	+12	+11	+7	+9
		伸长率	+10	+10	+11	+7	+3	+3
	耐 912 制动液(120℃×70h 硬度)		62	62	61	60	59	60
硫化仪试验(163℃)		M_L/N·m	6.8	7.3	6.5	6.0	7.7	6.3
		M_H/N·m	70.9	70.1	68.0	64.3	58.0	56.0
		t_{10}	7 分 9 秒	3 分 12 秒	3 分	3 分 12 秒	3 分 24 秒	3 分 24 秒
		t_{90}	17 分 24 秒	18 分 12 秒	18 分 36 秒	19 分	17 分 24 秒	18 分

混炼加料顺序：胶(薄通 6 次)+炭黑+硬脂酸+ DOP/凡士林 + CZ/氧化锌/氧化镁 + DCP/硫黄 ——薄通 8 次下片备用

辊温：45℃±5℃

1.3 补强剂、软化剂对 EPDM 性能的影响

表 1-7 EPDM/NBR 胶中不同炭黑对比（1）

材料名称＼基本用量/g＼配方编号		EO-34	EO-35	EO-36	EO-37	EO-38	EO-39
三元乙丙胶 4045		96	96	96	96	96	96
丁腈胶 2707(薄通 15 次)		4	4	4	4	4	4
四川槽黑		—	—	—	35	35	35
中超耐磨炉黑		35	35	35	—	—	—
喷雾炭黑		30	—	—	30	—	—
半补强炉黑		—	30	—	—	30	—
通用炉黑		—	—	30	—	—	30
硬脂酸		1	1	1	1	1	1
氧化锌		5	5	5	5	5	5
促进剂 CZ		1.4	1.4	1.4	1.4	1.4	1.4
氧化镁		3	3	3	3	3	3
癸二酸二辛酯(DOS)		1	1	1	1	1	1
硫化剂 DCP		2.8	2.8	2.8	2.8	2.8	2.8
合计		179.2	179.2	179.2	179.2	179.2	179.2
硫化条件(163℃)/min		30	30	30	30	30	30
邵尔 A 型硬度/度		73	72	73	72	71	72
拉伸强度/MPa		12.8	16.6	15.0	12.5	15.1	14.9
拉断伸长率/%		260	292	272	300	332	324
定伸应力/MPa	100%	3.9	3.6	3.7	3.1	3.0	3.0
	300%				10.8	13.2	13.4
拉断永久变形/%		7	8	10	10	12	10
无割口直角撕裂强度/(kN/m)		34	33	34	35	35	34
回弹性/%		47	47	45	46	45	43
脆性温度(单试样法)/℃		−70 不断	−70 不断	−70 不断	−70 不断	−70 不断	−70 不断
B 型压缩永久变形(压缩率 25%，120℃×22h)/%		18	18	26	26	26	23
耐日本制动液(120℃×70h)	质量变化率/%	3.23	3.31	3.43	3.11	3.30	3.23
	体积变化率/%	4.62	4.61	4.75	4.43	4.70	4.56
热空气加速老化(120℃×70h)	拉伸强度/MPa	14.2	16.3	15.3	12.1	14.4	14.0
	拉断伸长率/%	292	302	280	296	328	292
	性能变化率/% 拉伸强度	+10	−2	+2	−3	−5	−6
	性能变化率/% 伸长率	+12	+4	+3	−1	−1	−10
圆盘振荡硫化仪(163℃)	M_L/N·m	9.7	6.9	7.5	8.1	11.0	10.2
	M_H/N·m	68.1	68	65.7	65.0	66.6	64.8
	t_{10}	4 分	3 分	3 分	4 分 12 秒	4 分 12 秒	4 分 12 秒
	t_{90}	19 分 36 秒	19 分 12 秒	18 分	20 分 36 秒	19 分 48 秒	18 分

CZ
混炼加料顺序：乙丙胶＋丁腈胶薄通 6 次＋炭黑＋硬脂酸＋氧化锌＋DOS＋DCP——薄
氧化镁
通 6 次，停放一天后，再薄通 8 次下片备用

辊温：45℃±5℃

表 1-8 EPDM/NBR 胶中不同炭黑对比（2）

材料名称 \ 基本用量/g \ 配方编号			EO-40	EO-41	EO-42	EO-43	EO-44	EO-45
三元乙丙胶 4045			96	96	96	96	96	96
NBR 2707(薄通 15 次)			4	4	4	4	4	4
喷雾炭黑			25	25	25	25	—	—
中超耐磨炉黑			20	—	—	—	—	—
高耐磨炉黑			—	20	—	—	20	20
四川槽法炉黑			—	—	20	—	—	—
混气炭黑			—	—	—	20	—	—
半补强炉黑			—	—	—	—	35	—
通用炉法炉黑			—	—	—	—	—	35
硬脂酸			1	1	1	1	1	1
氧化锌			5	5	5	5	5	5
促进剂 CZ			2	2	2	2	2	2
氧化镁			3	3	3	3	3	3
癸二酸二辛酯(DOS)			1	1	1	1	1	1
硫化剂 DCP			2.6	2.6	2.6	2.6	2.6	2.6
合计			159.6	159.6	159.6	159.6	169.6	169.6
硫化条件(163℃)/min			30	30	30	30	30	30
邵尔 A 型硬度/度			61	63	63	63	65	66
拉伸强度/MPa			10.8	9.9	8.5	7.4	12.4	12.0
拉断伸长率/%			488	480	540	556	440	432
定伸应力/MPa	100%		1.7	1.6	1.4	1.5	1.7	1.8
	300%		5.3	5.2	4.1	4.2	6.4	6.6
拉断永久变形/%			18	22	29	27	21	20
无割口直角撕裂强度/(kN/m)			31	31	31	31	32	33
回弹性/%			50	52	50	50	50	47
脆性温度(单试样法)/℃			−70 不断	−70 不断	−70 不断	−70 不断	−70 不断	−70 不断
B 型压缩永久变形(120℃×22h)/%	压缩率 15%		42	41	39	48	37	33
	压缩率 25%		31	29	38	41	23	23
耐制动液(顺义)(120℃×70h)	质量变化率/%		+2.46	+2.53	+2.19	+2.25	+2.43	+2.37
	体积变化率/%		+2.94	+3.13	+2.74	+2.70	+2.97	+2.78
热空气加速老化(120℃×70h)	拉伸强度/MPa		11.3	10.6	9.6	8.8	13.0	14.0
	拉断伸长率/%		488	460	524	563	454	454
	性能变化率/%	拉伸强度	+5	+7	+13	+19	+5	+23
		伸长率	0	−4	−3	+3	+3	+9
圆盘振荡硫化仪(163℃)	M_L/N·m		3.9	3.8	4.0	3.9	4.1	5.0
	M_H/N·m		44.3	44.3	40.7	42.0	45.9	45.7
	t_{10}		5 分 36 秒	5 分 24 秒	5 分 36 秒	54 分 24 秒	5 分	5 分 12 秒
	t_{90}		25 分	26 分	25 分 12 秒	26 分 12 秒	24 分 24 秒	24 分 24 秒

混炼加料顺序：乙丙胶＋丁腈胶薄通 6 次＋炭黑＋硬脂酸＋氧化锌（CZ、氧化镁）＋DOS＋DCP——薄通 6 次，停放一天后，再薄通 8 次下片备用

辊温：45℃±5℃

表 1-9 EPDM/NBR 胶中不同促进剂变量对硫化的影响

材料名称 \ 基本用量/g \ 配方编号			EO-46	EO-47	EO-48	EO-49	EO-50	EO-51
三元乙丙胶 4045			96	96	96	96	96	96
丁腈胶 2707(1 段)			4	4	4	4	4	4
防老剂 RD			—	—	—	—	2	2
中超耐磨炉黑			50	50	50	50	50	50
硬脂酸			1	1	1	1	1	1
氧化镁			3	3	3	3	3	3
氧化锌			5	5	5	5	5	5
促进剂 CZ			0.8	—	—	—	0.8	0.8
癸二酸二辛酯(DOS)			2.5	2.5	—	—	—	2.5
白凡士林			3	3	3	—	—	3
硫化剂 DCP			3.9	3.9	3.9	3.9	3.9	3.9
合计			169.2	168.4	165.9	162.9	165.7	171.2
硫化条件(163℃)/min			20	20	20	15	25	20
邵尔 A 型硬度/度			73	74	77	79	73	71
断裂拉伸强度/MPa			21.6	19.8	20.7	21.3	21.6	21.0
拉断伸长率/%			286	205	189	170	326	382
定伸应力/MPa		100%	4.0	6.5	7.9	8.1	3.4	2.7
		200%	11.6	18.5	—	—	9.1	6.8
拉断永久变形/%			5	2	2	2	8	11
无割口直角撕裂强度/(kN/m)			41	39	38	37	43	42
回弹性/%			45	46	45	44	41	41
B 型压缩永久变形(压缩率 25%,150℃×24h)/%			20	16	11	14	37	42
热空气加速老化(150℃×70h)	邵尔 A 型硬度/度		82	82	85	86	85	82
	拉断强度/MPa		20.3	19.3	20.6	20.9	21.8	21.8
	拉断伸长率/%		271	188	180	152	295	334
	性能变化率/%	拉断力	−6	−3	−1	−2	+1	+4
		伸长率	−5	−8	−5	−11	−10	−13
圆盘振荡硫化仪(163℃)		M_L/N·m	8.2	7.9	8.8	10.0	8.6	7.6
		M_H/N·m	59.0	71.9	74.4	76.3	46.5	39.2
		t_{10}	3 分	3 分 12 秒	3 分 12 秒	3 分	4 分 26 秒	4 分 12 秒
		t_{90}	15 分 18 秒	17 分 36 秒	16 分 36 秒	11 分 24 秒	22 分 24 秒	18 分

混炼加料顺序:乙丙胶＋丁腈胶(薄通 6 次)＋炭黑＋硬脂酸＋(CZ/氧化锌/氧化镁)＋(DOS/凡士林)＋DCP——薄通 6 次,停放一天后,再薄通 8 次下片备用

辊温:45℃±5℃

注:有 RD 配方,乙丙胶＋丁腈胶 RD(80℃±5℃)混匀后,降温＋其他料

表 1-10 不同软化剂对 EPDM 性能的影响

材料名称 \ 基本用量/g \ 配方编号			EO-52	EO-53	EO-54	EO-55
三元乙丙胶 4045(日本)			100	100	100	100
中超耐磨炉黑			42	42	42	42
硬脂酸			0.5	0.5	0.5	0.5
氧化锌			5	5	5	5
氧化镁			—	3	—	—
白凡士林			—	—	3	—
环烷油			—	—	—	3
硫化剂 DCP			3.9	3.9	3.9	3.9
合计			151.4	154.4	154.4	154.4
硫化条件(163℃)/min			15	15	15	15
邵尔 A 型硬度/度			70	72	69	68
拉伸强度/MPa			14.8	15.3	15.6	17.1
拉断伸长率/%			165	154	171	189
100%定伸应力/MPa			5.8	6.7	5.3	4.8
拉断永久变形/%			5	4	4	4
撕裂强度/(kN/m)			34	37	36	37
冲击弹性/%			53	53	52	51
B 型压缩永久变形(压缩率 25%)/%		150℃×24h	34	36	45	44
		120℃×24h	21	16	33	27
老化后试验(150℃×70h)	邵尔 A 型硬度/度		72	76	73	72
	拉伸强度/MPa		7.8	6.9	5.2	5.5
	拉断伸长率/%		91	80	81	85
	性能变化率/%	拉伸强度	−48	−55	−67	−69
		伸长率	−45	−48	−53	−55
硫化仪试验(163℃)		M_L/N·m	6.4	6.6	6.0	6.0
		M_H/N·m	64.5	74.5	60.5	59.0
		t_{10}	2 分 12 秒	2 分 12 秒	2 分 24 秒	2 分 24 秒
		t_{90}	11 分	11 分	11 分 24 秒	11 分

混炼加料顺序：胶＋炭黑＋硬脂酸＋凡士林/环烷油＋氧化锌/氧化镁＋DCP——薄通 8 次下片备用

辊温：45℃±5℃

1.4 实用配方

表 1-11 EPDM/NBR 密封圈胶料（1）

配方编号/基本用量/g/材料名称	EO-56	试验项目			试验结果
三元乙丙胶 4045	96	硫化条件(163℃)/min			15
丁腈胶 2707(1 段)	4	邵尔 A 型硬度/度			70
中超耐磨炉黑	50	拉伸强度/MPa			23.9
硬脂酸	1	拉断伸长率/%			471
氧化锌	5	定伸应力/MPa	100%		3.1
氧化镁	3		200%		6.7
促进剂 CZ	1.5	拉断永久变形/%			17
癸二酸二辛酯(DOS)	2.5	无割口直角撕裂强度/(kN/m)			56
白凡士林	2	回弹性/%			35
硫化剂 DCP	2.5	脆性温度(单试样法)/℃			−70 不断
硫黄	0.7	耐 912 天津制动液(120℃×70h)	质量变化率/%		0.42
合计	168.2		体积变化率/%		0.38
		B 型压缩永久变形(120℃×22h)/%	压缩率 20%		25
			压缩率 25%		29
		热空气加速老化(120℃×70h)	拉伸强度/MPa		23.9
			拉断伸长率/%		389
			性能变化率/%	拉伸强度	0
				伸长率	−17
		圆盘振荡硫化仪(163℃)	M_L/N·m		8.1
			M_H/N·m		52.5
			t_{10}		3 分 24 秒
			t_{90}		12 分 24 秒

混炼加料顺序：乙丙胶＋丁腈胶（薄通 6 次）＋ISAF＋硬脂酸＋（氧化锌、氧化镁、CZ）＋（DOS、凡士林）＋（DCP、硫黄）——薄通 6 次，停放一天后再薄通 8 次下片备用

混炼辊温：45℃±5℃

表 1-12　EPDM/NBR 密封圈胶料（2）

材料名称 \ 配方编号 \ 基本用量/g	EO-57	试验项目			试验结果
三元乙丙胶 4045	96	硫化条件(163℃)/min			20
丁腈胶 2707(1 段)	4	邵尔 A 型硬度/度			70
中超耐磨炉黑	50	拉伸强度/MPa			21.3
硬脂酸	1	拉断伸长率/%			363
氧化锌	5	定伸应力/MPa	100%		2.9
氧化镁	3		300%		7.8
促进剂 CZ	1.5	拉断永久变形/%			11
癸二酸二辛酯(DOS)	2	无割口直角撕裂强度/(kN/m)			44
白凡士林	2	回弹性/%			44
硫化剂 DCP	4	脆性温度(单试样法)/℃			−70 不断
合计	168.5	耐 912 天津制动液(120℃×70h)	质量变化率/%		+0.52
			体积变化率/%		+0.75
		B 型压缩永久变形(120℃×22h)/%	压缩率 20%		20
			压缩率 25%		20
		热空气加速老化(120℃×70h)	拉伸强度/MPa		22.3
			拉断伸长率/%		380
			性能变化率/%	拉伸强度	+5
				伸长率	+5
		圆盘振荡硫化仪(163℃)	M_L/N·m		7.4
			M_H/N·m		71.7
			t_{10}		3 分 36 秒
			t_{90}		15 分 48 秒

混炼加料顺序：乙丙胶＋丁腈胶（薄通 6 次）＋ISAF＋硬脂酸＋（氧化锌、氧化镁、CZ）＋（DOS、凡士林）＋DCP——薄通 6 次，停放一天后再薄通 8 次下片备用

混炼辊温：45℃±5℃

表 1-13 EPDM/NBR 密封圈胶料（3）

材料名称 \ 基本用量/g \ 配方编号	EO-58
三元乙丙胶 4045	96
丁腈胶 2707（薄通 15 次）	4
中超耐磨炉黑	45
半补强炉黑	8
硬脂酸	1
氧化锌	5
氧化镁	3
促进剂 CZ	0.5
邻苯二甲酸二辛酯（DOP）	3
白凡士林	4
硫化剂 DCP	4
合计	173.5

试验项目			试验结果
硫化条件（163℃）/min			20
邵尔 A 型硬度/度			71
拉伸强度/MPa			19.2
拉断伸长率/%			223
定伸应力/MPa	100%		4.5
	200%		15.3
拉断永久变形/%			6
无割口直角撕裂强度/（kN/m）			37
回弹性/%			45
脆性温度（单试样法）/℃			−70 不断
耐 912 天津制动液（120℃×70h）	质量变化率/%		−1.14
	体积变化率/%		−1.69
B 型压缩永久变形（100℃×22h）/%	压缩率 20%		7
	压缩率 25%		8
热空气加速老化（120℃×70h）	拉伸强度/MPa		20.0
	拉断伸长率/%		225
	性能变化率/%	拉伸强度	+4
		伸长率	+1
圆盘振荡硫化仪（163℃）	M_L/N·m		8.1
	M_H/N·m		80.2
	t_{10}		3 分 48 秒
	t_{90}		16 分

混炼加料顺序：乙丙胶＋丁腈胶（薄通 6 次）＋ ISAF SRF ＋硬脂酸＋ 氧化锌 氧化镁 CZ ＋ DOS 凡士林 ＋

DCP——薄通 6 次，停放一天后再薄通 8 次下片备用

混炼辊温：45℃±5℃

表 1-14 EPDM/NBR 密封圈胶料（4）

<table>
<tr><td>配方编号
基本用量/g
材料名称</td><td>EO-59</td><td colspan="3">试验项目</td><td colspan="2">试验结果</td></tr>
<tr><td>三元乙丙胶 4045</td><td>96</td><td colspan="3">硫化条件(148℃)/min</td><td>20</td><td>30</td></tr>
<tr><td>丁腈胶 2707(1 段)</td><td>4</td><td colspan="3">邵尔 A 型硬度/度</td><td>69</td><td>70</td></tr>
<tr><td>中超耐磨炉黑</td><td>43</td><td colspan="3">拉伸强度/MPa</td><td>16.9</td><td>16.7</td></tr>
<tr><td>半补强炉黑</td><td>8</td><td colspan="3">拉断伸长率/%</td><td>224</td><td>220</td></tr>
<tr><td>硬脂酸</td><td>1</td><td colspan="3">100%定伸应力/MPa</td><td>4.2</td><td>4.5</td></tr>
<tr><td>氧化锌</td><td>5</td><td colspan="3">拉断永久变形/%</td><td>5</td><td>5</td></tr>
<tr><td>氧化镁</td><td>3</td><td colspan="3">撕裂强度/(kN/m)</td><td colspan="2">35</td></tr>
<tr><td>促进剂 CZ</td><td>0.5</td><td colspan="3">回弹性/%</td><td colspan="2">47</td></tr>
<tr><td>邻苯二甲酸二辛酯(DOP)</td><td>3</td><td colspan="3">脆性温度/℃</td><td colspan="2">(不断)70</td></tr>
<tr><td>白凡士林</td><td>4</td><td rowspan="4">热空气加速老化
(120℃×70h)</td><td colspan="2">拉伸强度/MPa</td><td>20.0</td><td>17.9</td></tr>
<tr><td>硫化剂 DCP</td><td>3.8</td><td colspan="2">拉断伸长率/%</td><td>252</td><td>228</td></tr>
<tr><td>合计</td><td>171.3</td><td rowspan="2">性能变化率/%</td><td>拉伸强度</td><td>+18.3</td><td>+8.8</td></tr>
<tr><td colspan="2" rowspan="9"></td><td>伸长率</td><td>+12.5</td><td>+3.6</td></tr>
<tr><td colspan="2" rowspan="2">B 型压缩永久变形
(120℃×22h)/%</td><td>压缩率 20%</td><td colspan="2">14</td></tr>
<tr><td>压缩率 25%</td><td colspan="2">11</td></tr>
<tr><td colspan="2" rowspan="2">耐刹车油试验(日本)
(120℃×70h)</td><td>质量变化率/%</td><td colspan="2">0.88</td></tr>
<tr><td>体积变化率/%</td><td colspan="2">1.57</td></tr>
<tr><td rowspan="4">圆盘振荡硫化仪
(163℃)</td><td>M_L/N·m</td><td colspan="3">5.0</td></tr>
<tr><td>M_H/N·m</td><td colspan="3">76.8</td></tr>
<tr><td>t_{10}</td><td colspan="3">3 分 48 秒</td></tr>
<tr><td>t_{90}</td><td colspan="3">18 分 36 秒</td></tr>
<tr><td colspan="7">混炼加料顺序：乙丙胶＋丁腈胶（薄通 6 次）＋炭黑＋硬脂酸＋氧化锌/氧化镁/CZ＋DOP/凡士林＋DCP——薄通 6 次停放一天，再薄通 8 次下片备用
混炼辊温：45℃±5℃</td></tr>
</table>

表 1-15 EPDM/NBR 密封圈胶料（5）

<table>
<tr><td>配方编号
基本用量/g
材料名称</td><td>EO-60</td><td colspan="3">试验项目</td><td>试验结果</td></tr>
<tr><td>三元乙丙胶 4045</td><td>96</td><td colspan="3">硫化条件(163℃)/min</td><td>25</td></tr>
<tr><td>丁腈胶 2707(薄通 15 次)</td><td>4</td><td colspan="3">邵尔 A 型硬度/度</td><td>72</td></tr>
<tr><td>中超耐磨炉黑</td><td>50</td><td colspan="3">拉伸强度/MPa</td><td>20.9</td></tr>
<tr><td>硬脂酸</td><td>1</td><td colspan="3">拉断伸长率/%</td><td>394</td></tr>
<tr><td>氧化锌</td><td>5</td><td colspan="2" rowspan="2">定伸应力/MPa</td><td>100%</td><td>2.5</td></tr>
<tr><td>氧化镁</td><td>3</td><td>300%</td><td>6.4</td></tr>
<tr><td>促进剂 CZ</td><td>2</td><td colspan="3">拉断永久变形/%</td><td>12</td></tr>
<tr><td>白凡士林</td><td>4</td><td colspan="3">无割口直角撕裂强度/(kN/m)</td><td>41</td></tr>
<tr><td>硫化剂 DCP</td><td>3.8</td><td colspan="3">回弹性/%</td><td>45</td></tr>
<tr><td>硫黄</td><td>0.1</td><td colspan="3">脆性温度(单试样法)/℃</td><td>−70 不断</td></tr>
<tr><td>水果型香料</td><td>0.05</td><td colspan="2" rowspan="2">耐 912 天津制动液
(120℃×70h)</td><td>质量变化率/%</td><td>+1.72</td></tr>
<tr><td>合计</td><td>166.95</td><td>体积变化率/%</td><td>+2.39</td></tr>
<tr><td colspan="2" rowspan="10"></td><td colspan="2" rowspan="2">B 型压缩永久变形
(120℃×22h)/%</td><td>压缩率 20%</td><td>16</td></tr>
<tr><td>压缩率 25%</td><td>28</td></tr>
<tr><td rowspan="4">热空气加速老化
(120℃×70h)</td><td colspan="2">拉伸强度/MPa</td><td>21.8</td></tr>
<tr><td colspan="2">拉断伸长率/%</td><td>392</td></tr>
<tr><td rowspan="2">性能变化率/%</td><td>拉伸强度</td><td>+4.3</td></tr>
<tr><td>伸长率</td><td>−0.5</td></tr>
<tr><td rowspan="4">圆盘振荡硫化仪
(163℃)</td><td>M_L/N·m</td><td colspan="2">2.9</td></tr>
<tr><td>M_H/N·m</td><td colspan="2">60.0</td></tr>
<tr><td>t_{10}</td><td colspan="2">3 分 36 秒</td></tr>
<tr><td>t_{90}</td><td colspan="2">16 分 12 秒</td></tr>
</table>

混炼加料顺序：乙丙胶＋丁腈胶(薄通 6 次)＋ISAF＋硬脂酸＋(氧化锌
氧化镁
CZ)＋(DOS
凡士林)＋(DCP
硫黄)＋

香料——薄通 6 次，停放一天后再薄通 8 次下片备用

混炼辊温：45℃±5℃

表 1-16 EPDM/NBR 密封圈胶料（6）

材料名称 \ 基本用量/g \ 配方编号	EO-61
三元乙丙胶 4045	96
丁腈胶 2707(薄通 15 次)	4
中超耐磨炉黑	48
硬脂酸	1
氧化锌	5
氧化镁	3
促进剂 CZ	0.5
邻苯二甲酸二锌酯(DOP)	2.5
白凡士林	3
硫化剂 DCP	4
硫黄	0.1
水果型香料	0.05
合计	167.15

试验项目			试验结果
硫化条件(163℃)/min			20
邵尔 A 型硬度/度			70
拉伸强度/MPa			19.0
拉断伸长率/%			257
定伸应力/MPa		100%	3.7
		200%	13.0
拉断永久变形/%			6
无割口直角撕裂强度/(kN/m)			41
回弹性/%			46
脆性温度(单试样法)/℃			-70 不断
耐 912 天津制动液(120℃×70h)		质量变化率/%	-0.88
		体积变化率/%	-0.93
B 型压缩永久变形(100℃×22h)/%		压缩率 20%	9
		压缩率 25%	11
热空气加速老化(120℃×70h)	拉伸强度/MPa		18.7
	拉断伸长率/%		250
	性能变化率/%	拉伸强度	-2
		伸长率	-3
圆盘振荡硫化仪(163℃)	M_L/N·m		8.0
	M_H/N·m		90.2
	t_{10}		3 分 24 秒
	t_{90}		13 分 36 秒

混炼加料顺序：乙丙胶＋丁腈胶(薄通 6 次)＋ISAF＋硬脂酸＋（氧化锌、氧化镁、CZ）＋（DOS、凡士林）＋（DCP、硫黄）＋香料——薄通 6 次，停放一天后再薄通 8 次下片备用

混炼辊温：45℃±5℃

表 1-17 EPDM/NBR 密封圈胶料（7）

配方编号 / 基本用量/g / 材料名称	EO-62	试验项目			试验结果
三元乙丙胶 4045	96	硫化条件(163℃)/min			20
丁腈胶 2707(薄 15 次)	4	邵尔 A 型硬度/度			69
中超耐磨炉黑	43	拉伸强度/MPa			18.9
半补强炉黑	8	拉断伸长率/%			240
硬脂酸	1	定伸应力/MPa	100%		4.0
氧化锌	5		200%		14.3
氧化镁	3	拉断永久变形/%			3
促进剂 CZ	0.5	无割口直角撕裂强度/(kN/m)			36
邻苯二甲酸二锌酯(DOP)	3	回弹性/%			47
白凡士林	4	脆性温度(单试样法)/℃			−70 不断
硫化剂 DCP	4	耐 912 天津制动液(120℃×70h)	质量变化率/%		−1.45
合计	171.5		体积变化率/%		−1.70
		B 型压缩永久变形(100℃×22h)/%	压缩率 20%		12
			压缩率 25%		12
		热空气加速老化(120℃×70h)	拉伸强度/MPa		20.1
			拉断伸长率/%		240
			性能变化率/%	拉伸强度	+6.4
				伸长率	0
		圆盘振荡硫化仪(163℃)	M_L/N·m		10.4
			M_H/N·m		86.4
			t_{10}		3 分 36 秒
			t_{90}		17 分

混炼加料顺序：乙丙胶＋丁腈胶(薄通 6 次)＋ISAF/SRF＋硬脂酸＋氧化锌/氧化镁/CZ＋DOS/凡士林＋DCP——薄通 6 次，停放一天后再薄通 8 次下片备用

混炼辊温：45℃±5℃

表 1-18 EPDM 密封圈胶料（1）

材料名称 \ 基本用量/g \ 配方编号	EO-63	试验项目			试验结果
三元乙丙胶 4045	100	硫化条件(163℃)/min			25
中超耐磨炉黑	50	邵尔 A 型硬度/度			74
硬脂酸	1	拉伸强度/MPa			20.5
氧化锌	5	拉断伸长率/%			272
氧化镁	3	100%定伸应力/MPa			7.3
硫化剂 DCP	3.9	拉断永久变形/%			3
合计	162.9	无割口直角撕裂强度/(kN/m)			40
		回弹性/%			48
		B 型压缩永久变形(150℃×24h,压缩率 25%)/%			29
		耐 912 天津制动液(70℃×70h)	质量变化率/%		−0.45
			体积变化率/%		−0.54
		耐 912 天津制动液(150℃×70h)	质量变化率/%		+0.78
			体积变化率/%		+0.65
		热空气老化(150℃×96h)	质量变化率/%		−1.96
			体积变化率/%		−2.49
		热空气加速老化(150℃×70h)	邵尔 A 型硬度/度		80
			100%定伸应力/MPa		2.6
			拉断永久变形/%		16
			拉伸强度/MPa		20.4
			拉断伸长率/%		399
			性能变化率/%	拉伸强度	0
				伸长率	+47
		圆盘振荡硫化仪(163℃)	M_L/N·m	5.2	
			M_H/N·m	66.7	
			t_{10}	2 分 48 秒	
			t_{90}	16 分 24 秒	

混炼加料顺序：乙丙胶＋ISAF＋硬脂酸＋(氧化锌/氧化镁)＋DCP——薄通 6 次，停放一天后再薄通 6 次下片备用

混炼辊温：45℃±5℃

表 1-19 EPDM 密封圈胶料（2）

基本用量/g 材料名称 \ 配方编号	EO-64	试验项目			试验结果
三元乙丙胶 4045	100	硫化条件(163℃)/min			25
防老剂 RD	2	邵尔 A 型硬度/度			69
中超耐磨炉黑	50	拉伸强度/MPa			22.6
硬脂酸	1	拉断伸长率/%			365
氧化锌	5	定伸应力/MPa	100%		2.4
氧化镁	3		300%		15.6
癸二酸二辛酯(DOS)	2.5	拉断永久变形/%			11
促进剂 CZ	0.6	撕裂强度/(kN/m)			43.0
硫化剂 DCP	3.9	回弹性/%			45
合计	168	热空气加速老化(150℃×70h)	拉伸强度/MPa		21.8
			拉断伸长率/%		334
			性能变化率/%	拉伸强度	−3.5
				伸长率	−8.5
		B 型压缩永久变形(150℃×24h,压缩率 25%)/%			34
		耐 912 号制动液(150℃×70h)	质量变化率/%		−0.66
			体积变化率/%		−0.81
		圆盘振荡硫化仪(163℃)	M_L/N·m		4.6
			M_H/N·m		43.6
			t_{10}		3 分 30 秒
			t_{90}		18 分 45 秒

混炼加料顺序：乙丙胶＋RD(80℃±5℃)降温＋ISAF＋硬脂酸＋氧化锌/氧化镁/CZ＋DOS＋DCP——薄通 6 次停放一天，再薄通 8 次下片备用

混炼辊温：45℃±5℃

表 1-20 EPDM 密封圈胶料（3）

材料名称 \ 基本用量/g \ 配方编号	EO-65	试验项目	试验结果
三元乙丙胶 4045	100	硫化条件(163℃)/min	25
防老剂 RD	2	邵尔 A 型硬度/度	70
硬脂酸	1	拉伸强度/MPa	23.4
氧化锌	5	拉断伸长率/%	378
氧化镁	3	定伸应力/MPa 100%	2.4
促进剂 CZ	0.8	定伸应力/MPa 300%	15.2
中超耐磨炉黑	50	拉断永久变形/%	11
硫化剂 DCP	3.9	撕裂强度/(kN/m)	44.4
合计	165.7	回弹性/%	43
		老化后硬度(150℃×70h)/度	76
		热空气加速老化(150℃×70h) 拉伸强度/MPa	22.9
		热空气加速老化(150℃×70h) 拉断伸长率/%	293
		热空气加速老化(150℃×70h) 性能变化率/% 拉伸强度	−2
		热空气加速老化(150℃×70h) 性能变化率/% 伸长率	−23
		B 型压缩永久变形(压缩率 25%,150℃×24h)/%	44
		耐 912 号制动液(150℃×70h) 质量变化率/%	+0.03
		耐 912 号制动液(150℃×70h) 体积变化率/%	−0.23
		圆盘振荡硫化仪(163℃) M_L/N·m	5.6
		圆盘振荡硫化仪(163℃) M_H/N·m	42.6
		圆盘振荡硫化仪(163℃) t_{10}	3 分 48 秒
		圆盘振荡硫化仪(163℃) t_{90}	17 分 30 秒

混炼加料顺序：乙丙胶＋RD(80℃±5℃)降温＋ISAF＋硬脂酸＋（氧化锌、氧化镁、CZ）＋DCP——薄通6次，停放一天，再薄通8次下片备用

混炼辊温：45℃±5℃

表 1-21 EPDM 密封圈胶料（4）

材料名称 \ 基本用量/g \ 配方编号	EO-66	试验项目			试验结果
三元乙丙胶 4045	100	硫化条件(163℃)/min			25
防老剂 RD	2	邵尔 A 型硬度/度			69
中超耐磨炉黑	50	拉伸强度/MPa			23.5
硬脂酸	1	拉断伸长率/%			376
氧化锌	5	定伸应力/MPa	100%		2.5
氧化镁	3		300%		16
促进剂 CZ	0.8	拉断永久变形/%			11
白凡士林	2	撕裂强度/(kN/m)			43.2
硫化剂 DCP	3.9	回弹性/%			44
合计	167.6	热空气加速老化(150℃×70h)	拉伸强度/MPa		22.8
			拉断伸长率/%		368
			性能变化率/%	拉伸强度	−3
				伸长率	−2
		B 型压缩永久变形(压缩率 25%,150℃×24h)/%			36
		耐 912 号制动液(150℃×70h)	质量变化率/%		−0.49
			体积变化率/%		−0.59
		圆盘振荡硫化仪(163℃)	M_L/N·m		5.8
			M_H/N·m		45.0
			t_{10}		3 分 48 秒
			t_{90}		18 分

混炼加料顺序：乙丙胶＋RD(80℃±5℃)降温＋ISAF＋硬脂酸＋氧化锌
氧化镁
CZ＋凡士林＋DCP——薄通 6 次，停放一天，再薄通 8 次下片备用

混炼辊温：45℃±5℃

第2章 黏合剂应用配方

2.1 不同黏合剂在NR中对金属的黏合作用

表2-1 NR+环烷酸钴对多股镀铜钢丝的黏合

<table>
<tr><td>配方编号
基本用量/g
材料名称</td><td>RH-1</td><td colspan="3">试验项目</td><td>试验结果</td></tr>
<tr><td>烟片胶1#(1段)</td><td>100</td><td colspan="3">硫化条件(138℃)/min</td><td>45</td></tr>
<tr><td>硬脂酸</td><td>1.5</td><td colspan="3">邵尔A型硬度/度</td><td>73</td></tr>
<tr><td>防老剂4010NA</td><td>1</td><td colspan="3">拉伸强度/MPa</td><td>27.3</td></tr>
<tr><td>防老剂BLE</td><td>1.2</td><td colspan="3">拉断伸长率/%</td><td>511</td></tr>
<tr><td>防老剂4010</td><td>1.5</td><td colspan="3">300%定伸应力/MPa</td><td>15.1</td></tr>
<tr><td>促进剂DZ</td><td>0.9</td><td colspan="3">拉断永久变形/%</td><td>38</td></tr>
<tr><td>氧化锌</td><td>8</td><td colspan="3">无割口直角撕裂强度/(kN/m)</td><td>75</td></tr>
<tr><td>环烷酸钴</td><td>2</td><td colspan="3">镀铜钢丝黏合力(抽出法)/N</td><td>83</td></tr>
<tr><td>松焦油</td><td>4</td><td colspan="3">屈挠龟裂/万次</td><td>13(2,3,3)</td></tr>
<tr><td>快压出炉黑</td><td>30</td><td rowspan="4">热空气加速老化
(100℃×48h)</td><td colspan="2">拉伸强度/MPa</td><td>13.6</td></tr>
<tr><td>四川槽法炉黑</td><td>15</td><td colspan="2">拉断伸长率/%</td><td>175</td></tr>
<tr><td>硫黄</td><td>4</td><td rowspan="2">性能变化率/%</td><td>拉伸强度</td><td>−50</td></tr>
<tr><td>合计</td><td>169.1</td><td>伸长率</td><td>−66</td></tr>
<tr><td colspan="2" rowspan="3"></td><td>门尼焦烧(120℃)</td><td>t_5</td><td colspan="2">36分</td></tr>
<tr><td rowspan="2">圆盘振荡(硫化仪138℃)</td><td>t_{10}</td><td colspan="2">16分</td></tr>
<tr><td>t_{90}</td><td colspan="2">41分</td></tr>
<tr><td colspan="6">混炼加料顺序：胶+(4010NA、硬脂酸、BLE)+(4010、氧化锌、DZ)+(环烷酸钴、松焦油)+炭黑+硫黄——薄通4次下片备用
混炼辊温：55℃±5℃</td></tr>
</table>

表 2-2 NR+癸酸钴对多股镀铜钢丝的黏合

<table>
<tr><th>配方编号
基本用量/g
材料名称</th><th>RH-2</th><th colspan="3">试验项目</th><th>试验结果</th></tr>
<tr><td>烟片胶 1#(1 段)</td><td>100</td><td colspan="3">硫化条件(138℃)/min</td><td>40</td></tr>
<tr><td>硬脂酸</td><td>1.5</td><td colspan="3">邵尔 A 型硬度/度</td><td>73</td></tr>
<tr><td>防老剂 4010NA</td><td>1</td><td colspan="3">拉伸强度/MPa</td><td>26.8</td></tr>
<tr><td>防老剂 BLE</td><td>1.2</td><td colspan="3">拉断伸长率/%</td><td>481</td></tr>
<tr><td>防老剂 4010</td><td>1.5</td><td colspan="3">300%定伸应力/MPa</td><td>15.3</td></tr>
<tr><td>促进剂 DZ</td><td>0.9</td><td colspan="3">拉断永久变形/%</td><td>37</td></tr>
<tr><td>氧化锌</td><td>8</td><td colspan="3">无割口直角撕裂强度/(kN/m)</td><td>71</td></tr>
<tr><td>快压出炉黑</td><td>30</td><td colspan="3">镀铜钢丝黏合力(抽出法)/N</td><td>82</td></tr>
<tr><td>四川槽法炉黑</td><td>15</td><td colspan="3">100℃×48h 黏合力(抽出法)/N</td><td>58</td></tr>
<tr><td>松焦油</td><td>4</td><td rowspan="4">热空气加速老化
(100℃×48h)</td><td colspan="2">拉伸强度/MPa</td><td>15.1</td></tr>
<tr><td>癸酸钴</td><td>1.2</td><td colspan="2">拉断伸长率/%</td><td>183</td></tr>
<tr><td>硫黄</td><td>4</td><td rowspan="2">性能变化率/%</td><td>拉伸强度</td><td>−44</td></tr>
<tr><td>合计</td><td>168.3</td><td>伸长率</td><td>−62</td></tr>
<tr><td colspan="2" rowspan="3"></td><td>门尼焦烧(120℃)</td><td>t_{35}</td><td colspan="2">35 分</td></tr>
<tr><td rowspan="2">圆盘振荡硫化仪
(138℃)</td><td>t_{10}</td><td colspan="2">16 分</td></tr>
<tr><td>t_{90}</td><td colspan="2">41 分</td></tr>
</table>

混炼加料顺序:胶+ 4010NA 硬脂酸 BLE +氧化锌 4010 DZ + 癸酸钴 松焦油 +炭黑+硫黄——薄通 4 次下片备用

混炼辊温:55℃±5℃

表 2-3 NR+不同黏合剂对多股镀铜钢丝的黏合（1）

材料名称 \ 基本用量/g \ 配方编号	RH-3	试验项目			试验结果
烟片胶 1#（1 段）	100	硫化条件（138℃）/min			40
黏合剂 RE	1.5	邵尔 A 型硬度/度			72
硬脂酸	1.5	拉伸强度/MPa			32.3
防老剂 4010NA	1	拉断伸长率/%			556
防老剂 BLE	1.2	定伸应力/MPa	300%		14.6
防老剂 4010	1.5		500%		28.5
促进剂 DZ	1	拉断永久变形/%			40
氧化锌	8	无割口直角撕裂强度（100℃×48h）/（kN/m）			92
环烷酸钴	0.5	老化后撕裂强度/（kN/m）			45
黏合剂 A	2	屈挠龟裂/万次			12（3，2，3）
松焦油	4	镀铜钢丝黏合力（抽出法）/N			87
中超耐磨炉黑	30	100℃×48h 黏合力（抽出法）/N			46
四川槽法炉黑	15	热空气加速老化（100℃×48h）	拉伸强度/MPa		18.4
不溶性硫黄	3		拉断伸长率/%		306
合计	170.2		性能变化率/%	拉伸强度	−43
				伸长率	−45
		塑性值（平行板法）（混炼胶）			0.480
		圆盘振荡硫化仪（138℃）	t_{10}		17 分
			t_{90}		46 分 50 秒

混炼加料顺序：胶＋（RE、氧化锌、硬脂酸）（90℃±5℃）降温＋（4010NA、BLE）＋（4010、DZ）＋（环烷酸钴、松焦油）＋炭黑＋黏合剂 A＋不溶性硫黄——薄通 4 次下片备用

混炼辊温：55℃±5℃

表 2-4　NR+不同黏合剂对多股镀铜钢丝的黏合（2）

配方编号 / 基本用量/g / 材料名称	RH-4	试验项目			试验结果
烟片胶 1#（1 段）	100	硫化条件(138℃)/min			40
黏合剂 RE	3	邵尔 A 型硬度/度			70
硬脂酸	1.5	拉伸强度/MPa			28.6
氧化锌	7.5	拉断伸长率/%			483
防老剂 4010NA	1	300%定伸应力/MPa			16.6
防老剂 BLE	1.2	拉断永久变形/%			27
防老剂 4010	1.5	无割口直角撕裂强度/(kN/m)			72
促进剂 DZ	1	老化后撕裂强度(100℃×48h)/(kN/m)			36
松焦油	4	回弹性/%			38
中超耐磨炉黑	32	镀铜钢丝黏合力(抽出法)/N			76
四川槽法炉黑	15	100℃×48h 黏合力(抽出法)/N			59
黏合剂 A	3	热空气加速老化（100℃×48h）	拉伸强度/MPa		13.0
不溶性硫黄	3		拉断伸长率/%		178
合计	173.7		性能变化率/%	拉伸强度	−55
				伸长率	−63
		圆盘振荡硫化仪（138℃）	t_{10}	15 分	
			t_{90}	36 分 10 秒	

混炼加料顺序：胶＋RE/氧化锌/硬脂酸（90℃以上）降温＋4010NA/BLE＋4010/DZ＋松焦油＋炭黑＋黏合剂 A＋不溶性硫黄——薄通 4 次下片备用

混炼辊温：55℃±5℃

表 2-5 NR＋不同黏合剂对多股镀铜钢丝的黏合（3）

<table>
<tr><th>配方编号
基本用量/g
材料名称</th><th>RH-5</th><th colspan="3">试验项目</th><th>试验结果</th></tr>
<tr><td>烟片胶 1#（1 段）</td><td>100</td><td colspan="3">硫化条件(138℃)/min</td><td>40</td></tr>
<tr><td>硬脂酸</td><td>1.5</td><td colspan="3">邵尔 A 型硬度/度</td><td>71</td></tr>
<tr><td>防老剂 4010NA</td><td>1</td><td colspan="3">拉伸强度/MPa</td><td>26.6</td></tr>
<tr><td>防老剂 BLE</td><td>1.2</td><td colspan="3">拉断伸长率/%</td><td>524</td></tr>
<tr><td>防老剂 4010</td><td>1.5</td><td colspan="3">300%定伸应力/MPa</td><td>12.0</td></tr>
<tr><td>促进剂 DZ</td><td>1</td><td colspan="3">拉断永久变形/%</td><td>34</td></tr>
<tr><td>氧化锌</td><td>7.5</td><td colspan="3">无割口直角撕裂强度/(kN/m)</td><td>86</td></tr>
<tr><td>黏合剂 A</td><td>3</td><td colspan="3">老化后撕裂强度(100℃×48h)/(kN/m)</td><td>35</td></tr>
<tr><td>黏合剂 RS</td><td>4</td><td colspan="3">回弹性/%</td><td>36</td></tr>
<tr><td>松焦油</td><td>4</td><td colspan="3">镀铜钢丝黏合力(抽出法)/N</td><td>78</td></tr>
<tr><td>中超耐磨炉黑</td><td>43</td><td colspan="3">100℃×48h 黏合力(抽出法)/N</td><td>67</td></tr>
<tr><td>四川槽法炉黑</td><td>6</td><td rowspan="4">热空气加速老化
(100℃×48h)</td><td colspan="2">拉伸强度/MPa</td><td>13.2</td></tr>
<tr><td>硫黄</td><td>3</td><td colspan="2">拉断伸长率/%</td><td>170</td></tr>
<tr><td rowspan="2">合计</td><td rowspan="2">176.7</td><td rowspan="2">性能变化率/%</td><td>拉伸强度</td><td>−50</td></tr>
<tr><td>伸长率</td><td>−68</td></tr>
</table>

混炼加料顺序：胶＋硬脂酸/BLE/4010NA＋4010/氧化锌/DZ＋松焦油/黏合剂 A＋炭黑＋RS＋硫黄——薄通 4 次下片备用

混炼辊温：55℃±5℃

表 2-6 NR/SBR/BR+黏合剂对钢丝的黏合

<table>
<tr><td>配方编号
基本用量/g
材料名称</td><td>RH-6</td><td colspan="3">试验项目</td><td>试验结果</td></tr>
<tr><td>烟片胶 1#(1 段)</td><td>70</td><td colspan="3">硫化条件(138℃)/min</td><td>65</td></tr>
<tr><td>丁基胶 1500</td><td>10</td><td colspan="3">邵尔 A 型硬度/度</td><td>74</td></tr>
<tr><td>顺丁胶</td><td>20</td><td colspan="3">拉伸强度/MPa</td><td>24.3</td></tr>
<tr><td>黏合剂 RE</td><td>1.6</td><td colspan="3">拉断伸长率/%</td><td>397</td></tr>
<tr><td>硬脂酸</td><td>1.5</td><td colspan="3">300%定伸应力/MPa</td><td>16.6</td></tr>
<tr><td>氧化锌</td><td>7.5</td><td colspan="3">拉断永久变形/%</td><td>22</td></tr>
<tr><td>防老剂 4010NA</td><td>1</td><td colspan="3">无割口直角撕裂强度/(kN/m)</td><td>66</td></tr>
<tr><td>防老剂 BLE</td><td>1.2</td><td colspan="3">屈挠龟裂/万次</td><td>50(无,无,无)</td></tr>
<tr><td>防老剂 4010</td><td>1.5</td><td colspan="3">镀铜钢丝黏合力(抽出法)/N</td><td>88</td></tr>
<tr><td>促进剂 DZ</td><td>1.5</td><td colspan="3">100℃×48h 黏合力(抽出法)/N</td><td>54</td></tr>
<tr><td>黏合剂 A</td><td>2</td><td rowspan="4">热空气加速老化
(100℃×48h)</td><td colspan="2">拉伸强度/MPa</td><td>15.7</td></tr>
<tr><td>环烷酸钴</td><td>0.5</td><td colspan="2">拉断伸长率/%</td><td>179</td></tr>
<tr><td>松焦油</td><td>4</td><td rowspan="2">性能变化率/%</td><td>拉伸强度</td><td>−35</td></tr>
<tr><td>四川槽法炉黑</td><td>32</td><td>伸长率</td><td>−55</td></tr>
<tr><td>中超耐磨炉黑</td><td>13</td><td rowspan="2">圆盘振荡硫化仪
(138℃)</td><td>t_{10}</td><td colspan="2">33 分 10 秒</td></tr>
<tr><td>硫黄</td><td>3.8</td><td>t_{90}</td><td colspan="2">57 分 15 秒</td></tr>
<tr><td>合计</td><td>171.1</td><td colspan="4"></td></tr>
</table>

混炼加料顺序：NR+SBR+BR+ RE / 硬脂酸 / 氧化锌 (80℃以上)降温+ 4010NA / BLE + DZ / 4010 + 松焦油 / 环烷酸钴 +

炭黑+黏合剂 A+硫黄——薄通 6 次下片备用

混炼辊温：50℃±5℃

2.2 不同黏合剂在通用胶中对纤维材料的黏合

表 2-7 NR+不同黏合剂对未浸胶尼龙帘线的黏合

基本用量/g（材料名称 \ 配方编号）	RH-7	试验项目			试验结果
烟片胶 1#（1 段）	100	硫化条件(143℃)/min			40
RE	3	邵尔 A 型硬度/度			59
硬脂酸	1.5	拉伸强度/MPa			27.1
氧化锌	10	拉断伸长率/%			509
防老剂 4010	1.5	定伸应力/MPa		300%	14.8
防老剂 A	1			500%	26.9
促进剂 DZ	1.5	拉断永久变形/%			20
松焦油	4	无割口直角撕裂强度/(kN/m)			39
中超耐磨炉黑	12	回弹性/%			46
四川槽法炉黑	25	白坯尼龙帘线黏合 H 抽出/N			143
RH	3	100℃×48h H 抽出/N			155
硫黄	2.1	热空气加速老化(100℃×48h)	拉伸强度/MPa		23.4
合计	164.6		拉断伸长率/%		365
			性能变化率/%	拉伸强度	−14
				伸长率	−28
		塑性值(平行板法)			0.41
		门尼焦烧(120℃)	t_5	18 分 15 秒	
		圆盘振荡硫化仪(143℃)	t_{10}	4 分 30 秒	
			t_{90}	32 分 45 秒	

混炼加料顺序：胶＋RE、硬脂酸、氧化锌（80℃以上）降温＋4010、DM、防老剂 A＋DZ＋松焦油＋炭黑＋RH＋硫黄——薄通 4 次下片备用

混炼辊温：55℃±5℃

表 2-8 NR+不同黏合剂对浸胶尼龙帘线的黏合

<table>
<tr><td>配方编号
基本用量/g
材料名称</td><td>RH-8</td><td colspan="3">试验项目</td><td>试验结果</td></tr>
<tr><td>烟片胶 1#(1 段)</td><td>100</td><td colspan="3">硫化条件(138℃)/min</td><td>30</td></tr>
<tr><td>RE</td><td>3</td><td colspan="3">邵尔 A 型硬度/度</td><td>60</td></tr>
<tr><td>硬脂酸</td><td>2</td><td colspan="3">拉伸强度/MPa</td><td>31.6</td></tr>
<tr><td>氧化锌</td><td>6</td><td colspan="3">拉断伸长率/%</td><td>518</td></tr>
<tr><td>防老剂 4010</td><td>2</td><td colspan="2" rowspan="2">定伸应力/MPa</td><td>300%</td><td>12.6</td></tr>
<tr><td>防老剂 BLE</td><td>0.8</td><td>500%</td><td>28.3</td></tr>
<tr><td>促进剂 DZ</td><td>2</td><td colspan="3">拉断永久变形/%</td><td>24</td></tr>
<tr><td>芳烃油</td><td>4</td><td colspan="3">无割口直角撕裂强度/(kN/m)</td><td>58</td></tr>
<tr><td>低结构高耐磨炉黑</td><td>30</td><td colspan="3">回弹性/%</td><td>47</td></tr>
<tr><td>半补强炉黑</td><td>10</td><td colspan="3">浸胶尼龙帘线黏合 H 抽出/N</td><td>159</td></tr>
<tr><td>黏合剂 A</td><td>2</td><td colspan="3">100℃×48h H 抽出/N</td><td>168</td></tr>
<tr><td>RH</td><td>0.5</td><td rowspan="4">热空气加速老化
(100℃×48h)</td><td colspan="2">拉伸强度/MPa</td><td>26.4</td></tr>
<tr><td>硫黄</td><td>2.1</td><td colspan="2">拉断伸长率/%</td><td>355</td></tr>
<tr><td>合计</td><td>164.4</td><td rowspan="2">性能变化率/%</td><td>拉伸强度</td><td>-17</td></tr>
<tr><td colspan="2" rowspan="4"></td><td>伸长率</td><td>-32</td></tr>
<tr><td colspan="3">塑性(平行板法)</td><td>0.48</td></tr>
<tr><td rowspan="2">门尼焦烧(120℃)</td><td>t_5</td><td colspan="2">26 分</td></tr>
<tr><td>t_{35}</td><td colspan="2">40 分</td></tr>
</table>

混炼加料顺序：胶+ RE 硬脂酸 氧化锌 (90℃±5℃)降温+ 4010 DZ + BLE 芳烃油 +炭黑+ 黏合剂 A RH +
硫黄——薄通 4 次下片备用

混炼辊温：55℃±5℃

表 2-9 NR+不同黏合剂对浸胶尼龙帘线的黏合

材料名称 \ 基本用量/g \ 配方编号	RH-9
烟片胶 1#(1 段)	100
RE	3
硬脂酸	2
氧化锌	6
防老剂 4010	1.5
防老剂 BLE	1
促进剂 DZ	1.6
松焦油	3.5
低结构高耐磨炉黑	25
半补强炉黑	13
黏合剂 A	2.5
硫黄	2.4
合计	161.5

试验项目			试验结果
硫化条件(148℃)/min			30
邵尔 A 型硬度/度			60
拉伸强度/MPa			28.7
拉断伸长率/%			520
300%定伸应力/MPa			12.9
拉断永久变形/%			25
无割口直角撕裂强度/(kN/m)			70
回弹性/%			55
浸胶尼龙帘线黏合 H 抽出/N			148
100℃×48h H 抽出/N			157
热空气加速老化(100℃×48h)	拉伸强度/MPa		25.7
	拉断伸长率/%		385
	性能变化率/%	拉伸强度	−11
		伸长率	−26
塑性值(平行板法)			0.510
门尼焦烧(120℃)	t_5		34 分 45 秒
	t_{35}		47 分 30 秒
圆盘振荡硫化仪(148℃)	M_L/N·m		1.7
	M_H/N·m		18.0
	t_{10}		10 分 15 秒
	t_{90}		26 分 35 秒

混炼加料顺序:NR+ RE
硬脂酸
氧化锌 (90℃±5℃)降温+ 4010
DZ + BLE
松焦油 +炭黑+黏合剂 A+硫黄——薄通 4 次下片备用

混炼辊温:55℃±5℃

表 2-10 NR＋不同黏合剂对尼龙帘线的黏合

材料名称 \ 基本用量/g \ 配方编号	RH-10	试验项目	试验结果
烟片胶 1#(1段)	100	硫化条件(143℃)/min	30
RE	4	邵尔A型硬度/度	61
硬脂酸	2	拉伸强度/MPa	25.6
氧化锌	7.5	拉断伸长率/%	508
防老剂 4010	2	300%定伸应力/MPa	13.0
防老剂 BLE	0.8	拉断永久变形/%	21
促进剂 DZ	1.6	无割口直角撕裂强度/(kN/m)	35
松焦油	4	回弹性/%	43
中超耐磨炉黑	12	未浸胶尼龙帘线黏合 H 抽出/N	147
半补强炉黑	20	100℃×48h H 抽出/N	158
RH	4	浸胶尼龙帘线黏合 H 抽出/N	157
硫黄	2.2	100℃×48h H 抽出/N	143
合计	160.1	塑性值(平行板法)	0.56
		门尼焦烧(120℃，t_5)	10分30秒

混炼加料顺序：NR＋硬脂酸(90℃±5℃)降温＋ RE/氧化锌 ＋ 4010/DZ ＋ BLE/松焦油 ＋炭黑＋RH＋硫黄——薄通4次下片备用

混炼辊温：55℃±5℃

表 2-11 NR/BR+不同黏合剂对浸胶尼龙帘线的黏合

材料名称 \ 基本用量/g \ 配方编号	RH-11	试验项目	试验结果
烟片胶 1[#](1 段)	85	硫化条件(143℃)/min	30
顺丁胶	15	邵尔 A 型硬度/度	64
RE	3.5	拉伸强度/MPa	23.6
硬脂酸	2	拉断伸长率/%	488
氧化锌	7.5	300%定伸应力/MPa	124
防老剂 4010	2	拉断永久变形/%	22
促进剂 DZ	1.8	无割口直角撕裂强度/(kN/m)	33
防老剂 BLE	0.8	回弹性/%	44
松焦油	4	浸胶尼龙帘线黏合 H 抽出/N	147
中超耐磨炉黑	18	100℃×48h H 抽出/N	158
半补强炉黑	20	塑性值(平行板法)	0.57
黏合剂 A	1.2	门尼焦烧(120℃,t_5)	22 分 10 秒
RH	2		
硫黄	2.2		
合计	165		

混炼加料顺序:胶+硬脂酸(90℃±5℃)降温+RE/氧化锌+4010/DZ+BLE/松焦油+炭黑+RH/黏合剂 A+硫黄——薄通 6 次下片备用

混炼辊温:55℃±5℃

表 2-12 NR/SBR/BR+不同黏合剂对未浸胶尼龙帘线的黏合

材料名称 \ 基本用量/g \ 配方编号	RH-12	试验项目	试验结果
烟片胶 1#(1 段)	80	硫化条件(143℃)/min	30
丁苯胶 1500	10	邵尔 A 型硬度/度	62
顺丁胶	10	拉伸强度/MPa	24.2
RE	4	拉断伸长率/%	516
硬脂酸	2	300%定伸应力/MPa	12.0
氧化锌	7.5	拉断永久变形/%	21
防老剂 4010	2	无割口直角撕裂强度/(kN/m)	33
防老剂 BLE	0.8	回弹性/%	44
促进剂 DZ	1.6	未浸胶尼龙帘线黏合 H 抽出/N	145
松焦油	4	100℃×48h H 抽出/N	168
中超耐磨炉黑	18	塑性值(平行板法)	0.58
半补强炉黑	20	门尼焦烧(120℃,t_5)	10 分 15 秒
RH	4		
硫黄	2.1		
合计	166		

混炼加料顺序:NR+SBR+BR+硬脂酸(90℃±5℃)降温+RE/氧化锌+4010/DZ+BLE/松焦油+炭黑+RH+硫黄——薄通 6 次下片备用

混炼辊温:55℃±5℃

2.3 不同黏合剂在 EPDM、CR、NBR 中对织物和金属的黏合

表 2-13 EPDM＋黏合剂对尼龙 66 白细布的黏合

<table>
<tr><td>配方编号
基本用量/g
材料名称</td><td>RH-13</td><td colspan="3">试验项目</td><td>试验结果</td></tr>
<tr><td>三元乙丙胶 4045</td><td>100</td><td colspan="3">硫化条件(153℃)/min</td><td>50</td></tr>
<tr><td>黏合剂 RE</td><td>2</td><td colspan="3">邵尔 A 型硬度/度</td><td>66</td></tr>
<tr><td>硬脂酸</td><td>1</td><td colspan="3">拉伸强度/MPa</td><td>15.5</td></tr>
<tr><td>氧化锌</td><td>5</td><td colspan="3">拉断伸长率/%</td><td>308</td></tr>
<tr><td>中超耐磨炉黑</td><td>20</td><td colspan="3">300%定伸应力/MPa</td><td>15.0</td></tr>
<tr><td>半补强炉黑</td><td>20</td><td colspan="3">拉断永久变形/%</td><td>4</td></tr>
<tr><td>白凡士林</td><td>4</td><td colspan="3">撕裂强度/(kN/m)</td><td>46.6</td></tr>
<tr><td>促进剂 M</td><td>1</td><td colspan="3">浸浆尼龙 66 白细布附着力/(N/mm)</td><td>0.73</td></tr>
<tr><td>黏合剂 RH</td><td>1.5</td><td rowspan="4">热空气加速老化
(100℃×96h)</td><td colspan="2">拉伸强度/MPa</td><td>16.6</td></tr>
<tr><td>硫化剂 DCP</td><td>4</td><td colspan="2">拉断伸长率/%</td><td>292</td></tr>
<tr><td>硫黄</td><td>0.4</td><td rowspan="2">性能变化率/%</td><td>拉伸强度</td><td>+7.1</td></tr>
<tr><td>合计</td><td>158.9</td><td>伸长率</td><td>−5.2</td></tr>
<tr><td colspan="2" rowspan="4"></td><td rowspan="4">圆盘振荡硫化仪
(153℃)</td><td>M_L/N·m</td><td colspan="2">6.4</td></tr>
<tr><td>M_H/N·m</td><td colspan="2">65.6</td></tr>
<tr><td>t_{10}</td><td colspan="2">5 分</td></tr>
<tr><td>t_{90}</td><td colspan="2">42 分 36 秒</td></tr>
<tr><td colspan="6">胶浆制备：环乙烷∶胶＝6∶1 溶解 24h 后搅拌，
刮布：每面刮浆三次，晾干后再每面刮三次</td></tr>
<tr><td colspan="6">混炼加料顺序：胶＋（RE
硬脂酸
氧化锌）(90℃±5℃)降温＋炭黑＋凡士林＋M/RH＋硫黄/DCP——薄通 8 次下片备用
混炼辊温：45℃±5℃</td></tr>
</table>

表 2-14 不同黏合剂在 EPDM 中对尼龙布的黏合

<table>
<tr><td colspan="2">配方编号
基本用量/g
材料名称</td><td colspan="2">RH-14</td><td colspan="2">RH-15</td><td colspan="2">RH-16</td><td colspan="2">RH-17</td></tr>
<tr><td colspan="2">三元乙丙胶 4045</td><td colspan="2">100</td><td colspan="2">100</td><td colspan="2">100</td><td colspan="2">100</td></tr>
<tr><td colspan="2">中超耐磨炉黑</td><td colspan="2">40</td><td colspan="2">40</td><td colspan="2">40</td><td colspan="2">40</td></tr>
<tr><td colspan="2">瓷土</td><td colspan="2">10</td><td colspan="2">10</td><td colspan="2">10</td><td colspan="2">10</td></tr>
<tr><td colspan="2">固体古马隆</td><td colspan="2">5</td><td colspan="2">5</td><td colspan="2">5</td><td colspan="2">5</td></tr>
<tr><td colspan="2">机油 15#</td><td colspan="2">8</td><td colspan="2">8</td><td colspan="2">8</td><td colspan="2">8</td></tr>
<tr><td colspan="2">硬脂酸</td><td colspan="2">1</td><td colspan="2">1</td><td colspan="2">1</td><td colspan="2">1</td></tr>
<tr><td colspan="2">促进剂 M</td><td colspan="2">1</td><td colspan="2">1</td><td colspan="2">1</td><td colspan="2">1</td></tr>
<tr><td colspan="2">氧化锌</td><td colspan="2">5</td><td colspan="2">5</td><td colspan="2">5</td><td colspan="2">5</td></tr>
<tr><td colspan="2">硫黄</td><td colspan="2">0.3</td><td colspan="2">0.3</td><td colspan="2">0.3</td><td colspan="2">0.3</td></tr>
<tr><td colspan="2">硫化剂 DCP</td><td colspan="2">4</td><td colspan="2">4</td><td colspan="2">4</td><td colspan="2">4</td></tr>
<tr><td colspan="2" rowspan="2">黏合剂</td><td>RE</td><td>3</td><td>RH</td><td>3</td><td>黏合剂A</td><td>3</td><td>RE</td><td>3</td></tr>
<tr><td>RH</td><td>3</td><td>RS</td><td>2</td><td>RS</td><td>3</td><td>黏合剂A</td><td>2</td></tr>
<tr><td colspan="2">合计</td><td colspan="2">180.3</td><td colspan="2">179.3</td><td colspan="2">180.3</td><td colspan="2">179.3</td></tr>
<tr><td colspan="2">硫化条件(163℃)/min</td><td colspan="2">35</td><td colspan="2">35</td><td colspan="2">35</td><td colspan="2">35</td></tr>
<tr><td colspan="10">尼龙布(66)直接黏合</td></tr>
<tr><td colspan="2">剥离力(布密度大)/(N/mm)
剥离力(布密度小白布)/(N/mm)</td><td colspan="2">0.88
1.03</td><td colspan="2">0.88
1.03</td><td colspan="2">0.64
0.93</td><td colspan="2">0.69
0.93</td></tr>
<tr><td colspan="10">尼龙细布浸胶浆</td></tr>
<tr><td colspan="2">剥离力(两面贴胶片)/(N/mm)</td><td colspan="2">1.70</td><td colspan="2">1.41</td><td colspan="2">1.76</td><td colspan="2">1.06</td></tr>
<tr><td colspan="2">喷霜情况</td><td colspan="2">略喷霜</td><td colspan="2">一般喷霜</td><td colspan="2">喷霜严重</td><td colspan="2">不喷霜</td></tr>
<tr><td rowspan="4">圆盘振荡硫化仪(153℃)</td><td>M_L/N·m</td><td colspan="2">5.1</td><td colspan="2">4.6</td><td colspan="2">5.2</td><td colspan="2">5.4</td></tr>
<tr><td>M_H/N·m</td><td colspan="2">53.3</td><td colspan="2">53.1</td><td colspan="2">53.4</td><td colspan="2">50.2</td></tr>
<tr><td>t_{10}</td><td colspan="2">4分10秒</td><td colspan="2">5分</td><td colspan="2">5分24秒</td><td colspan="2">4分</td></tr>
<tr><td>t_{90}</td><td colspan="2">33分6秒</td><td colspan="2">35分</td><td colspan="2">35分12秒</td><td colspan="2">33分36秒</td></tr>
<tr><td colspan="10">混炼加料顺序:胶+炭黑、瓷土+固体古马隆、机油、硬脂酸+M、氧化锌+硫黄、DCP——薄通8次,分成四等份,分别+黏合剂——薄通6次下片备用
混炼辊温:45℃±5℃</td></tr>
</table>

表 2-15　不同黏合剂在 EPDM 中对尼龙 66 布的黏合

<table>
<tr><td>配方编号 / 基本用量/g / 材料名称</td><td>RH-18</td><td colspan="3">试验项目</td><td>试验结果</td></tr>
<tr><td>三元乙丙胶 4045</td><td>100</td><td colspan="3">硫化条件(153℃)/min</td><td>30</td></tr>
<tr><td>RE</td><td>3</td><td colspan="3">邵尔 A 型硬度/度</td><td>67</td></tr>
<tr><td>硬脂酸</td><td>1</td><td colspan="3">拉伸强度/MPa</td><td>12.1</td></tr>
<tr><td>氧化锌</td><td>10</td><td colspan="3">拉断伸长率/%</td><td>32.8</td></tr>
<tr><td>半补强炉黑</td><td>30</td><td colspan="3">300%定伸应力/MPa</td><td>9.9</td></tr>
<tr><td>瓷土</td><td>20</td><td colspan="3">拉断永久变形/%</td><td>6</td></tr>
<tr><td>促进剂 M</td><td>1</td><td colspan="3">无割口直角撕裂强度/(kN/m)</td><td>38</td></tr>
<tr><td>RH</td><td>2</td><td colspan="3">回弹性/%</td><td>58</td></tr>
<tr><td>硫化剂 DCP</td><td>4</td><td colspan="3">浸浆尼龙 66 细布附着力/(N/mm)</td><td>0.94</td></tr>
<tr><td>硫黄</td><td>0.3</td><td rowspan="4">热空气加速老化(100℃×96h)</td><td colspan="2">拉伸强度/MPa</td><td>12.7</td></tr>
<tr><td>合计</td><td>171.3</td><td colspan="2">拉断伸长率/%</td><td>300</td></tr>
<tr><td colspan="2" rowspan="6"></td><td rowspan="2">性能变化率/%</td><td>拉伸强度</td><td>+5</td></tr>
<tr><td>伸长率</td><td>−9</td></tr>
<tr><td rowspan="4">圆盘振荡硫化仪(153℃)</td><td>M_L/N·m</td><td colspan="2">5.7</td></tr>
<tr><td>M_H/N·m</td><td colspan="2">61.4</td></tr>
<tr><td>t_{10}</td><td colspan="2">4 分 24 秒</td></tr>
<tr><td>t_{90}</td><td colspan="2">24 分 48 秒</td></tr>
</table>

混炼加料顺序：胶＋硬脂酸(90℃±5℃)降温＋(RE、氧化锌)＋(炭黑、瓷土)＋M＋RH＋(硫黄、DCP)——薄通 8 次下片备用

混炼辊温：45℃±5℃

表 2-16 NBR+不同黏合剂对尼龙帘线的黏合

配方编号 基本用量/g 材料名称	RH-19	试验项目			试验结果
丁腈胶 40#(1段)	100	硫化条件(148℃)/min			35
RE	3	邵尔 A 型硬度/度			58
硬脂酸	1	拉伸强度/MPa			18.0
氧化锌	7.5	拉断伸长率/%			780
防老剂 BLE	1	定伸应力/MPa	300%		43
防老剂 4010	1.5		500%		83
防老剂 H	0.3	拉断永久变形/%			27
促进剂 DM	1.2	回弹性/%			48
促进剂 CZ	1	脆性温度(单试样法)/℃			−31
液体古马隆	5	屈挠龟裂/万次			48(2,1,2)
松焦油	5	未浸胶尼龙帘线黏合 H 抽出/N			128
邻苯二甲酸二丁酯(DBP)	20	老化后 100℃×48h 后 H 抽出/N			137
半补强炉黑	30	耐油后质量变化率/%	10# 机油,50℃×24h		−2.8
陶土	20		汽油+苯(95∶5),室温×24h		+4.6
黏合剂 A	3	热空气加速老化(100℃×48h)	拉伸强度/MPa		20.0
硫黄	1.5		拉断伸长率/%		603
合计	201		性能变化率/%	拉伸强度	+11
				伸长率	−22
		门尼焦烧(120℃)	t_5	39 分 40 秒	
		圆盘振荡硫化仪(148℃)	t_{10}	11 分 46 秒	
			t_{90}	27 分 50 秒	

RE　　　　　　　　　　防老剂 H　古马隆　炭黑
混炼加料顺序:胶+硬脂酸(85℃±5℃)降温+ 4010 +松焦油+DBP+黏合剂 A+硫
氧化锌　　　　　　　　促进剂　BLE　陶土
黄——薄通 8 次下片备用

混炼辊温:45℃±5℃

表 2-17 NBR+不同黏合剂对金属的黏合

<table>
<tr><td>材料名称 \ 基本用量/g \ 配方编号</td><td>RH-20</td><td colspan="3">试验项目</td><td>试验结果</td></tr>
<tr><td>丁腈胶 2707(1 段)</td><td>100</td><td colspan="3">硫化条件(153℃)/min</td><td>20</td></tr>
<tr><td>硫黄</td><td>2.3</td><td colspan="3">邵尔 A 型硬度/度</td><td>52</td></tr>
<tr><td>硬脂酸</td><td>1</td><td colspan="3">拉伸强度/MPa</td><td>10.4</td></tr>
<tr><td>防老剂 4010NA</td><td>1.3</td><td colspan="3">拉断伸长率/%</td><td>396</td></tr>
<tr><td>防老剂 4010</td><td>1</td><td colspan="3">300%定伸应力/MPa</td><td>6.4</td></tr>
<tr><td>氧化锌</td><td>7.5</td><td colspan="3">拉断永久变形/%</td><td>4</td></tr>
<tr><td>RS</td><td>1</td><td colspan="3">回弹性/%</td><td>55</td></tr>
<tr><td>邻苯二甲酸二辛酯(DOP)</td><td>25</td><td colspan="3">金属铁黏合强度/(N/mm)</td><td>5.9 胶断</td></tr>
<tr><td>高耐磨炉黑</td><td>20</td><td rowspan="4">热空气加速老化
(70℃×72h)</td><td colspan="2">拉伸强度/MPa</td><td>10.9</td></tr>
<tr><td>半补强炉黑</td><td>10</td><td colspan="2">拉断伸长率/%</td><td>336</td></tr>
<tr><td>黏合剂 A</td><td>1</td><td rowspan="2">性能变化率/%</td><td>拉伸强度</td><td>+4.8</td></tr>
<tr><td>促进剂 DM</td><td>1.3</td><td>伸长率</td><td>-15.2</td></tr>
<tr><td>促进剂 M</td><td>0.6</td><td rowspan="4">圆盘振荡硫化仪
(153℃)</td><td>M_L/N·m</td><td colspan="2">5.5</td></tr>
<tr><td>促进剂 TT</td><td>0.2</td><td>M_H/N·m</td><td colspan="2">60.0</td></tr>
<tr><td rowspan="2">合计</td><td rowspan="2">172.2</td><td>t_{10}</td><td colspan="2">3 分 30 秒</td></tr>
<tr><td>t_{90}</td><td colspan="2">14 分 50 秒</td></tr>
</table>

混炼加料顺序:胶+硫黄(薄通 3 次)+$\begin{matrix}\text{硬脂酸}\\\text{4010NA}\end{matrix}$+$\begin{matrix}\text{4010}\\\text{RS}\\\text{氧化锌}\end{matrix}$+$\begin{matrix}\text{DOP}\\\text{炭黑}\end{matrix}$+黏合剂 A+促进剂——薄通 8 次下片备用

混炼辊温:40℃±5℃

表 2-18 NBR+环烷酸钴对金属的黏合

<table>
<tr><th>配方编号
基本用量/g
材料名称</th><th>RH-21</th><th colspan="3">试验项目</th><th>试验结果</th></tr>
<tr><td>丁腈胶 2707(1 段)</td><td>100</td><td colspan="3">硫化条件(153℃)/min</td><td>15</td></tr>
<tr><td>硫黄</td><td>2.3</td><td colspan="3">邵尔 A 型硬度/度</td><td>51</td></tr>
<tr><td>硬脂酸</td><td>1</td><td colspan="3">拉伸强度/MPa</td><td>8.8</td></tr>
<tr><td>防老剂 4010NA</td><td>1.3</td><td colspan="3">拉断伸长率/%</td><td>364</td></tr>
<tr><td>防老剂 4010</td><td>1</td><td colspan="3">300%定伸应力/MPa</td><td>6.2</td></tr>
<tr><td>环烷酸钴</td><td>1</td><td colspan="3">拉断永久变形/%</td><td>3</td></tr>
<tr><td>氧化锌</td><td>7.5</td><td colspan="3">回弹性/%</td><td>56</td></tr>
<tr><td>邻苯二甲酸二辛酯(DOP)</td><td>25</td><td colspan="3">金属铁黏合强度/(N/mm)</td><td>4.6 胶断</td></tr>
<tr><td>高耐磨炉黑</td><td>20</td><td rowspan="4">热空气加速老化
(70℃×72h)</td><td colspan="2">拉伸强度/MPa</td><td>9.1</td></tr>
<tr><td>半补强炉黑</td><td>10</td><td colspan="2">拉断伸长率/%</td><td>306</td></tr>
<tr><td>促进剂 DM</td><td>1.3</td><td rowspan="2">性能变化率/%</td><td>拉伸强度</td><td>+3.4</td></tr>
<tr><td>促进剂 M</td><td>0.6</td><td>伸长率</td><td>−15.9</td></tr>
<tr><td>促进剂 TT</td><td>0.2</td><td rowspan="4">圆盘振荡硫化仪
(153℃)</td><td>M_L/N·m</td><td colspan="2">5.3</td></tr>
<tr><td>合计</td><td>171.2</td><td>M_H/N·m</td><td colspan="2">60.0</td></tr>
<tr><td colspan="2" rowspan="2"></td><td>t_{10}</td><td colspan="2">3 分 10 秒</td></tr>
<tr><td>t_{90}</td><td colspan="2">10 分</td></tr>
</table>

混炼加料顺序:胶+硫黄(薄通 3 次)+硬脂酸/4010NA+4010/氧化锌+环烷酸钴+DOP/炭黑+促进剂——薄通 8 次下片备用

混炼辊温:40℃±5℃

表 2-19 CR+不同黏合剂对尼龙布、聚酯布的黏合

基本用量/g 配方编号 材料名称	RH-22	试验项目		试验结果
氯丁胶 121(山西)	100	硫化条件(153℃)/min		20
氧化镁	4	邵尔 A 型硬度/度		72
RE	3	拉伸强度/MPa		21.1
硬脂酸	1	拉断伸长率/%		471
通用炉黑	30	定伸应力/MPa	100%	1.4
RH	2		300%	14.0
促进剂 NA22	0.05	拉断永久变形/%		13
氧化锌	3.5	无割口直角撕裂强度/(kN/m)		66
合计	143.55	剥离强度/(N/mm)	尼龙 66 帆布 2×2	0.82
			尼龙 66 细布	0.63
			聚酯细布	0.27
		圆盘振荡硫化仪(153℃)	M_L/N·m	9.87
			M_H/N·m	41.06
			t_{10}	2 分 30 秒
			t_{90}	16 分 19 秒

胶浆制备:醋酸乙酯∶甲苯∶胶=2.5∶0.8∶1
刮布:布每面刮三遍,晾干后每面再刮三遍,晾干备用

混炼加料顺序:胶+氧化镁+RE(冷辊加入)+硬脂酸+炭黑+RH+NA22/氧化锌——薄通 6 次下片备用
混炼辊温:45℃±5℃
混炼时,加 RE 最好用低温加入,可不粘辊

表 2-20 CR/NBR+不同黏合剂对尼龙布、聚酯布的黏合

配方编号 基本用量/g 材料名称	RH-23	试验项目		试验结果
氯丁胶 121(山西)	85	硫化条件(153℃)/min		10
丁腈胶 240S	15	邵尔 A 型硬度/度		76
RE	3	拉伸强度/MPa		19.2
氧化镁	4	拉断伸长率/%		372
硬脂酸	1	定伸应力/MPa	100%	5.7
促进剂 CZ	0.15		300%	16.0
通用炉黑	30	拉断永久变形/%		11
RH	2	无割口直角撕裂强度/(kN/m)		63
促进剂 NA22	0.05	剥离强度/(N/mm)	尼龙 66 帆布 2×2	0.59
硫黄	0.15		尼龙 66 细布	0.51
氧化锌	3.5		聚酯细布	0.24
合计	143.85	圆盘振荡硫化仪(153℃)	M_L/N·m	10.28
			M_H/N·m	43.33
			t_{10}	1 分 56 秒
			t_{90}	7 分 57 秒

胶浆制备:醋酸乙酯:甲苯:胶=2:0.8:1
刮布:布每面刮三遍,晾干后每面再刮三遍,晾干备用

混炼加料顺序:CR+NBR+RE(冷辊加入)+氧化镁+硬脂酸+CZ+炭黑+RH+NA22
硫黄 ——薄通 8 次下片备用
氧化锌
混炼辊温:45℃±5℃

2.4 黏合胶料产品配方

表 2-21 EPDM 夹尼龙布泵膜配方

<table>
<tr><td>配方编号
基本用量/g
材料名称</td><td>RH-24</td><td colspan="3">试验项目</td><td>试验结果</td></tr>
<tr><td>三元乙丙胶 4045</td><td>100</td><td colspan="3">硫化条件(153℃)/min</td><td>20</td></tr>
<tr><td>RE</td><td>2</td><td colspan="3">邵尔 A 型硬度/度</td><td>71</td></tr>
<tr><td>硬脂酸</td><td>1</td><td colspan="3">拉伸强度/MPa</td><td>10.2</td></tr>
<tr><td>氧化锌</td><td>5</td><td colspan="3">拉断伸长率/%</td><td>388</td></tr>
<tr><td>固体古马隆</td><td>6</td><td colspan="3">300%定伸应力/MPa</td><td>8.2</td></tr>
<tr><td>半补强炉黑</td><td>45</td><td colspan="3">拉断永久变形/%</td><td>12</td></tr>
<tr><td>促进剂 M</td><td>0.3</td><td colspan="3">无割口直角撕裂强度/(kN/m)</td><td>44</td></tr>
<tr><td>促进剂 DM</td><td>0.7</td><td colspan="3">回弹性/%</td><td>55</td></tr>
<tr><td>RH</td><td>1.5</td><td colspan="3">国外产品泵膜附着力/(N/mm)</td><td>0.15</td></tr>
<tr><td>促进剂 TT</td><td>1.2</td><td colspan="3">2×2 尼龙 66 成品泵膜附着力/(N/mm)</td><td>0.85</td></tr>
<tr><td>硫黄</td><td>1</td><td colspan="3">301 尼龙细布成品泵膜附着力/(N/mm)</td><td>0.70</td></tr>
<tr><td>合计</td><td>163.7</td><td rowspan="4">热空气加速老化
(100℃×96h)</td><td colspan="2">拉伸强度/MPa</td><td>9.6</td></tr>
<tr><td colspan="2" rowspan="7"></td><td colspan="2">拉断伸长率/%</td><td>288</td></tr>
<tr><td rowspan="2">性能变化率/%</td><td>拉伸强度</td><td>−6</td></tr>
<tr><td>伸长率</td><td>−26</td></tr>
<tr><td rowspan="4">圆盘振荡硫化仪
(153℃)</td><td>M_L/N·m</td><td colspan="2">6.0</td></tr>
<tr><td>M_H/N·m</td><td colspan="2">65.2</td></tr>
<tr><td>t_{10}</td><td colspan="2">3 分</td></tr>
<tr><td>t_{90}</td><td colspan="2">13 分</td></tr>
<tr><td colspan="6">胶浆制备：环已烷：胶=6：1，溶解 24h 后搅拌
刮布：每面刮三次，晾干后每面再刮三次(手工刮)
此配方实际使用效果较好</td></tr>
<tr><td colspan="6">混炼加料顺序：胶+$\frac{\text{RE、氧化锌}}{\text{硬脂酸、古马隆}}$(90℃±5℃)降温+炭黑+$\frac{\text{M}}{\text{DM}}$+RH+$\frac{\text{TT}}{\text{硫黄}}$——薄通 8 次下片备用
混炼辊温：45℃±5℃</td></tr>
</table>

表 2-22 NRB 泵膜胶浆

<table>
<tr><td>配方编号
基本用量/g
材料名称</td><td>RH-25</td><td colspan="3">试验项目</td><td colspan="2">试验结果</td></tr>
<tr><td>丁腈胶 2707（1 段）</td><td>100</td><td colspan="3">硫化条件（153℃）/min</td><td>20</td><td>45</td></tr>
<tr><td>RE</td><td>3</td><td colspan="3">邵尔 A 型硬度/度</td><td>77</td><td>77</td></tr>
<tr><td>硬脂酸</td><td>1.5</td><td colspan="3">拉伸强度/MPa</td><td>17.0</td><td>17.1</td></tr>
<tr><td>氧化锌</td><td>7.5</td><td colspan="3">拉断伸长率/%</td><td>432</td><td>432</td></tr>
<tr><td>硫黄</td><td>1</td><td colspan="3">300%定伸应力/MPa</td><td>13.1</td><td>13.2</td></tr>
<tr><td>防老剂 4010</td><td>1.5</td><td colspan="3">拉断永久变形/%</td><td>12</td><td>11</td></tr>
<tr><td>防老剂 A</td><td>1</td><td colspan="3">无割口直角撕裂强度/（kN/m）</td><td colspan="2">60</td></tr>
<tr><td>防老剂 H</td><td>0.3</td><td colspan="3">回弹性/%</td><td colspan="2">39</td></tr>
<tr><td>邻苯二甲酸二辛酯（DOP）</td><td>17</td><td colspan="3">尼龙 66（2×2）布浸胶附着力/（N/mm）</td><td colspan="2">1.15</td></tr>
<tr><td>半补强炉黑</td><td>70</td><td colspan="3">尼龙细布浸胶附着力/（N/mm）</td><td colspan="2">0.95</td></tr>
<tr><td>高耐磨炉黑</td><td>10</td><td rowspan="4">热空气加速老化（100℃×96h）</td><td colspan="2">拉伸强度/MPa</td><td colspan="2">19.5</td></tr>
<tr><td>RH</td><td>2</td><td colspan="2">拉断伸长率/%</td><td colspan="2">326</td></tr>
<tr><td>促进剂 CZ</td><td>0.9</td><td rowspan="2">性能变化率/%</td><td>拉伸强度</td><td colspan="2">+14</td></tr>
<tr><td>促进剂 TT</td><td>0.05</td><td>伸长率</td><td colspan="2">−25</td></tr>
<tr><td>合计</td><td>215.75</td><td rowspan="4">圆盘振荡硫化仪（153℃）</td><td>M_L/N·m</td><td colspan="3">7.7</td></tr>
<tr><td colspan="2" rowspan="3"></td><td>M_H/N·m</td><td colspan="3">57.4</td></tr>
<tr><td>t_{10}</td><td colspan="3">3 分 24 秒</td></tr>
<tr><td>t_{90}</td><td colspan="3">46 分 12 秒</td></tr>
</table>

胶浆制备：醋酸乙酯∶胶=2.5∶1

刮布：每面刮 4 次，晾干后每面再刮 4 次，晾干备用

混炼加料顺序：胶+（RE/硬脂酸/氧化锌）（90℃±5℃）降温+硫黄+防老剂+（炭黑/DOP）+RH+（TT/CZ）——薄通 8 次下片备用

混炼辊温：45℃±5℃

表 2-23　NBR/CR 泵膜覆盖胶（配合 RH-25 用）

<table>
<tr><td>配方编号
基本用量/g
材料名称</td><td>RH-26</td><td colspan="3">试验项目</td><td>试验结果</td></tr>
<tr><td>丁腈胶 2707(1 段)</td><td>85</td><td colspan="3">硫化条件(153℃)/min</td><td>20</td></tr>
<tr><td>氯丁胶 120</td><td>15</td><td colspan="3">邵尔 A 型硬度/度</td><td>73</td></tr>
<tr><td>氧化镁</td><td>1</td><td colspan="3">拉伸强度/MPa</td><td>20.3</td></tr>
<tr><td>硬脂酸</td><td>1</td><td colspan="3">拉断伸长率/%</td><td>433</td></tr>
<tr><td>防老剂 4010NA</td><td>1.5</td><td colspan="3">300%定伸应力/MPa</td><td>15.2</td></tr>
<tr><td>防老剂 4010</td><td>1.5</td><td colspan="3">拉断永久变形/%</td><td>6</td></tr>
<tr><td>防老剂 H</td><td>0.3</td><td colspan="3">无割口直角撕裂强度/(kN/m)</td><td>58</td></tr>
<tr><td>促进剂 DM</td><td>1.3</td><td colspan="3">回弹性/%</td><td>45</td></tr>
<tr><td>促进剂 TT</td><td>0.05</td><td colspan="3">胶与布黏合剥离强度/(N/mm)</td><td>6.3</td></tr>
<tr><td>邻苯二甲酸二辛酯(DOP)</td><td>13</td><td rowspan="4">热空气加速老化
(100℃×96h)</td><td colspan="2">拉伸强度/MPa</td><td>19.8</td></tr>
<tr><td>半补强炉黑</td><td>45</td><td colspan="2">拉断伸长率/%</td><td>306</td></tr>
<tr><td>中超耐磨炉黑</td><td>30</td><td rowspan="2">性能变化率/%</td><td>拉伸强度</td><td>−3</td></tr>
<tr><td>氧化锌</td><td>5</td><td>伸长率</td><td>−29</td></tr>
<tr><td>硫黄</td><td>1.2</td><td rowspan="4">圆盘振荡硫化仪
(153℃)</td><td>M_L/N·m</td><td colspan="2">11.5</td></tr>
<tr><td>合计</td><td>200.85</td><td>M_H/N·m</td><td colspan="2">59.2</td></tr>
<tr><td colspan="2" rowspan="2"></td><td>t_{10}</td><td colspan="2">4 分 36 秒</td></tr>
<tr><td>t_{90}</td><td colspan="2">20 分</td></tr>
</table>

混炼加料顺序：丁腈胶＋CR＋氧化镁＋(硬脂酸、4010NA)＋(促进剂 4010、促进剂 H)＋(DOP、炭黑)＋(氧化锌、硫黄)——薄通 8 次下片备用

混炼辊温：45℃±5℃

表 2-24 NBR 仪表磨片用胶浆（覆盖胶用 RH-28）

<table>
<tr><td colspan="2">配方编号
基本用量/g
材料名称</td><td>RH-27</td><td colspan="3">试验项目</td><td>试验结果</td></tr>
<tr><td colspan="2">丁腈胶 240S</td><td>100</td><td colspan="3">硫化条件(153℃)/min</td><td>25</td></tr>
<tr><td colspan="2">RE</td><td>3</td><td colspan="3">邵尔 A 型硬度/度</td><td>75</td></tr>
<tr><td colspan="2">硬脂酸</td><td>1.5</td><td colspan="3">拉伸强度/MPa</td><td>14.0</td></tr>
<tr><td colspan="2">氧化锌</td><td>7.5</td><td colspan="3">拉断伸长率/%</td><td>365</td></tr>
<tr><td colspan="2">硫黄</td><td>1.5</td><td colspan="2" rowspan="2">定伸应力/MPa</td><td>100%</td><td>3.3</td></tr>
<tr><td colspan="2">防老剂 A</td><td>1</td><td>300%</td><td>11.5</td></tr>
<tr><td colspan="2">防老剂 4010</td><td>1.5</td><td colspan="3">拉断永久变形/%</td><td>11</td></tr>
<tr><td colspan="2">防老剂 H</td><td>0.3</td><td colspan="3">无割口直角撕裂强度/(kN/m)</td><td>48</td></tr>
<tr><td colspan="2">邻苯二甲酸二辛酯(DOP)</td><td>17</td><td colspan="3">回弹性/%</td><td>37</td></tr>
<tr><td colspan="2">高耐磨炉黑</td><td>10</td><td colspan="3">脆性温度(单试样法)/℃</td><td>−42</td></tr>
<tr><td colspan="2">半补强炉黑</td><td>70</td><td colspan="3">国外产品胶膜黏合强度/(N/mm)</td><td>1.9</td></tr>
<tr><td colspan="2">RH</td><td>2</td><td colspan="3">胶与布(尼龙 66,2×2)黏合强度/(N/mm)</td><td>6.3</td></tr>
<tr><td colspan="2">促进剂 CZ</td><td>0.6</td><td colspan="3">产品胶膜(胶与布)黏合强度/(N/mm)</td><td>4.9</td></tr>
<tr><td colspan="2">合计</td><td>215.9</td><td rowspan="4">热空气加速老化
(100℃×72h)</td><td colspan="2">拉伸强度/MPa</td><td>16.6</td></tr>
<tr><td colspan="3" rowspan="7"></td><td colspan="2">拉断伸长率/%</td><td>266</td></tr>
<tr><td rowspan="2">性能变化率/%</td><td>拉伸强度</td><td>+19</td></tr>
<tr><td>伸长率</td><td>−27</td></tr>
<tr><td rowspan="4">圆盘振荡硫化仪
(153℃)</td><td>M_L/N·m</td><td colspan="2">11.45</td></tr>
<tr><td>M_H/N·m</td><td colspan="2">34.11</td></tr>
<tr><td>t_{10}</td><td colspan="2">3 分 36 秒</td></tr>
<tr><td>t_{90}</td><td colspan="2">22 分</td></tr>
</table>

胶浆制备:醋酸乙酯∶胶料=3∶1
胶浆制备好后,再加乙醇 1%(胶浆为 100)
硫化胶膜时两面贴胶,中间夹浸浆尼龙布
硫化时间:148℃×20min
硫化模具表面单位压力不低于 3MPa

混炼加料顺序:母胶为 NBR+RE/氧化锌/硬脂酸(80～90℃)降温,混匀薄通 3 次下片备用

母胶+硫黄+防老剂+DOP/炭黑+RH/CZ——薄通 8 次下片备用

混炼辊温:50℃±5℃

表 2-25 NBR/CR 仪表磨片覆盖胶（配合 RH-27 用）

配方编号 / 基本用量/g / 材料名称	RH-28	试验项目			试验结果
丁腈胶 2707(1 段)	85	硫化条件(148℃)/min			12
氯丁胶 120	15	邵尔 A 型硬度/度			69
氧化镁	1	拉伸强度/MPa			16.5
硫黄	1.5	拉断伸长率/%			370
硬脂酸	1	定伸应力/MPa	100%		3.2
防老剂 A	1.5		300%		14.3
防老剂 H	0.3	拉断永久变形/%			8
防老剂 4010	1.5	无割口直角撕裂强度/(kN/m)			42
邻苯二甲酸二辛酯(DOP)	13	回弹性/%			40
高耐磨炉黑	30	脆性温度(单试样法)/℃			−37
半补强炉黑	45	热空气加速老化(70℃×96h)	拉伸强度/MPa		17.4
氧化锌	5		拉断伸长率/%		348
促进剂 DM	1.3		性能变化率/%	拉伸强度	+5
促进剂 TT	0.1			伸长率	−7
合计	201.2	圆盘振荡硫化仪(148℃)	M_L/N·m	9.0	
			M_H/N·m	73.7	
			t_{10}	4 分 36 秒	
			t_{90}	10 分 12 秒	

混炼加料顺序：NBR＋CR＋硫黄(混匀薄通 6 次)＋氧化镁＋$\frac{\text{防老剂}}{\text{硬脂酸}}$＋$\frac{\text{DOP}}{\text{炭黑}}$＋氧化锌＋促进剂——薄通 8 次下片备用

混炼辊温：45℃±5℃

表 2-26 CR 耐酸碱夹布胶膜胶浆（覆盖胶用 RH-30）

基本用量/g 材料名称 \ 配方编号	RH-29	试验项目			试验结果
氯丁胶 121(山西)	100	硫化条件(153℃)/min			20
黏合剂 RE	3	邵尔 A 型硬度/度			67
氧化镁	4	拉伸强度/MPa			19.0
硬脂酸	1	拉断伸长率/%			430
邻苯二甲酸二辛酯(DOP)	4	300%定伸应力/MPa			11.3
环烷油	8	拉断永久变形/%			12
通用炉黑	40	撕裂强度/(kN/m)			58
黏合剂 RH	2	脆性温度/℃			−45
促进剂 NA22	0.05	胶与布黏合(剥离)强度/(N/mm)	尼龙 66(2×2)帆布		0.83
氧化锌	3.5		尼龙 66 细布		0.63
合计	165.55		聚酯细布		0.27
		热空气加速老化(70℃×96h)	拉伸强度/MPa		16.5
			拉断伸长率/%		360
			性能变化率/%	拉伸强度	−13.2
				伸长率	−16.3
		圆盘振荡硫化仪(153℃)	M_L/N·m	9.87	
			M_H/N·m	33.0	
			t_{10}	2 分 50 秒	
			t_{90}	18 分	

胶浆制备：醋酸乙酯∶甲苯∶胶＝2.5∶0.8∶1
硫化产品时，两面贴覆盖胶，中间夹刮胶浆布
硫化条件：153℃×25min
模型单位压力：3MPa

混炼加料顺序：胶＋RE(冷辊加入)＋氧化镁＋硬脂酸＋（炭黑、DOP、环烷油）＋（RH、NA22、氧化锌）——薄通 8 次下片备用
混炼辊温：45℃±5℃

表 2-27 CR 耐酸碱夹布膜覆盖胶（配合 RH-29 用）

材料名称 \ 基本用量/g \ 配方编号	RH-30	试验项目			试验结果
氯丁胶 121(山西)	100	硫化条件(153℃)/min			20
氧化镁	4	邵尔 A 型硬度/度			63
硬脂酸	1	拉伸强度/MPa			17.2
邻苯二甲酸二辛酯(DOP)	12	拉断伸长率/%			406
环烷油	13	定伸应力/MPa	100%		3.4
中超炉黑	10		300%		13.5
通用炉黑	50	拉断永久变形/%			10
促进剂 NA22	0.2	撕裂强度/(kN/m)			46.9
氧化锌	2	脆性温度/℃			−46.6
合计	192.2	回弹性/%			40
		屈挠龟裂/万次			51(无,无,无)
		热空气加速老化(70℃×96h)	拉伸强度/MPa		16.3
			拉断伸长率/%		365
			性能变化率/%	拉伸强度	−5
				伸长率	−10
		圆盘振荡硫化仪(153℃)	M_L/N·m	6.10	
			M_H/N·m	25.60	
			t_{10}	4 分 10 秒	
			t_{90}	13 分 46 秒	

混炼加料顺序：胶＋氧化镁＋硬脂酸＋DOP/环烷油/炭黑＋NA22/氧化锌——薄通 8 次下片备用

混炼辊温：45℃±5℃

表 2-28 NBR/高苯乙烯，耐油、耐压、高硬度夹布组合密封圈

材料名称（基本用量/g，配方编号）	RH-31	试验项目			试验结果
丁腈胶 220S	82	硫化条件(153℃)/min			20
高苯乙烯 860	18	邵尔 A 型硬度/度			93
硫黄	2	拉伸强度/MPa			21.0
硬脂酸	1	拉断伸长率/%			271
防老剂 A	1	100%定伸应力/MPa			10.2
防老剂 4010	1.5	拉断永久变形/%			20
氧化锌	5	无割口直角撕裂强度/(kN/m)			54
邻苯二甲酸二辛酯(DOP)	5	回弹性/℃			11
碳酸钙	15	脆性温度(单试样法)/℃			−14
中超耐磨炉黑	42	B 型压缩永久变形(压缩率 25%)/%	室温×22h		25
通用炉黑	30		70℃×22h		28
促进剂 DM	1.3	耐液压油试验(100℃×70h)	质量变化率/%		+0.03
促进剂 M	0.16		体积变化率/%		+0.08
促进剂 TT	0.03	热空气加速老化(100℃×96h)	拉伸强度/MPa		20.4
合计	203.99		拉断伸长率/%		156
			性能变化率/%	拉伸强度	−3
				伸长率	−42
		圆盘振荡硫化仪(153℃)	M_L/N·m		21.84
			M_H/N·m		43.55
			t_{10}		2 分 06 秒
			t_{90}		13 分 42 秒

胶浆制备：醋酸乙酯∶环己烷∶胶=5∶0.3∶1

帆布 3×3 或 2×2，一面刮胶三遍，一面刮二遍，晾干备用。做布圈时用一块整布角度 30°。胶圈也用此配方

混炼加料顺序：母胶高苯乙烯(80～90℃)压至透明+NBR——混匀备用

母胶+硫黄+硬脂酸/防老剂 A+4010/氧化锌+DOP/填料+促进剂——薄通 8 次下片备用

混炼辊温：50℃±5℃

表 2-29 NR 刹车皮膜胶浆（覆盖胶用 RH-33）

材料名称 \ 基本用量/g \ 配方编号	RH-32	试验项目			试验结果
烟片胶 1#（1 段）	100	硫化条件(148℃)/min			15
RE	2	邵尔 A 型硬度/度			73
硬脂酸	2	拉伸强度/MPa			22.7
氧化锌	10	拉断伸长率/%			522
固体古马隆	6	定伸应力/MPa	300%		12.0
防老剂 A	1		500%		22.6
防老剂 4010	1.5	拉断永久变形/%			25
促进剂 DM	1.2	脆性温度(单试样法)/℃			−52
机油 10#	8	浸浆布与布之间附着力/(N/mm)			2.9(尼龙)
高耐磨炉黑	15	浸浆布与胶之间附着力/(N/mm)			4.5(帆布)
通用炉黑	50	热空气加速老化(70℃×72h)	拉伸强度/MPa		21.6
RH	1.5		拉断伸长率/%		460
硫黄	1.2		性能变化率/%	拉伸强度	−5
合计	199.4			伸长率	−12
		圆盘振荡硫化仪(148℃)	M_L/N·m		6.8
			M_H/N·m		72.4
			t_{10}		4 分 48 秒
			t_{90}		9 分 36 秒

胶浆制备：胶料：汽油(120#)＝1：2.7

布每面涂胶 2 次，晾干备用

硫化时模型表面单位压力不低于 1.5MPa

混炼加料顺序：胶＋(RE、氧化锌、硬脂酸、古马隆)(80～90℃)降温＋(防老剂 DM)＋(机油、炭黑)＋(RH、硫黄)——薄通 8 次下片备用

混炼辊温：55℃±5℃

表 2-30 NR/SBR/BR，刹车皮膜覆盖胶（配合 RH-32 用）

基本用量/g \ 配方编号 \ 材料名称	RH-33
烟片胶 1#（1 段）	50
丁苯胶 1500#	20
顺丁胶	30
石蜡	0.5
硬脂酸	2
防老剂 4010NA	1.5
防老剂 4010	1
防老剂 H	0.3
促进剂 DM	1.3
促进剂 TT	0.1
氧化锌	10
机油 10#	15
高耐磨炉黑	35
通用炉黑	35
硫黄	0.7
合计	202.4

试验项目			试验结果
硫化条件(148℃)/min			20
邵尔 A 型硬度/度			59
拉伸强度/MPa			17.7
拉断伸长率/%			642
定伸应力/MPa	300%		6.6
	500%		13.7
拉断永久变形/%			17
脆性温度(单试样法)/℃			−69
成品皮膜胶与布附着力/(N/mm)			2.6
热空气加速老化（70℃×72h）	拉伸强度/MPa		18.2
	拉断伸长率/%		555
	性能变化率/%	拉伸强度	+3
		伸长率	−14
门尼焦烧(120℃)	t_5		36 分
	t_{35}		41 分 30 秒
圆盘振荡硫化仪（148℃）	M_L/N·m		7.6
	M_H/N·m		44.0
	t_{10}		6 分
	t_{90}		15 分

混炼加料顺序：NR+SBR+BR+硬脂酸（石蜡、4010NA）+促进剂（防老剂、氧化锌）+机油、炭黑+硫黄——薄通 4 次，停放一天后再薄通 6 次下片备用

混炼辊温：50℃±5℃

表 2-31 风扇带包布胶、缓冲胶、压缩胶整体配方

材料名称 \ 基本用量/g \ 配方编号	包布胶 RH-34	缓冲胶 RH-35	压缩胶 RH-36
烟片胶 1#(1 段)	100	55	50
丁苯胶 1500#	—	10	20
顺丁胶	—	35	30
RE	2	2	—
硬脂酸	2	2	2
氧化锌	8	15	10
固体古马隆	5	—	—
石蜡	0.5	—	—
防老剂 A	1.5	1	1
防老剂 4010	1	1.5	1.5
防老剂 H	0.3	0.3	0.3
促进剂 DM	1.2	1.4	1.4
促进剂 TT	—	0.1	0.1
机油 10#	6	8	10
高耐磨炉黑	30	20	30
通用炉黑	35	50	60
RH	1.5	1.5	$CaCo_3$ 20
硫黄	1.3	1	1.2
合计	195.3	203.8	237.5
硫化条件(148℃)/min	10	10	10
邵尔 A 型硬度/度	73	68	72
拉伸强度/MPa	22.7	19.9	17.3
拉断伸长率/%	463	440	338
100%定伸应力/MPa	15.2	14.7	16.0
拉断永久变形/%	25	12	10
刮浆布与布之间附着力/(N/mm)	0.71		
用 RH-36 胶与布之间附着力/(N/mm)	1.0(胶断)		
动疲劳 20 万次附着力(胶与布)/(N/mm)		0.55	0.61
48℃×100h 附着力(胶与布)/(N/mm)		0.70	0.55
用 RH-34 胶刮布胶与布/(N/mm)		0.54	0.60
热空气加速老化(100℃×48h) 拉伸强度/MPa	20.6	16.8	15.3
热空气加速老化(100℃×48h) 拉断伸长率/%	306	210	166
热空气加速老化(100℃×48h) 性能变化率/% 拉伸强度	−9	−16	−12
热空气加速老化(100℃×48h) 性能变化率/% 伸长率	−34	−52	−51
圆盘振荡硫化仪(148℃) M_L/N·m	5.7	8.7	11.6
圆盘振荡硫化仪(148℃) M_H/N·m	76.5	75.3	67.8
圆盘振荡硫化仪(148℃) t_{10}	4 分	3 分 48 秒	4 分 24 秒
圆盘振荡硫化仪(148℃) t_{90}	8 分	8 分	8 分 36 秒
门尼焦烧(120℃) t_5	19 分	19 分 30 秒	18 分 30 秒
门尼焦烧(120℃) t_{35}	22 分	23 分 30 秒	22 分

RH-34　混炼工艺

辊温:55℃±5℃

加料顺序:胶+RE 硬脂酸氧化锌、固体古马隆(80～90℃)降温+石蜡、防老剂 A、防老剂 H、4010、促进剂+机油、炭黑+RH、硫黄——薄通 4 次下片备用

胶浆制备:胶:汽油=1:2.7

硫化条件:153℃×15min(产品)

硫化模型压力不低于 1.5MPa

RH-35　混炼工艺

辊温:50℃±5℃

加料顺序:NR+SBR+BR+RE、硬脂酸、氧化锌(80～90℃)降温+防老剂、促进剂+机油、炭黑+RH、硫黄——薄通 6 次下片备用

RH-36　混炼工艺

辊温:50℃±5℃

加料顺序:NR+SBR+BR+硬脂酸、防老剂 A+4010、防老剂 H、促进剂+机油、填料+硫黄——薄通 6 次下片备用

第3章 轮胎重点部位配方

3.1 胎面胶、胎侧胶配方

表 3-1 NR/BR（30/70）胎面胶

材料名称 \ 基本用量/g \ 配方编号	FC-1	试验项目			试验结果
烟片胶 1#(1段)	30	硫化条件(143℃)/min			50
顺丁胶(北京)	70	邵尔A型硬度/度			64
石蜡	1	拉伸强度/MPa			21.6
硬脂酸	2.5	拉断伸长率/%			466
防老剂 4010NA	1.8	300%定伸应力/MPa			12.0
防老剂 D	1.2	拉断永久变形/%			8
防老剂 H	0.3	无割口直角撕裂强度/(kN/m)			72
促进剂 DZ	1.5	老化后撕裂强度(100℃×48h)/(kN/m)			59
氧化锌	5	回弹性/%			45
芳烃油	8	阿克隆磨耗(100℃×48h)/cm^3			0.106
中超耐磨炉黑(鞍山)	55	老化后屈挠龟裂(100℃×48h)/万次			50(无,无,无)
硫黄	1	压缩生热(0.2英寸,21磅力,36℃)		℃	38
硫化剂 DTDM	1.6			变形/%	1.9
合计	178.9	热空气加速老化(100℃×48h)	拉伸强度/MPa		17.6
			拉断伸长率/%		336
			性能变化率/%	拉伸强度	−19
				伸长率	−28
		塑性值(平行板法)			0.36
		门尼焦烧(120℃)	t_5		55分30秒
			t_{35}		61分20秒
		圆盘振荡硫化仪(143℃)	M_L/N·m		2.4
			M_H/N·m		19.3
			t_{10}		20分10秒
			t_{90}		45分15秒

混炼加料顺序：①1.7cm^3 小密炼机混炼：胶＋炭黑＋油＋小料——排胶

②6寸开炼机：DZ＋$\frac{DTDM}{硫黄}$——薄通8次下片备用

密炼混炼辊温：120℃±5℃

注：1英寸＝0.0254m；1磅力＝4.44N。

表 3-2　NR/BR（50/50）胎面胶

材料名称＼基本用量/g＼配方编号	FC-2	试验项目			试验结果
烟片胶 1#（1 段）	50	硫化条件（143℃）/min			45
顺丁胶（北京）	50	邵尔 A 型硬度/度			63
石蜡	1	拉伸强度/MPa			22.6
硬脂酸	2.5	拉断伸长率/%			590
防老剂 4010NA	1.8	定伸应力/MPa		300%	9.6
防老剂 D	1			500%	21.5
防老剂 H	0.3	拉断永久变形/%			16
促进剂 NOBS	0.7	无割口直角撕裂强度/（kN/m）			71
氧化锌	5	老化后撕裂强度（100℃×48h）/（kN/m）			38
芳烃油	6	回弹性/%			44
中超耐磨炉黑（鞍山）	55	阿克隆磨耗（100℃×48h）/cm^3			0.176
硫化剂 DTDM	1.6	老化后屈挠龟裂（100℃×48h）/万次			50（无，无，1）
硫黄	1.1	压缩生热（0.2 英寸，21 磅力，38℃）		℃	37
合计	176			变形/%	2.9
		热空气加速老化（100℃×48h）	拉伸强度/MPa		18.8
			拉断伸长率/%		336
			性能变化率/%	拉伸强度	−17
				伸长率	−43
		塑性值（平行板法）			0.38
		门尼焦烧（120℃）	t_5		41 分
			t_{35}		48 分 10 秒
		圆盘振荡硫化仪（143℃）	M_L/N·m		2.1
			M_H/N·m		19.0
			t_{10}		26 分 05 秒
			t_{90}		46 分 30 秒

混炼加料顺序：①1.7cm^3 小密炼机混炼：胶＋炭黑＋油＋小料——排胶

②6 寸开炼机：NOBS＋$\frac{\text{DTDM}}{\text{硫黄}}$——薄通 8 次下片备用

混炼辊温：120℃±5℃

表 3-3 NR/BR（70/30）胎面胶

配方编号 基本用量/g 材料名称	FC-3	试验项目			试验结果
烟片胶 1#（1 段）	70	硫化条件(143℃)/min			30
顺丁胶(北京)	30	邵尔 A 型硬度/度			62
石蜡	1	拉伸强度/MPa			27.8
硬脂酸	2.5	拉断伸长率/%			616
防老剂 4010NA	1.8	定伸应力/MPa	300%		11.3
防老剂 D	1		500%		24.6
防老剂 H	0.3	拉断永久变形/%			22
促进剂 NOBS	0.7	无割口直角撕裂强度/(kN/m)			96
氧化锌	5	老化后撕裂强度(100℃×48h)/(kN/m)			38
芳烃油	6	回弹性/%			43
中超耐磨炉黑(鞍山)	53	阿克隆磨耗(100℃×48h)/cm^3			0.296
硫黄	1.5	屈挠龟裂/万次			50(无,无,无)
合计	172.8	老化后屈挠龟裂(100℃×48h)/万次			50(2,3,2)
		压缩生热(0.2 英寸,21 磅力,38℃)	℃		38
			变形/%		3.6
		热空气加速老化(100℃×48h)	拉伸强度/MPa		18.6
			拉断伸长率/%		348
			性能变化率/%	拉伸强度	−30
				伸长率	−44
		塑性值(平行板法)			0.40
		门尼焦烧(120℃)	t_5		39 分 30 秒
			t_{35}		45 分 40 秒
		圆盘振荡硫化仪(143℃)	M_L/N·m		2.0
			M_H/N·m		18.6
			t_{10}		12 分 20 秒
			t_{90}		21 分 30 秒

混炼加料顺序：①1.7cm^3 小密炼机混炼：胶＋炭黑＋油＋小料——排胶

②6 寸开炼机：NOBS＋硫黄——薄通 8 次下片备用

混炼辊温：120℃±5℃

表 3-4 NR 胎面胶

材料名称＼基本用量/g＼配方编号	FC-4
烟片胶 1#(1 段)	100
石蜡	1
硬脂酸	2.5
防老剂 4010NA	1.8
防老剂 D	1
防老剂 H	0.3
促进剂 NOBS	0.7
氧化锌	5
芳烃油	6
中超耐磨炉黑(鞍山)	50
硫黄	2.3
合计	170.6

试验项目			试验结果
硫化条件(143℃)/min			30
邵尔 A 型硬度/度			64
拉伸强度/MPa			27.2
拉断伸长率/%			581
定伸应力/MPa	300%		11.6
定伸应力/MPa	500%		24.1
拉断永久变形/%			31
无割口直角撕裂强度/(kN/m)			98
老化后撕裂强度(100℃×48h)/(kN/m)			42
回弹性/%			47
阿克隆磨耗/cm^3			0.216
试样密度/(g/cm^3)			1.100
热空气加速老化(100℃×48h)	拉伸强度/MPa		19.2
热空气加速老化(100℃×48h)	拉断伸长率/%		316
热空气加速老化(100℃×48h)	性能变化率/%	拉伸强度	−29
热空气加速老化(100℃×48h)	性能变化率/%	伸长率	−46
门尼黏度[50ML(3+4)100℃]			65
门尼焦烧(120℃)	t_5		32 分 10 秒
门尼焦烧(120℃)	t_{35}		37 分 15 秒
圆盘振荡硫化仪(143℃)	M_L/N·m		9.1
圆盘振荡硫化仪(143℃)	M_H/N·m		65.3
圆盘振荡硫化仪(143℃)	t_{10}		9 分 50 秒
圆盘振荡硫化仪(143℃)	t_{90}		23 分 10 秒

混炼加料顺序:①1.7cm^3 小密炼机混炼:胶+炭黑+油+小料——排胶

②6 寸开炼机:NOBS+硫黄——薄通 8 次下片备用

混炼辊温:120℃±5℃

表 3-5 NR/SBR（70/30）胎面胶

配方编号 / 基本用量/g / 材料名称	FC-5	试验项目			试验结果
烟片胶 1#（1 段）	70	硫化条件（143℃）/min			30
丁苯胶 1500（吉化）	30	邵尔 A 型硬度/度			64
石蜡	1	拉伸强度/MPa			27.8
硬脂酸	2.5	拉断伸长率/%			593
防老剂 4010NA	1.8	定伸应力/MPa	300%		12.1
防老剂 D	1		500%		23.8
防老剂 H	0.3	拉断永久变形/%			27
促进剂 NOBS	0.7	无割口直角撕裂强度/(kN/m)			78
氧化锌	5	老化后撕裂强度（100℃×48h）/(kN/m)			39
新工艺高结构中超耐磨炉黑	48	回弹性/%			46
芳烃油	7	阿克隆磨耗/cm^3			0.168
硫黄	2.3	试样密度/(g/cm^3)			1.124
合计	169.6	屈挠龟裂/万次			50（无，1，1）
		固德里奇压缩（55℃，1.0MPa，4.45mm）	终动压缩率/%		17.8
			永久变形/%		6.5
			生热/℃		38.6
		热空气加速老化（100℃×48h）	拉伸强度/MPa		18.1
			拉断伸长率/%		363
			性能变化率/%	拉伸强度	−35
				伸长率	−39
		门尼黏度[50ML(3+4)100℃]			47
		门尼焦烧（120℃）	t_5		34 分
			t_{35}		42 分
		圆盘振荡硫化仪（143℃）	M_L/N·m		10.2
			M_H/N·m		63.8
			t_{10}		8 分 10 秒
			t_{90}		23 分 15 秒

混炼加料顺序：NR＋SBR＋石蜡/硬脂酸/4010NA＋防老剂/NOBS/氧化锌＋油/炭黑＋硫黄——薄通 6 次下片备用

混炼辊温：55℃±5℃

表 3-6 NR/SBR（50/50）胎面胶

配方编号 / 基本用量/g / 材料名称	FC-6	试验项目			试验结果
烟片胶 1#（1 段）	50	硫化条件(143℃)/min			30
丁苯胶 1500(吉化)	50	邵尔 A 型硬度/度			67
石蜡	1	拉伸强度/MPa			25.8
硬脂酸	2.5	拉断伸长率/%			536
防老剂 4010NA	1.8	定伸应力/MPa	300%		12.0
防老剂 D	1		500%		24.0
防老剂 H	0.3	拉断永久变形/%			22
促进剂 NOBS	1	无割口直角撕裂强度/(kN/m)			56
氧化锌	5	老化后撕裂强度(100℃×48h)/(kN/m)			33
芳烃油	8	回弹性/%			44
新工艺高结构中超耐磨炉黑	53	阿克隆磨耗/cm^3			0.161
硫黄	2.1	试样密度/(g/cm^3)			1.120
合计	175.7	屈挠龟裂/万次			50(无,无,无)
		固德里奇压缩(55℃,1.0MPa,4.45mm)	终动压缩率/%		16.6
			永久变形/%		5.8
			生热/℃		41.6
		热空气加速老化(100℃×48h)	拉伸强度/MPa		21.3
			拉断伸长率/%		351
			性能变化率/%	拉伸强度	−17
				伸长率	−35
		门尼黏度[50ML(3+4)100℃]			53
		门尼焦烧(120℃)	t_5	33 分	
			t_{35}	48 分	
		圆盘振荡硫化仪(143℃)	M_L/N·m	11.2	
			M_H/N·m	65.8	
			t_{10}	13 分 50 秒	
			t_{90}	25 分 30 秒	

混炼加料顺序：NR+SBR+（石蜡、硬脂酸、4010NA）+（防老剂 D、防老剂 H、NOBS、氧化锌）+（油、炭黑）+硫黄——薄通 6 次下片备用

混炼辊温：55℃±5℃

表 3-7 NR/SBR(30/70)胎面胶

配方编号 基本用量/g 材料名称	FC-7	试验项目			试验结果
烟片胶 1#(1段)	30	硫化条件(143℃)/min			30
丁苯胶 1500(吉化)	70	邵尔 A 型硬度/度			68
石蜡	1	拉伸强度/MPa			22.0
硬脂酸	2.5	拉断伸长率/%			551
防老剂 4010NA	1.8	定伸应力/MPa	300%		12.6
防老剂 D	1		500%		21.0
防老剂 H	0.3	拉断永久变形/%			21
促进剂 NOBS	1.2	无割口直角撕裂强度/(kN/m)			59
氧化锌	5	老化后撕裂强度(100℃×48h)/(kN/m)			28
芳烃油	8	回弹性/%			37
新工艺高结构中超耐磨炉黑	58	阿克隆磨耗/cm^3			0.180
硫黄	2.1	试样密度/(g/cm^3)			1.123
合计	180.9	屈挠龟裂/万次			50(无,1,1)
		固德里奇压缩(55℃,1.0MPa,4.45mm)	终动压缩率/%		15.0
			永久变形/%		3.8
			生热/℃		44.6
		热空气加速老化(100℃×48h)	拉伸强度/MPa		17.6
			拉断伸长率/%		370
			性能变化率/%	拉伸强度	−20
				伸长率	−33
		门尼黏度[50ML(3+4)100℃]			56
		门尼焦烧(120℃)	t_5	38 分	
			t_{35}	51 分 30 秒	
		圆盘振荡硫化仪(143℃)	M_L/N·m	12.8	
			M_H/N·m	68.9	
			t_{10}	10 分 11 秒	
			t_{90}	25 分 30 秒	

石蜡　　防老剂　　油
混炼加料顺序:NR+SBR+ 硬脂酸 +NOBS+ +硫黄——薄通 6 次下片备用
4010NA　　氧化锌　　炭黑

混炼辊温:50℃±5℃

表 3-8 NR/BR (50/50)＋炭黑并用胎侧胶 (1)

材料名称 \ 基本用量/g \ 配方编号	FC-8	试验项目			试验结果
烟片胶 1#(1 段)	50	硫化条件(143℃)/min			45
顺丁胶(北京)	50	邵尔 A 型硬度/度			62
石蜡	1	拉伸强度/MPa			25.3
硬脂酸	2.5	拉断伸长率/%			532
防老剂 4010NA	1.8	定伸应力/MPa		300%	9.8
防老剂 D	1.2			500%	20.6
防老剂 H	0.3	拉断永久变形/%			12
促进剂 DZ	1.5	无割口直角撕裂强度/(kN/m)			68
氧化锌	5	老化后撕裂强度(100℃×48h)/(kN/m)			66
芳烃油	8	回弹性/%			51
中超耐磨炉黑(鞍山)	20	屈挠龟裂/万次			50(无,无,无)
低结构高耐磨炉黑	30	热空气加速老化(100℃×48h)	拉伸强度/MPa		22.1
硫化剂 DTDM	1.5		拉断伸长率/%		386
硫黄	0.9		性能变化率/%	拉伸强度	−12.7
合计	173.7			伸长率	−27.4
		塑性值(平行板法)			0.446
		门尼焦烧(120℃)	t_5		56 分
			t_{35}		67 分
		圆盘振荡硫化仪(143℃)	M_L/N·m		2.4
			M_H/N·m		18.3
			t_{10}		17 分 15 秒
			t_{90}		46 分 30 秒

混炼加料顺序:①1.7cm³ 小密炼机:胶＋炭黑＋油＋小料——排料

②6 寸开炼机:DZ＋$\frac{\text{DTDM}}{\text{硫黄}}$——薄通 8 次下片备用

混炼辊温:120℃±5℃

表 3-9 NR/BR(50/50)+炭黑并用胎侧胶(2)

材料名称 \ 基本用量/g \ 配方编号	FC-9	试验项目			试验结果
烟片胶 1#(1段)	50	硫化条件(143℃)/min			25
顺丁胶(北京)	50	邵尔 A 型硬度/度			61
石蜡	1	拉伸强度/MPa			22.6
硬脂酸	2.5	拉断伸长率/%			615
防老剂 4010NA	1.8	定伸应力/MPa	300%		8.5
防老剂 D	1.2		500%		18.6
防老剂 H	0.3	拉断永久变形/%			17
氧化锌	5	撕裂强度/(kN/m)			88
机油 10#	5	回弹性/%			50
中超耐磨炉黑	50	屈挠龟裂/万次			51(无,无,1)
半补强炉黑(四川)	10	老化后屈挠龟裂(100℃×48h)/万次			51(1,无,1)
硫化剂 NOBS	0.8	热空气加速老化(100℃×48h)	拉伸强度/MPa		18.5
硫黄	1.3		拉断伸长率/%		436
合计	178.9		性能变化率/%	拉伸强度	−18
				伸长率	−29
门尼黏度[ML(3+4)100℃]	50	圆盘振荡硫化仪(143℃)	M_L/N·m		7.5
			M_H/N·m		48.4
门尼焦烧(120℃) t_5/min	43		t_{10}		13分
门尼焦烧(120℃) t_{35}/min	48		t_{90}		23分15秒

石蜡　　防老剂
混炼加料顺序:胶+ 硬脂酸 +NOBS+炭黑+油+硫黄——薄通8次下片备用
4010NA　氧化锌

混炼辊温:55℃±5℃

表 3-10　NR/BR（50/50）＋炭黑并用胎侧胶

<table>
<tr><td colspan="1">配方编号
基本用量/g
材料名称</td><td>FC-10</td><td colspan="3">试验项目</td><td>试验结果</td></tr>
<tr><td>烟片胶 1#（1 段）</td><td>50</td><td colspan="3">硫化条件（143℃）/min</td><td>35</td></tr>
<tr><td>顺丁胶（北京）</td><td>50</td><td colspan="3">邵尔 A 型硬度/度</td><td>61</td></tr>
<tr><td>石蜡</td><td>1</td><td colspan="3">拉伸强度/MPa</td><td>201</td></tr>
<tr><td>硬脂酸</td><td>2.5</td><td colspan="3">拉断伸长率/%</td><td>573</td></tr>
<tr><td>防老剂 4010NA</td><td>1.8</td><td colspan="2" rowspan="2">定伸应力/MPa</td><td>300%</td><td>8.6</td></tr>
<tr><td>防老剂 D</td><td>1.2</td><td>500%</td><td>17.2</td></tr>
<tr><td>防老剂 H</td><td>0.3</td><td colspan="3">拉断永久变形/%</td><td>12</td></tr>
<tr><td>促进剂 NOBS</td><td>0.7</td><td colspan="3">无割口直角撕裂强度/（kN/m）</td><td>73</td></tr>
<tr><td>氧化锌</td><td>5</td><td colspan="3">老化后撕裂强度（100℃×48h）/（kN/m）</td><td>36</td></tr>
<tr><td>机油 10#</td><td>7</td><td colspan="3">回弹性/%</td><td>45</td></tr>
<tr><td>高耐磨炉黑</td><td>40</td><td colspan="3">屈挠龟裂/万次</td><td>50(无,无,无)</td></tr>
<tr><td>通用炉黑</td><td>17</td><td colspan="3">老化后屈挠龟裂（100℃×48h）/（kN/m）</td><td>50(无,无,无)</td></tr>
<tr><td>硫黄</td><td>1.1</td><td rowspan="3">固德里奇压缩（55℃，1.0MPa，4.45mm）</td><td colspan="2">终动压缩率/%</td><td>17.0</td></tr>
<tr><td>合计</td><td>177.6</td><td colspan="2">永久变形/%</td><td>5.8</td></tr>
<tr><td colspan="2" rowspan="10"></td><td colspan="2">生热/℃</td><td>44.6</td></tr>
<tr><td rowspan="4">热空气加速老化（100℃×48h）</td><td colspan="2">拉伸强度/MPa</td><td>16.8</td></tr>
<tr><td colspan="2">拉断伸长率/%</td><td>386</td></tr>
<tr><td rowspan="2">性能变化率/%</td><td>拉伸强度</td><td>−16</td></tr>
<tr><td>伸长率</td><td>−33</td></tr>
<tr><td colspan="3">门尼黏度[50ML(3+4)100℃]</td><td>56</td></tr>
<tr><td rowspan="2">门尼焦烧（120℃）</td><td>t_5</td><td colspan="2">51 分 30 秒</td></tr>
<tr><td>t_{35}</td><td colspan="2">58 分 10 秒</td></tr>
<tr><td rowspan="2">圆盘振荡硫化仪（143℃）</td><td>t_{10}</td><td colspan="2">18 分 40 秒</td></tr>
<tr><td>t_{90}</td><td colspan="2">31 分 10 秒</td></tr>
</table>

混炼加料顺序：NR＋BR＋（石蜡、硬脂酸、4010NA）＋（防老剂、NOBS、氧化锌）＋（机油、炭黑）＋硫黄——薄通 8 次下片备用

混炼辊温：50℃±5℃

表 3-11 NR/BR (50/50)+炭黑胎侧胶

配方编号 / 基本用量/g / 材料名称	FC-11	试验项目			试验结果
烟片胶 1#（1 段）	50	硫化条件(143℃)/min			30
顺丁胶（北京）	50	邵尔 A 型硬度/度			60
石蜡	1	拉伸强度/MPa			23.1
硬脂酸	2.5	拉断伸长率/%			608
防老剂 4010NA	1.8	定伸应力/MPa		300%	9.1
防老剂 D	1.2			500%	17.6
防老剂 H	0.3	拉断永久变形/%			14
促进剂 NOBS	0.7	无割口直角撕裂强度/(kN/m)			69
氧化锌	5	老化后撕裂强度(100℃×48h)/(kN/m)			37
机油 10#	5	回弹性/%			43
高耐磨炉黑	55	屈挠龟裂/万次			50(无,无,无)
硫黄	1.1	热空气加速老化(100℃×48h)	拉伸强度/MPa		18.4
合计	173.6		拉断伸长率/%		398
			性能变化率/%	拉伸强度	-20
				伸长率	-35
		门尼黏度[50ML(3+4)100℃]			57
		圆盘振荡硫化仪(143℃)	t_{10}		12 分 40 秒
			t_{90}		26 分 30 秒

混炼加料顺序：NR+BR+石蜡、硬脂酸、4010NA+防老剂、NOBS、氧化锌+机油、炭黑+硫黄——薄通 8 次下片备用

混炼辊温：50℃±5℃

3.2 内外层胶、缓冲层胶、油皮胶配方

表 3-12 NR/SBR+BR（75/10/15）内层胶

材料名称 \ 基本用量/g \ 配方编号	FC-12	试验项目			试验结果
烟片胶 1#（1 段）	75	硫化条件(143℃)/min			35
丁苯胶 1500	10	邵尔 A 型硬度/度			59
顺丁胶	15	拉伸强度/MPa			25.1
RE	3.5	拉断伸长率/%			508
硬脂酸	2.5	定伸应力/MPa	300%		11.1
氧化锌	7.5		500%		22.3
防老剂 4010	1.8	拉断永久变形/%			16
防老剂 BLE	1.2	无割口直角撕裂强度/(kN/m)			38
促进剂 DZ	1.3	回弹性/%			51
低结构高耐磨炉黑	15	尼龙帘线黏合 H 抽出(未浸胶)/N			145
半补强炉黑	18	100℃×48h H 抽出(未浸胶)/N			163
松焦油	4	热空气加速老化（100℃×48h）	拉伸强度/MPa		19.3
RH	3.5		拉断伸长率/%		316
硫黄	1.8		性能变化率/%	拉伸强度	−23
合计	160.1			伸长率	−38
		塑性值(平行板法)			0.43
		门尼焦烧(120℃)	t_5		15 分 10 秒
			t_{35}		26 分
		圆盘振荡硫化仪（143℃）	t_{10}		14 分 15 秒
			t_{90}		27 分 30 秒

混炼加料顺序：①1.7cm³ 小密炼机混炼：胶＋(RE、氧化锌、硬脂酸)＋(油、炭黑)＋小料——排料

②6 寸开炼机：DZ＋(RH、硫黄)——薄通 8 次下片备用

混炼辊温：120℃±5℃

表 3-13 NR/SBR（90/10）外层胶

配方编号 / 基本用量/g / 材料名称	FC-13	试验项目			试验结果
烟片胶 1#(1 段)	90	硫化条件(143℃)/min			35
丁苯胶 1500(兰化)	10	邵尔 A 型硬度/度			57
硬脂酸	2.5	拉伸强度/MPa			260
防老剂 BLE	1.2	拉断伸长率/%			586
防老剂 4010	1.8	定伸应力/MPa	300%		8.8
促进剂 M	0.4		500%		22.6
促进剂 DM	0.8	拉断永久变形/%			23
促进剂 TT	0.03	无割口直角撕裂强度/(kN/m)			38
氧化锌	7.5	回弹性/%			39
松焦油	1.5	尼龙帘线黏合(浸胶)H 抽出/N			140
高耐磨炉黑	16	尼龙帘线黏合(浸胶)H 抽出(100℃×48h)/N			128
半补强炉黑	28	热空气加速老化(100℃×48h)	拉伸强度/MPa		19.8
硫黄	2.3		拉断伸长率/%		349
合计	162.03		性能变化率/%	拉伸强度	−24
				伸长率	−40
		塑性值(平行板法)			0.48
		门尼焦烧(120℃,t_5)/min			19

混炼加料顺序：①1.7cm^3 小密炼机混炼：胶＋炭黑＋油＋小料——排料

②6 寸开炼机：促进剂＋硫黄——薄通 8 次下片备用

混炼辊温：120℃±5℃

表 3-14 IR/BR(90/10)内层胶

材料名称 \ 基本用量/g \ 配方编号	FC-14	试验项目		试验结果
异戊胶	90	硫化条件(138℃)/min		30
顺丁胶	10	邵尔 A 型硬度/度		62
RE	2	拉伸强度/MPa		27.9
硬脂酸	2.5	拉断伸长率/%		597
氧化锌	7.5	定伸应力/MPa	300%	9.8
防老剂 4010	1.8		500%	21.0
防老剂 RD	1.5	拉断永久变形/%		23
芳烃油	3	无割口直角撕裂强度/(kN/m)		62
高耐磨炉黑	25	回弹性/%		54
半补强炉黑	15	浸胶帘线黏合 H 抽出(尼龙线)/N		158
黏合剂 A	1.5	固德里奇压缩(38℃,0.3 英寸)	终动压缩率/%	11.6
RH	1		永久变形/%	2.9
促进剂 DZ	1.8		生热/℃	31.8
促进剂 TT	0.03	热空气加速老化(100℃×48h)	拉伸强度/MPa	26.8
硫黄	1.8		拉断伸长率/%	490
合计	164.43	门尼焦烧(120℃)	t_5	17 分
		圆盘振荡硫化仪(138℃)	t_{10}	9 分 10 秒
			t_{90}	18 分 15 秒

混炼加料顺序:①1.7cm³ 小密炼机混炼:胶+硬脂酸(RE、氧化锌)+炭黑+油+防老剂——排胶

②6 寸开炼机:黏合剂 A、RH+促进剂+硫黄——薄通 8 次下片备用

混炼辊温:120℃±5℃

表 3-15 NR 缓冲层胶（1）

材料名称 \ 基本用量/g \ 配方编号	FC-15	试验项目			试验结果
烟片胶 1#（1 段）	100	硫化条件(138℃)/min			35
RE	3	邵尔 A 型硬度/度			62
硬脂酸	2	拉伸强度/MPa			31.8
氧化锌	8	拉断伸长率/%			536
防老剂 4010	1.8	定伸应力/MPa	300%		14.2
防老剂 BLE	1.2		500%		30.6
防老剂 H	0.3	拉断永久变形/%			30
低结构高耐磨炉黑	25	无割口直角撕裂强度/(kN/m)			74
通用炉黑	15	回弹性/%			59
芳烃油	3.5	浸胶尼龙帘线黏合 H 抽出/N			152
黏合剂 A	1.5	老化后黏合 H 抽出(100℃×48h)/N			159
RH	0.7	热空气加速老化(100℃×48h)	拉伸强度/MPa		25.1
促进剂 DZ	1.8		拉断伸长率/%		333
硫黄	2.2		性能变化率/%	拉伸强度	−21
合计	166.0			伸长率	−38
		塑性值(平行板法)			0.490
		门尼焦烧(120℃)	t_5		21 分 40 秒
			t_{35}		33 分 15 秒
		圆盘振荡硫化仪(138℃)	t_{10}		9 分 50 秒
			t_{90}		28 分 30 秒

RE
混炼加料顺序：①1.7cm³ 小密炼机混炼：胶+硬脂酸+炭黑+油+防老剂——排胶
氧化锌

②6 寸开炼机：$\frac{\text{黏合剂 A}}{\text{RH}}+\frac{\text{DZ}}{\text{硫黄}}$——薄通 6 次下片备用

混炼辊温：120℃±5℃

表 3-16 NR 缓冲层胶（2）

配方编号 基本用量/g 材料名称	FC-16	试验项目			试验结果
烟片胶 1#（1 段）	100	硫化条件(133℃)/min			50
硬脂酸	2	邵尔 A 型硬度/度			62
防老剂 4010	1.8	拉伸强度/MPa			27.6
防老剂 RD	1.5	拉断伸长率/%			538
防老剂 H	0.3	定伸应力/MPa	300%		11.3
氧化锌	8		500%		25.8
松焦油	4	拉断永久变形/%			25
低结构高耐磨炉黑	25	无割口直角撕裂强度/(kN/m)			76
半补强炉黑	15	回弹性/%			54
促进剂 NOBS	0.6	浸胶帘线黏合 H 抽出(尼龙线)/N			125
促进剂 DM	0.6	老化后黏合 H 抽出(100℃×48h)/N			107
促进剂 TT	0.03	固德里奇压缩（38℃,0.3 英寸）	终动压缩率/%		12.1
硫黄	2.3		永久变形/%		5.6
合计	161.13		生热/℃		40.8
		热空气加速老化（100℃×48h）	拉伸强度/MPa		18.8
			拉断伸长率/%		376
			性能变化率/%	拉伸强度	−36
				伸长率	−30
		门尼焦烧(120℃)	t_5		17 分
			t_{35}		41 分 15 秒
		圆盘振荡硫化仪（133℃）	t_{10}		32 分 15 秒
			t_{90}		56 分 10 秒

混炼加料顺序:①1.7cm^3 小密炼机混炼:胶+炭黑+油+防老剂——排胶

②6 寸开炼机:促进剂+硫黄——薄通 6 次下片备用

混炼辊温:120℃±5℃

表 3-17 IR 缓冲层胶

材料名称 \ 基本用量/g \ 配方编号	FC-17	试验项目			试验结果
异戊胶	100	硫化条件(138℃)/min			30
RE	2	邵尔 A 型硬度/度			65
硬脂酸	2	拉伸强度/MPa			26.0
氧化锌	8	拉断伸长率/%			561
防老剂 4010	1.8	定伸应力/MPa	300%		9.8
防老剂 RD	1.2		500%		22.6
防老剂 H	0.3	拉断永久变形/%			33
低结构高耐磨炉黑	40	无割口直角撕裂强度/(kN/m)			70
半补强炉黑	10	回弹性/%			53
芳烃油	4	固德里奇压缩(38℃,0.3 英寸)	终动压缩率/%		12.1
黏合剂 A	1.5		永久变形/%		4.9
RH	1		生热/℃		37.8
促进剂 DZ	1.8	热空气加速老化(100℃×48h)	拉伸强度/MPa		21.0
硫黄	2.1		拉断伸长率/%		461
合计	175.17		性能变化率/%	拉伸强度	−19
				伸长率	−18
		门尼焦烧(120℃)	t_5		13 分 15 秒
		圆盘振荡硫化仪(138℃)	t_{10}		7 分 30 秒
			t_{90}		19 分 25 秒

RE

混炼加料顺序:①1.7cm^3 小密炼机混炼:胶+硬脂酸+炭黑+油——排胶

氧化锌

②6 寸开炼机:黏合剂 A/RH + DZ/硫黄——薄通 6 次下片备用

混炼辊温:120℃±5℃

表 3-18 NR/SBR/BR（35/45/20）钢丝帘布胶

配方编号 / 基本用量/g / 材料名称	FC-18	试验项目			试验结果
烟片胶 1#（2 段）	35	硫化条件（138℃）/min			60
丁苯胶 1500	45	邵尔 A 型硬度/度			70
顺丁胶	20	拉伸强度/MPa			24.8
RE	1.5	拉断伸长率/%			413
硬脂酸	1.5	300%定伸应力/MPa			15.8
氧化锌	7.5	拉断永久变形/%			22
防老剂 4010	1.8	无割口直角撕裂强度/（kN/m）			63
防老剂 BLE	1.2	屈挠龟裂/万次			50（无，无，无）
防老剂 H	0.3	镀铜钢丝黏合强度抽出力/（N/mm）			90
四川槽法炭黑	30	老化后抽出力（100℃×48h）/（N/mm）			47
中超耐磨炉黑	15	热空气加速老化（100℃×48h）	拉伸强度/MPa		16.8
松焦油	5		拉断伸长率/%		206
黏合剂 A	2		性能变化率/%	拉伸强度	−32
环烷酸钴	0.5			伸长率	−50
促进剂 DZ	1.6	圆盘振荡硫化仪（138℃）	t_{10}	29 分	
不溶性硫黄	4		t_{90}	57 分	
合计	171.9				

混炼加料顺序：①1.7cm^3 小密炼机混炼：胶＋硬脂酸＋炭黑＋油＋防老剂 $\xrightarrow[\text{氧化锌}]{\text{RE}}$ 排胶

②6 寸开炼机：$\frac{\text{黏合剂 A}}{\text{环烷酸钴}}+\frac{\text{DZ}}{\text{不溶性硫黄}}$——薄通 8 次下片备用

混炼辊温：120℃±5℃

表 3-19　SBR 油皮胶

<table>
<tr><th>配方编号
基本用量/g
材料名称</th><th>FC-19</th><th colspan="3">试验项目</th><th>试验结果</th></tr>
<tr><td>丁苯胶 1500</td><td>100</td><td colspan="3">硫化条件(143℃)/min</td><td>50</td></tr>
<tr><td>石蜡</td><td>1</td><td colspan="3">邵尔 A 型硬度/度</td><td>69</td></tr>
<tr><td>硬脂酸</td><td>2</td><td colspan="3">拉伸强度/MPa</td><td>12.3</td></tr>
<tr><td>防老剂 4010</td><td>1.5</td><td colspan="3">拉断伸长率/%</td><td>586</td></tr>
<tr><td>防老剂 A</td><td>1</td><td colspan="2" rowspan="2">定伸应力/MPa</td><td>300%</td><td>4.8</td></tr>
<tr><td>促进剂 DM</td><td>0.9</td><td>500%</td><td>9.1</td></tr>
<tr><td>促进剂 M</td><td>0.7</td><td colspan="3">拉断永久变形/%</td><td>18</td></tr>
<tr><td>促进剂 TT</td><td>0.05</td><td colspan="3">无割口直角撕裂强度/(kN/m)</td><td>49</td></tr>
<tr><td>氧化锌</td><td>6</td><td colspan="3">回弹性/%</td><td>32</td></tr>
<tr><td>芳烃油</td><td>8</td><td colspan="3">老化后撕裂强度(100℃×48h)/(kN/m)</td><td>38</td></tr>
<tr><td>低结构高耐磨炉黑</td><td>20</td><td rowspan="4">热空气加速老化
(100℃×48h)</td><td colspan="2">拉伸强度/MPa</td><td>9.8</td></tr>
<tr><td>通用炉黑</td><td>25</td><td colspan="2">拉断伸长率/%</td><td>359</td></tr>
<tr><td>碳酸钙</td><td>45</td><td rowspan="2">性能变化率/%</td><td>拉伸强度</td><td>−20</td></tr>
<tr><td>陶土</td><td>10</td><td>伸长率</td><td>−39</td></tr>
<tr><td>硫黄</td><td>2.2</td><td colspan="3">塑性值(平行板法)</td><td>0.486</td></tr>
<tr><td rowspan="2">合计</td><td rowspan="2">223.35</td><td rowspan="2">圆盘振荡硫化仪
(143℃)</td><td>t_{10}</td><td colspan="2">15 分 45 秒</td></tr>
<tr><td>t_{90}</td><td colspan="2">49 分 15 秒</td></tr>
</table>

混炼加料顺序：胶＋(石蜡、硬脂酸、防老剂 A)＋(4010、促进剂、氧化锌)＋(油、炭黑、碳酸钙、陶土)＋硫黄——薄通 8 次下片备用

混炼辊温：50℃±5℃

表 3-20 NR/SBR（50/50）油皮胶

<table>
<tr><td>配方编号
基本用量/g
材料名称</td><td>FC-20</td><td colspan="3">试验项目</td><td>试验结果</td></tr>
<tr><td>烟片胶 3#（1 段）</td><td>50</td><td colspan="3">硫化条件(143℃)/min</td><td>50</td></tr>
<tr><td>丁苯胶 1500</td><td>50</td><td colspan="3">邵尔 A 型硬度/度</td><td>68</td></tr>
<tr><td>石蜡</td><td>1</td><td colspan="3">拉伸强度/MPa</td><td>14.6</td></tr>
<tr><td>硬脂酸</td><td>2</td><td colspan="3">拉断伸长率/%</td><td>473</td></tr>
<tr><td>防老剂 4010</td><td>1.5</td><td colspan="3">300%定伸应力/MPa</td><td>8.1</td></tr>
<tr><td>防老剂 A</td><td>1</td><td colspan="3">拉断永久变形/%</td><td>20</td></tr>
<tr><td>促进剂 DM</td><td>0.8</td><td colspan="3">无割口直角撕裂强度/(kN/m)</td><td>41</td></tr>
<tr><td>促进剂 M</td><td>0.7</td><td colspan="3">老化后撕裂强度(100℃×48h)/(kN/m)</td><td>33</td></tr>
<tr><td>氧化锌</td><td>6</td><td colspan="3">回弹性/%</td><td>37</td></tr>
<tr><td>芳烃油</td><td>8</td><td rowspan="4">热空气加速老化
(100℃×48h)</td><td colspan="2">拉伸强度/MPa</td><td>10.8</td></tr>
<tr><td>低结构高耐磨炉黑</td><td>20</td><td colspan="2">拉断伸长率/%</td><td>316</td></tr>
<tr><td>通用炉黑</td><td>25</td><td rowspan="2">性能变化率/%</td><td>拉伸强度</td><td>−26</td></tr>
<tr><td>碳酸钙</td><td>45</td><td>伸长率</td><td>−33</td></tr>
<tr><td>陶土</td><td>10</td><td colspan="3">塑性值(平行板法)</td><td>0.513</td></tr>
<tr><td>硫黄</td><td>2</td><td rowspan="2">圆盘振荡硫化仪
(143℃)</td><td>t_{10}</td><td colspan="2">14 分</td></tr>
<tr><td>合计</td><td>223</td><td>t_{90}</td><td colspan="2">43 分</td></tr>
</table>

混炼加料顺序：胶＋SBR＋石蜡 硬脂酸 防老剂 A＋4010 促进剂 氧化锌＋油 炭黑 碳酸钙 陶土＋硫黄——薄通 8 次下片备用

混炼辊温：50℃±5℃

第4章

其他制品配方

4.1 聚四氟乙烯（PTFE）滑环研制配方

表4-1 PTFE/铜粉不同配比性能对比

配方编号 基本用量/g 材料名称	PE-1	PE-2	PE-3	PE-4	PE-5
聚四氟乙烯(济南)	85	75	65	55	45
胶体二硫化钼粉剂(上海)	5	5	5	5	5
663锡铜粉200目(北京)	10	20	30	40	50
产品颜色	青灰色	棕色	青灰色较暗	浅灰色略青	浅灰色较青
合计	100	100	100	100	100
邵尔A型硬度/度	97	97	97	97	97
拉伸强度/MPa	23.2	23.0	20.0	19.9	12.9
拉断伸长率/%	145	109	112	97	42
拉断永久变形/%	73	54	55	41	25
阿克隆磨耗/cm^3	0.223	0.237	0.319	0.353	0.391
试样密度/(g/cm^3)	2.421	2.264	2.879	3.186	3.523
压缩率(10mm×10mm×3mm,196MPa)/%	47.0	47.7	47.7	45.6	51.1

坯料压制工艺条件：模具型腔规格为ϕ160mm×30mm×6mm环状。室温下机械混料，混好后的料用80目筛，通过三次后封闭待用

模内要清洁干净，准确称重，一次投料

压制时间和压力：0～5MPa，2min；5～9MPa，2min；9～12MPa，6min。缓慢升压，缓慢降压

坯料烧结条件：

升温		降温	
室温～200℃	1h	380～340℃	30min
200～250℃	1h	340～300℃	30min
250～300℃	2h	300～250℃	30min
300～340℃	2h	降至250℃时关闭电源，	
340～380℃	2h	不开烘箱门，冷却后取出	
380℃保持	2h		

表 4-2 PTFE 中二硫化钼不同用量性能对比（1）

材料名称 \ 基本用量/g \ 配方编号	PE-6	PE-7	PE-8	PE-9	PE-10
聚四氟乙烯(济南)	60	60	60	60	60
胶体二硫化钼粉剂(上海)	—	1	3	5	7
663 锡铜粉 200 目(北京)	40	40	40	40	40
产品颜色	浅灰石棉色	棕色	深棕色	青灰色,较暗	青灰色
合计	100	101	103	105	107
邵尔 A 型硬度/度	95	97	97	97	97
拉伸强度/MPa	15.3	16.4	17.0	17.4	16.1
拉断伸长率/%	56	65	92	85	80
拉断永久变形/%	21	33	36	24	26
阿克隆磨耗/cm^3	0.416				
试样密度/(g/cm^3)	3.076	3.178	3.147	3.138	3.124
压缩率(10mm×10mm×3mm,196MPa)/%	58.3	53	53.3	53.5	54.8

坯料压制工艺条件：模具型腔规格为 Φ160mm×30mm×6mm 环状。室温下机械混料，混好后的料用 80 目筛，通过三次后封闭待用

模内要清洁干净，准确称重，一次投料

压制时间和压力：0～5MPa，2min；5～9MPa，2min；9～12MPa，6min。缓慢升压，缓慢降压

坯料烧结条件：

升温		降温	
室温～200℃	1h	380～340℃	30min
200～250℃	1h	340～300℃	30min
250～300℃	2h	300～250℃	30min
300～340℃	2h	降至 250℃ 时关闭电源，不开烘箱门，冷却后取出	
340～380℃	2h		
380℃保持	2h		

表 4-3 PTFE 二硫化钼不同用量性能对比（2）

材料名称 \ 基本用量/g \ 配方编号	PE-11	PE-12	PE-13	PE-14
聚四氟乙烯(济南)	60	60	60	60
663 锡铜粉 250 目(北京)	40	40	40	40
胶体二硫化钼粉剂(上海)	—	0.5	1	1.5
以下是二段后经加工成 ϕ160mm×30mm×6mm 环，所做的一切试验(两个环平均值)				
产品颜色	黄色，略暗，表面光亮	深灰色，略有点亮	深灰色，略有点亮	深灰色
合计	100	100.5	101	101.5
拉伸强度/MPa	19.9	21.1	22.4	17.6
拉断伸长率/%	370	362	336	297
300%定伸应力/MPa	18.8	17.3	18.6	
试样密度/(g/cm³)	3.089	3.109	3.102	3.085
压缩率(10mm×10mm×3mm，196MPa)/%	46.0	47.5	48.5	49.5

坯料压制工艺条件：模具型腔规格为 Φ160mm×30mm×6mm 环状。机械混料，80 目筛，通过三次

压制时间和压力：0～5MPa，2min；5～9MPa，2min；9～12MPa，6min。缓慢升压，缓慢降压

坯料烧结条件：

升温		降温	
室温～200℃	1h	380～340℃	30min
200～250℃	1h	340～300℃	30min
250～300℃	2h	300～250℃	30min
300～340℃	2h	降至 250℃时关闭电源，不开烘箱门，冷却后取出	
340～380℃	2h		
380℃保持	2h		

表 4-4 PTFE、铜粉、二硫化钼不同用量材料性能对比

材料名称 \ 基本用量/g \ 配方编号	PE-15	PE-16	PE-17	PE-18
聚四氟乙烯(济南)	50	50	40	40
663 锡铜粉 250 目(北京)	50	50	60	60
胶体二硫化钼粉剂(上海)	0.5	1.5	0.5	1.5
产品颜色	黄色,略暗	深灰色,略带点黄	黄色,略暗	深灰色,有点黄
合计	100.5	101.5	100.5	101.5
拉伸强度/MPa	20.6	18.0	11.2	10.0
拉断伸长率/%	361	314	123	83
300%定伸应力/MPa	20.2	16.1		
试样密度/(g/cm^3)	3.441	3.446	3.825	3.785
压缩率(10mm×10mm×3mm,196MPa)/%	46	45	52	53

坯料压制工艺条件:模具型腔规格为 ϕ160mm×30mm×6mm 环形。室温下机械混料,混好后的料用 80 目筛通过三次后封闭待用

模内要清洁干净,准确称重,模具内一次投料

压制时间和压力:0～5MPa;2min;5～9MPa;2min;9～12MPa,6min。缓慢升压,缓慢降压

坯料烧结条件:

升温		降温	
室温～200℃	1h	380～340℃	30min
200～250℃	1h	340～300℃	30min
250～300℃	2h	300～250℃	30min
300～340℃	2h	降至 250℃时关闭电源,不开烘箱门,冷却后取出	
340～380℃	2h		
380℃保持	2h		

4.2 轨枕垫研制配方

表 4-5 不同填料对 SBR 性能的影响

<table>
<tr><td colspan="3">配方编号
基本用量/g
材料名称</td><td colspan="2">PD-1</td><td colspan="2">PD-2</td><td colspan="2">PD-3</td></tr>
<tr><td colspan="3">丁苯胶 1500#</td><td colspan="2">100</td><td colspan="2">100</td><td colspan="2">100</td></tr>
<tr><td colspan="3">石蜡</td><td colspan="2">0.5</td><td colspan="2">0.5</td><td colspan="2">0.5</td></tr>
<tr><td colspan="3">硬脂酸</td><td colspan="2">2</td><td colspan="2">2</td><td colspan="2">2</td></tr>
<tr><td colspan="3">防老剂 4010</td><td colspan="2">1.5</td><td colspan="2">1.5</td><td colspan="2">1.5</td></tr>
<tr><td colspan="3">防老剂 A</td><td colspan="2">1.5</td><td colspan="2">1.5</td><td colspan="2">1.5</td></tr>
<tr><td colspan="3">促进剂 DM</td><td colspan="2">2.6</td><td colspan="2">2.6</td><td colspan="2">2.6</td></tr>
<tr><td colspan="3">促进剂 M</td><td colspan="2">1.2</td><td colspan="2">1.2</td><td colspan="2">—</td></tr>
<tr><td colspan="3">促进剂 TT</td><td colspan="2">1</td><td colspan="2">1</td><td colspan="2">1.2</td></tr>
<tr><td colspan="3">氧化锌</td><td colspan="2">4</td><td colspan="2">4</td><td colspan="2">4</td></tr>
<tr><td colspan="3">乙二醇</td><td colspan="2">—</td><td colspan="2">2</td><td colspan="2">—</td></tr>
<tr><td colspan="3">通用白炭黑</td><td colspan="2">—</td><td colspan="2">20</td><td colspan="2">20</td></tr>
<tr><td colspan="3">瓷土</td><td colspan="2">60</td><td colspan="2">20</td><td colspan="2">30</td></tr>
<tr><td colspan="3">硫酸钡</td><td colspan="2">—</td><td colspan="2">20</td><td colspan="2">—</td></tr>
<tr><td colspan="3">高耐磨炉黑</td><td colspan="2">35</td><td colspan="2">35</td><td colspan="2">35</td></tr>
<tr><td colspan="3">硫黄</td><td colspan="2">2.7</td><td colspan="2">2.7</td><td colspan="2">1.8</td></tr>
<tr><td colspan="3">合计</td><td colspan="2">212</td><td colspan="2">214</td><td colspan="2">201.1</td></tr>
<tr><td colspan="3">硫化条件(143℃)/min</td><td colspan="2">10</td><td colspan="2">10</td><td colspan="2">10</td></tr>
<tr><td colspan="3">邵尔 A 型硬度/度</td><td colspan="2">80</td><td colspan="2">81</td><td colspan="2">79</td></tr>
<tr><td colspan="3">拉伸强度/MPa</td><td colspan="2">13.8</td><td colspan="2">14.4</td><td colspan="2">14.8</td></tr>
<tr><td colspan="3">拉断伸长率/%</td><td colspan="2">220</td><td colspan="2">224</td><td colspan="2">268</td></tr>
<tr><td colspan="3">200%定伸应力/MPa</td><td colspan="2">12.1</td><td colspan="2">13.0</td><td colspan="2">10.4</td></tr>
<tr><td colspan="3">拉断永久变形/%</td><td colspan="2">11</td><td colspan="2">8</td><td colspan="2">8</td></tr>
<tr><td colspan="3">回弹性/%</td><td colspan="2">38</td><td colspan="2">34</td><td colspan="2">36</td></tr>
<tr><td colspan="3">脆性温度/℃</td><td colspan="2">−37</td><td colspan="2">−39</td><td colspan="2">−40</td></tr>
<tr><td colspan="3">阿克隆磨耗/cm^3</td><td colspan="2">0.227</td><td colspan="2">0.200</td><td colspan="2">0.254</td></tr>
<tr><td rowspan="2">抗电阻试验</td><td colspan="2">电压/V</td><td>250</td><td>500</td><td>250</td><td>500</td><td>250</td><td>500</td></tr>
<tr><td colspan="2">电阻/Ω</td><td>1×10^{12}</td><td>1×10^{12}</td><td>6×10^{11}</td><td>4×10^{11}</td><td>8×10^{11}</td><td>6×10^{11}</td></tr>
<tr><td rowspan="4">热空气加速老化
(100℃×72h)</td><td colspan="2">拉伸强度/MPa</td><td colspan="2">10.4</td><td colspan="2">13.2</td><td colspan="2">12.3</td></tr>
<tr><td colspan="2">拉断伸长率/%</td><td colspan="2">89</td><td colspan="2">92</td><td colspan="2">112</td></tr>
<tr><td rowspan="2">性能变化率/%</td><td>拉伸强度</td><td colspan="2">−25</td><td colspan="2">−8</td><td colspan="2">−17</td></tr>
<tr><td>伸长率</td><td colspan="2">−60</td><td colspan="2">−59</td><td colspan="2">−58</td></tr>
<tr><td rowspan="4">圆盘振荡硫化仪
(143℃)</td><td colspan="2">M_L/N·m</td><td colspan="2">10.7</td><td colspan="2">10.5</td><td colspan="2">11.7</td></tr>
<tr><td colspan="2">M_H/N·m</td><td colspan="2">98.4</td><td colspan="2">103.5</td><td colspan="2">93.2</td></tr>
<tr><td colspan="2">t_{10}</td><td colspan="2">3分48秒</td><td colspan="2">4分24秒</td><td colspan="2">4分48秒</td></tr>
<tr><td colspan="2">t_{90}</td><td colspan="2">8分</td><td colspan="2">8分24秒</td><td colspan="2">9分</td></tr>
<tr><td colspan="9">石蜡 4010
混炼加料顺序:胶+硬脂酸 +促进剂+填料+乙二醇+硫黄——薄通6次下片备用
防老剂A 氧化锌
混炼辊温:50℃±5℃</td></tr>
</table>

表 4-6　不同填料对 NR/BR 胶料性能的影响

<table>
<tr><th colspan="3">基本用量/g　配方编号
材料名称</th><th colspan="2">PD-4</th><th colspan="2">PD-5</th><th colspan="2">PD-6</th></tr>
<tr><td colspan="3">烟片胶 3#</td><td colspan="2">60</td><td colspan="2">60</td><td colspan="2">60</td></tr>
<tr><td colspan="3">顺丁胶(北京)</td><td colspan="2">40</td><td colspan="2">40</td><td colspan="2">40</td></tr>
<tr><td colspan="3">石蜡</td><td colspan="2">1</td><td colspan="2">1</td><td colspan="2">1</td></tr>
<tr><td colspan="3">硬脂酸</td><td colspan="2">2</td><td colspan="2">2</td><td colspan="2">2</td></tr>
<tr><td colspan="3">防老剂 4010</td><td colspan="2">1.5</td><td colspan="2">1.5</td><td colspan="2">1.5</td></tr>
<tr><td colspan="3">防老剂 A</td><td colspan="2">1.5</td><td colspan="2">1.5</td><td colspan="2">1.5</td></tr>
<tr><td colspan="3">促进剂 DM</td><td colspan="2">2.4</td><td colspan="2">2.4</td><td colspan="2">2.4</td></tr>
<tr><td colspan="3">促进剂 M</td><td colspan="2">0.8</td><td colspan="2">0.8</td><td colspan="2">0.8</td></tr>
<tr><td colspan="3">促进剂 TT</td><td colspan="2">0.2</td><td colspan="2">0.2</td><td colspan="2">0.2</td></tr>
<tr><td colspan="3">氧化锌</td><td colspan="2">4</td><td colspan="2">4</td><td colspan="2">4</td></tr>
<tr><td colspan="3">乙二醇</td><td colspan="2">3</td><td colspan="2">3</td><td colspan="2">3</td></tr>
<tr><td colspan="3">通用白炭黑</td><td colspan="2">35</td><td colspan="2">35</td><td colspan="2">35</td></tr>
<tr><td colspan="3">邻苯二甲酸二辛酯(DOP)</td><td colspan="2">6</td><td colspan="2">6</td><td colspan="2">6</td></tr>
<tr><td colspan="3">混气炭黑</td><td colspan="2">35</td><td colspan="2">35</td><td colspan="2">35</td></tr>
<tr><td colspan="3">四川半补强炉黑</td><td colspan="2">30</td><td colspan="2">—</td><td colspan="2">—</td></tr>
<tr><td colspan="3">抚顺半补强炉黑</td><td colspan="2">—</td><td colspan="2">30</td><td colspan="2">—</td></tr>
<tr><td colspan="3">硫酸钡</td><td colspan="2">—</td><td colspan="2">—</td><td colspan="2">30</td></tr>
<tr><td colspan="3">硫黄</td><td colspan="2">2.5</td><td colspan="2">2.5</td><td colspan="2">2.5</td></tr>
<tr><td colspan="3">合计</td><td colspan="2">224.9</td><td colspan="2">224.9</td><td colspan="2">224.9</td></tr>
<tr><td colspan="3">硫化条件(143℃)/min</td><td colspan="2">12</td><td colspan="2">20</td><td colspan="2">15</td></tr>
<tr><td colspan="3">邵尔 A 型硬度/度</td><td colspan="2">79</td><td colspan="2">82</td><td colspan="2">77</td></tr>
<tr><td colspan="3">拉伸强度/MPa</td><td colspan="2">14.4</td><td colspan="2">14.1</td><td colspan="2">15.3</td></tr>
<tr><td colspan="3">拉断伸长率/%</td><td colspan="2">308</td><td colspan="2">248</td><td colspan="2">368</td></tr>
<tr><td colspan="3">200%定伸应力/MPa</td><td colspan="2">10.6</td><td colspan="2">12.0</td><td colspan="2">8.5</td></tr>
<tr><td colspan="3">拉断永久变形/%</td><td colspan="2">9</td><td colspan="2">4</td><td colspan="2">13</td></tr>
<tr><td colspan="3">回弹性/%</td><td colspan="2">50</td><td colspan="2">43</td><td colspan="2">51</td></tr>
<tr><td colspan="3">脆性温度/℃</td><td colspan="2">−69</td><td colspan="2">−70</td><td colspan="2">−69</td></tr>
<tr><td colspan="3">阿克隆磨耗/cm^3</td><td colspan="2">0.326</td><td colspan="2">0.237</td><td colspan="2">0.358</td></tr>
<tr><td rowspan="2">抗电阻试验</td><td colspan="2">电压/V</td><td>250</td><td>500</td><td>250</td><td>500</td><td>250</td><td>500</td></tr>
<tr><td colspan="2">电阻/Ω</td><td>6×10^{8}</td><td>3.7×10^{8}</td><td>4.6×10^{7}</td><td>—</td><td>4.7×10^{11}</td><td>4.3×10^{11}</td></tr>
<tr><td rowspan="4">热空气加速老化(100℃×72h)</td><td colspan="2">拉伸强度/MPa</td><td colspan="2">12.4</td><td colspan="2">11.7</td><td colspan="2">11.5</td></tr>
<tr><td colspan="2">拉断伸长率/%</td><td colspan="2">96</td><td colspan="2">76</td><td colspan="2">124</td></tr>
<tr><td rowspan="2">性能变化率/%</td><td>拉伸强度</td><td colspan="2">−14</td><td colspan="2">−17</td><td colspan="2">−24</td></tr>
<tr><td>伸长率</td><td colspan="2">−69</td><td colspan="2">−69</td><td colspan="2">−60</td></tr>
<tr><td rowspan="4">圆盘振荡硫化仪(143℃)</td><td colspan="2">M_L/N·m</td><td colspan="2">12.0</td><td colspan="2">12.0</td><td colspan="2">11.4</td></tr>
<tr><td colspan="2">M_H/N·m</td><td colspan="2">81.6</td><td colspan="2">82.2</td><td colspan="2">77.3</td></tr>
<tr><td colspan="2">t_{10}</td><td colspan="2">6 分</td><td colspan="2">8 分 10 秒</td><td colspan="2">7 分 36 秒</td></tr>
<tr><td colspan="2">t_{90}</td><td colspan="2">12 分 12 秒</td><td colspan="2">17 分 12 秒</td><td colspan="2">14 分 12 秒</td></tr>
<tr><td colspan="9">混炼加料顺序：胶＋石蜡 4010 / 硬脂酸 / 防老剂 A 氧化锌＋促进剂＋填料＋乙二醇/DOP＋硫黄——薄通 6 次下片备用
混炼辊温：55℃±5℃</td></tr>
</table>

表 4-7 白炭黑、混气炭黑不同配比对 NR/SBR/BR 性能的影响

材料名称 \ 基本用量/g \ 配方编号		PD-7	PD-8	PD-9	PD-10
烟片胶 $3^{\#}$		50	50	50	50
丁苯胶 $1500^{\#}$（吉化）		30	30	30	30
顺丁胶（北京）		20	20	20	20
固体古马隆		8	8	8	8
硬脂酸		2	2	2	2
防老剂 A		2	2	2	2
防老剂 4010		1.5	1.5	1.5	1.5
促进剂 DM		2.4	2.4	2.4	2.4
促进剂 TT		0.8	0.8	0.8	0.8
氧化锌		2	2	2	2
四川半补强炉黑		30	30	30	30
混气炭黑		20	40	50	60
沉淀法白炭黑		60	40	40	20
硫黄		2.5	2.5	2.5	2.5
合计		231.2	231.2	241.2	231.2
硫化条件(143℃)/min		15	15	10	15
邵尔 A 型硬度/度		75	81	84	87
拉伸强度/MPa		10.4	12.2	14.3	15.5
拉断伸长率/%		276	220	230	190
200%定伸应力/MPa		8.0	12.3	13.3	—
拉断永久变形/%		10	6	6	7
回弹性/%		56	50	—	—
抗电阻试验(12mm 厚弹性片)	电压/V	500	250	10	10
	电阻/Ω	6.9×10^{10}	5×10^{7}	6×10^{9}	5.3×10^{8}
圆盘振荡硫化仪(143℃)	M_L/N·m	5.7	7.8	8.6	10.4
	M_H/N·m	90.5	103.0	89.0	113.7
	t_{10}	7 分 36 秒	6 分 48 秒	5 分 48 秒	6 分
	t_{90}	12 分	11 分 36 秒	9 分 36 秒	12 分 24 秒

混炼加料顺序：胶＋古马隆(85℃±5℃)降温＋硬脂酸 防老剂 A＋4010 促进剂 氧化锌＋填料＋硫黄——薄通 6 次下片备用

混炼辊温：55℃±5℃

表 4-8　不同比例白炭黑、混气炭黑对 NR/SBR/BR 胶料性能的影响

材料名称 \ 基本用量/g \ 配方编号			PD-11	PD-12	PD-13	PD-14
烟片胶 3#(1 段)			50	50	50	50
丁苯胶 1500#(吉化)			30	30	30	30
顺丁胶(北京)			20	20	20	20
固体古马隆			8	8	8	8
硬脂酸			2	2	2	2
防老剂 A			2	2	2	2
防老剂 4010			1.5	1.5	1.5	1.5
促进剂 DM			2.4	2.4	2.4	2.4
促进剂 TT			0.8	0.8	0.8	0.8
氧化锌			2	2	2	2
四川半补强炉黑			30	30	30	30
混气炭黑			60	50	40	30
沉淀法白炭黑			10	20	30	40
硫黄			2.5	2.5	2.5	2.5
合计			221.2	221.2	221.2	221.2
硫化条件(143℃)/min			15	15	15	15
邵尔 A 型硬度/度			84	84	82	80
拉伸强度/MPa			18.3	17.2	16.8	16.2
拉断伸长率/%			227	264	270	283
200%定伸应力/MPa			17.6	16.7	15.1	14.0
拉断永久变形/%			6	7	7	8
回弹性/%			43	43	44	47
抗电阻试验	12mm 厚弹性片	电压/V	100	250	250	500
		电阻/Ω	1.4×10^{7}	2.1×10^{7}	6.3×10^{7}	8.2×10^{8}
	生产胶料/Ω					6.5×10^{11}
圆盘振荡硫化仪(143℃)	M_L/N·m		11.9	11.7	11.0	11.9
	M_H/N·m		108.6	103.8	96.9	91.1
	t_{10}		5 分 36 秒	5 分 48 秒	5 分 48 秒	6 分
	t_{90}		12 分 48 秒	12 分	12 分	12 分 12 秒

混炼加料顺序：胶＋古马隆(85℃±5℃)降温＋硬脂酸/防老剂 A＋4010/促进剂/氧化锌＋填料＋硫黄——薄通 6 次下片备用

混炼辊温：55℃±5℃

4.3 门窗用密封条配方

表 4-9 PVC（XO-5）高硬度汽车门窗密封条

基本用量/g 配方编号 材料名称	PV-1	试验项目	试验结果
聚氯乙烯(XO-5)	100	压型条件(143℃)/min	5
硬脂酸锌	3	邵尔 A 型硬度/度	86
碳酸钙	20	拉伸强度/MPa	9.0
陶土	20	拉断伸长率/%	104
邻苯二甲酸二辛酯(DOP)	90	100%定伸应力/MPa	8.7
四川槽法炭黑	20	拉断永久变形/%	11
合计	253		

工艺条件：

1. PVC 预塑化，(75℃±5℃)×60min，每 20min 搅拌一次(DOP 全部加在 PVC 内搅拌均匀)
2. 如果用开炼机混炼，辊温不可低于 115℃，但不可高于 140℃。加料顺序：预塑化 PVC 压透明后+硬脂酸锌+填料——薄通 6 次下片备用
3. 压型条件：143℃×5min(2～3mm)，模具单位压力 3～6MPa
4. 挤出条件：机身温度 90℃±5℃，机头温度 110℃±5℃，口型温度 130℃±5℃

混炼加料顺序：①1.7cm^3 小密炼机混炼：预塑化 PVC+填料——排料

②6 英寸开炼机下片薄通 4 次(辊温 85℃±5℃)，下片厚度(2.3±0.3)mm

混炼辊温：125℃±5℃

表 4-10 PVC（XO-4）高硬度汽车门窗密封条

材料名称 \ 基本用量/g \ 配方编号	PV-2	试验项目	试验结果
聚氯乙烯(XO-4)	100	压型条件(143℃)/min	5
硬脂酸锌	3	邵尔 A 型硬度/度	88
碳酸钙	20	拉伸强度/MPa	9.2
陶土	20	拉断伸长率/%	108
通用炭黑	20	100%定伸应力/MPa	9.0
邻苯二甲酸二辛酯(DOP)	70	拉断永久变形/%	8
合计	233		

工艺条件：

1. PVC 预塑化，(75℃±5℃)×60min，每 20min 搅拌一次(DOP 全部加在 PVC 内搅拌均匀)

2. 如果用开炼机混炼，辊温 130℃±5℃。加料顺序：预塑化 PVC 压透明后+硬脂酸锌+填料——薄通 6 次下片备用

3. 压型条件：143℃×5min(2～3mm)，模具单位压力 3～6MPa

4. 挤出条件：机身温度 90℃±5℃，机头温度 120℃±5℃，口型温度 140℃±5℃，转速 30r/min

混炼加料顺序：①1.7cm^3 小密炼机混炼：预塑化 PVC+填料——排料

②6 英寸开炼机薄通 3 次(辊温 95℃±5℃)，下片备用

混炼辊温：135℃±5℃

表 4-11 PVC（XO-3）中硬度汽车门窗密封条

材料名称 \ 基本用量/g \ 配方编号	PV-3	试验项目	试验结果
聚氯乙烯(XO-3)	100	压型条件(143℃)/min	5
硬脂酸锌	3	邵尔 A 型硬度/度	67
碳酸钙	20	拉伸强度/MPa	6.0
陶土	20	拉断伸长率/%	152
高耐磨炉黑	20	100%定伸应力/MPa	3.9
邻苯二甲酸二辛酯(DOP)	110	拉断永久变形/%	11
合计	273		

工艺条件：

1. PVC 预塑化，(75℃±5℃)×60min，每 20min 搅拌一次(DOP：PVC＝1：1)，搅拌均匀
2. 用开炼机混炼时，辊温 115℃±5℃。加料顺序：预塑化 PVC 压透明后＋硬脂酸锌＋填料、部分 DOP——薄通 6 次下片备用
3. 压型条件：143℃×5min(2～3mm)，模具单位压力 2～4MPa
4. 挤出条件：机身温度 85℃±5℃，机头温度 110℃±5℃，口型温度 120℃±5℃，转速 50r/min

混炼加料顺序：①1.7cm^3 小密炼机混炼：预塑化 PVC＋部分 DOP＋填料——排料
②6 英寸开炼机薄通 3 次(辊温 85℃±5℃)，下片备用

混炼辊温：125℃±5℃

表 4-12 PVC（XO-4）中硬度汽车门窗密封条

材料名称 \ 基本用量/g \ 配方编号	PV-4	试验项目	试验结果
聚氯乙烯(XO-4)	100	压型条件(143℃)/min	5
硬脂酸锌	3	邵尔 A 型硬度/度	67
碳酸钙	20	拉伸强度/MPa	5.9
陶土	20	拉断伸长率/%	191
通用炉黑	20	100%定伸应力/MPa	3.8
邻苯二甲酸二辛酯(DOP)	110	拉断永久变形/%	18
合计	273		

工艺条件：

1. PVC 预塑化，(75℃±5℃)×60min，每 20min 搅拌一次(DOP：PVC＝1：1)，搅拌均匀

2. 用开炼机混炼时，辊温 115℃±5℃。加料顺序：预塑化 PVC 压透明后＋硬脂酸锌＋填料、部分 DOP——薄通 6 次下片备用

3. 压型条件：143℃×5min(2～3mm)，模具单位压力 2～4MPa

4. 挤出条件：机身温度 85℃±5℃，机头温度 110℃±5℃，口型温度 120℃±5℃，转速 50r/min(挤出条表面光亮)

混炼加料顺序：①1.7cm^3 小密炼机混炼：预塑化 PVC＋部分 DOP＋填料——排料
②6 英寸开炼机薄通 3 次(辊温 85℃±5℃)，下片备用

混炼辊温：125℃±5℃

表 4-13 PVC（XO-4）中硬度密封条

配方编号 基本用量/g 材料名称	PV-5	试验项目	试验结果
聚氯乙烯(XO-4)	100	压型条件(143℃)/min	5
硬脂酸钡	2	邵尔 A 型硬度/度	67
硬脂酸镉	1	拉伸强度/MPa	4.9
碳酸钙	20	拉断伸长率/%	168
陶土	20	100%定伸应力/MPa	3.7
通用炉黑	20	拉断永久变形/%	15
邻苯二甲酸二丁酯(DBP)	100		
合计	263		

工艺条件：

1. PVC 预塑化，(75℃±5℃)×60min，每 20min 搅拌一次(DBP 全部加在 PVC 内)，搅拌均匀

2. 用开炼机混炼时，辊温 120℃±5℃。加料顺序：预塑化 PVC 压透明后＋硬脂酸钡、硬脂酸镉＋填料——薄通 6 次下片备用

3. 压型条件：143℃×5min(2～3mm)，模具单位压力 2～4MPa

4. 挤出条件：机身温度 95℃±5℃，机头温度 110℃±5℃，口型温度 130℃±5℃，转速 50r/min(挤出的密封条光亮)

混炼加料顺序：①1.7cm³ 小密炼机混炼：预塑化 PVC＋$\frac{\text{硬脂酸钡}}{\text{硬脂酸镉}}$＋填料——排料

②6 英寸开炼机薄通 3 次(辊温 90℃±5℃)，下片备用

混炼辊温：120℃±5℃

表 4-14 PVC（XO-4）/CR 中硬度密封条

配方编号 基本用量/g 材料名称	PV-6	试验项目	试验结果
聚氯乙烯(XO-4)	100	压型条件(143℃)/min	5
氯丁胶(通用型)	5	邵尔 A 型硬度/度	67
硬脂酸钡	2	拉伸强度/MPa	4.9
硬脂酸镉	1	拉断伸长率/%	212
碳酸钙	20	100%定伸应力/MPa	3.2
陶土	20	拉断永久变形/%	27
高耐磨炉黑	20		
邻苯二甲酸二丁酯(DBP)	100		
合计	268		

工艺条件：

1. PVC 预塑化，(75℃±5℃)×60min，每 20min 搅拌一次(DBP 全部加在 PVC 内)，搅拌均匀

2. 用开炼机混炼时，辊温 120℃±5℃。加料顺序：预塑化 PVC 压透明后＋CR＋硬脂酸钡、硬脂酸镉＋填料——薄通 6 次下片备用

3. 压型条件：143℃×5min(2～3mm)，模具单位压力 2～4MPa。取出模具后降至 100℃以内开模

4. 挤出条件：机身温度 95℃±5℃，机头温度 110℃±5℃，口型温度 130℃±5℃(挤出后的胶条最光亮)

混炼加料顺序：①1.7cm^3 小密炼机混炼：预塑化 PVC＋CR＋硬脂酸钡/硬脂酸镉＋填料——排料

②6 英寸开炼机薄通 3 次(辊温 85℃±5℃)，下片备用

混炼辊温：120℃±5℃

4.4 其他配方

表 4-15 BR 透明胶

配方编号 基本用量/g 材料名称	PX-1	试验项目		试验结果
顺丁胶(北京)	100	硫化条件(143℃)/min		9
硬脂酸	1	邵尔 A 型硬度/度		59
防老剂 SP	1	拉伸强度/MPa		12.6
促进剂 M	0.4	拉断伸长率/%		615
促进剂 TT	0.3	定伸应力/MPa	300%	4.7
促进剂 DM	1.3		500%	9.2
氧化锌	1	拉断永久变形/%		34
乙二醇	6	无割口直角撕裂强度/(kN/m)		46
透明白炭黑(TS-3 苏州)	45	门尼焦烧(120℃)	t_5	12 分
白油	12		t_{35}	13 分
硫黄	2.4	圆盘振荡硫化仪(143℃)	M_L/N·m	21.2
合计	170.4		M_H/N·m	60.6
			t_{10}	5 分 15 秒
			t_{90}	7 分

工艺条件：顺丁胶混炼前先薄通 6 次再进行混炼
该胶料硫化后(2mm 厚)透明性很好，胶较白

混炼加料顺序：胶＋(硬脂酸、防老剂 SP)＋(促进剂、氧化锌)＋(白炭黑、乙二醇、白油)＋硫黄——薄通 8 次下片备用

混炼辊温：45℃±5℃

表 4-16 BR/SBR（80/20）透明胶

配方编号 基本用量/g 材料名称	PX-2	试验项目		试验结果
顺丁胶(北京)	80	硫化条件(143℃)/min		9
丁苯胶 1502(山东)	20	邵尔 A 型硬度/度		61
硬脂酸	1	拉伸强度/MPa		13.3
防老剂 SP	1	拉断伸长率/%		640
促进剂 M	0.5	定伸应力/MPa	300%	3.9
促进剂 TT	0.3		500%	7.4
促进剂 DM	1.3	拉断永久变形/%		39
氧化锌	1	无割口直角撕裂强度/(kN/m)		32
乙二醇	6	门尼焦烧(120℃)	t_5	10 分
透明白炭黑(TS-3 苏州)	45		t_{35}	12 分
白油	12	圆盘振荡硫化仪(143℃)	M_L/N・m	18.3
硫黄	2.4		M_H/N・m	64.5
合计	170.4		t_{10}	5 分
			t_{90}	7 分 30 秒

工艺条件：BR+SBR 混炼前两胶混合后薄通 6 次再进行混炼
该胶料硫化后(2mm 厚)透明性很好，略有点黄

混炼加料顺序：胶+(硬脂酸、SP)+(促进剂、氧化锌)+(白炭黑、乙二醇、白油)+硫黄——薄通 8 次下片备用

混炼辊温：45℃±5℃

表 4-17 **EPDM 透明胶**

材料名称 \ 基本用量/g \ 配方编号	PX-3	试验项目		试验结果
三元乙丙胶 4045	100	硫化条件(163℃)/min		25
苏州透明白炭黑(TS-3)	10	邵尔 A 型硬度/度		51
锭子油	3	拉伸强度/MPa		3.3
硫化剂 DCP	2	拉断伸长率/%		248
合计	115	拉断永久变形/%		4
		回弹性/%		62
		圆盘振荡硫化仪(163℃)	M_L/N·m	3.4
			M_H/N·m	70
			t_{10}	4 分 12 秒
			t_{90}	21 分 24 秒

工艺条件:胶先薄通 3 次再加料,硫化时,模型单位压力 2~4MPa
该胶料硫化后透明度好,2mm 厚胶片报纸最小字可透过,清晰,胶不白

混炼加料顺序:胶+白炭黑+锭子油+DCP——薄通 8 次下片备用
混炼辊温:45℃±5℃

表 4-18 EPDM 透明胶

配方编号 基本用量/g 材料名称	PX-4	试验项目		试验结果
三元乙丙胶 4045	100	硫化条件(163℃)/min		18
苏州透明白炭黑(TS-3)	30	邵尔 A 型硬度/度		63
环烷油	9	拉伸强度/MPa		12.0
硫化剂 DCP	2	拉断伸长率/%		483
合计	115	300%定伸应力/MPa		4.5
		拉断永久变形/%		21
		回弹性/%		53
		圆盘振荡硫化仪(163℃)	M_L/N·m	5.4
			M_H/N·m	43.5
			t_{10}	5 分
			t_{90}	13 分 24 秒

工艺条件:乙丙薄通 3 次再加料,硫化模型压力 2~4MPa
该胶料硫化后透明度好,硫化胶不白

混炼加料顺序:胶+白炭黑+环烷油+DCP——薄通 8 次下片备用
混炼辊温:45℃±5℃

表 4-19 IIR 耐热密封垫胶

材料名称 \ 基本用量/g \ 配方编号	PX-5	试验项目			试验结果
丁基胶 268	100	硫化条件(163℃)/min			18
中超耐磨炉黑	40	邵尔 A 型硬度/度			72
通用炉黑	10	拉伸强度/MPa			14.9
陶土	20	拉断伸长率/%			544
机油 10#	3	定伸应力/MPa	300%		7.5
硬脂酸	1		500%		13.9
防老剂 4010	2	拉断永久变形/%			35
氧化锌	5	无割口直角撕裂强度/(kN/m)			37
促进剂 TT	3	屈挠龟裂/万次			5(3,3,3)
硫黄	1.3	B 型压缩永久变形(100℃×24h)/%	压缩率 15%		40
合计	185.3		压缩率 25%		70
		热空气加速老化(100℃×96h)	拉伸强度/MPa		13.3
			拉断伸长率/%		435
			性能变化率/%	拉伸强度	−10.7
				伸长率	−20.0
		圆盘振荡硫化仪(163℃)	M_L/N·m		10.0
			M_H/N·m		49.7
			t_{10}		3 分 40 秒
			t_{90}		13 分 42 秒

混炼加料顺序：胶＋填料/油＋硬脂酸/4010/氧化锌＋TT/硫黄——薄通 8 次下片备用

混炼辊温：50℃±5℃

表 4-20 NR 导电胶（1）

<table>
<tr><td>配方编号
基本用量/g
材料名称</td><td>PX-6</td><td colspan="3">试验项目</td><td>试验结果</td></tr>
<tr><td>烟片胶 1#（1 段）</td><td>100</td><td colspan="3">硫化条件(153℃)/min</td><td>10</td></tr>
<tr><td>石蜡</td><td>1</td><td colspan="3">邵尔 A 型硬度/度</td><td>84</td></tr>
<tr><td>硬脂酸</td><td>2</td><td colspan="3">拉伸强度/MPa</td><td>12.7</td></tr>
<tr><td>氧化锌</td><td>5</td><td colspan="3">拉断伸长率/%</td><td>206</td></tr>
<tr><td>机油 10#</td><td>10</td><td colspan="3">100%定伸应力/MPa</td><td>6.4</td></tr>
<tr><td>乙炔炭黑(北京)</td><td>100</td><td colspan="3">拉断永久变形/%</td><td>14</td></tr>
<tr><td>促进剂 DM</td><td>0.5</td><td colspan="3">无割口直角撕裂强度/(kN/m)</td><td>30</td></tr>
<tr><td>促进剂 TT</td><td>2.5</td><td colspan="3">回弹性/%</td><td>29</td></tr>
<tr><td>合计</td><td>221</td><td colspan="3">2mm 厚测电阻/Ω</td><td>113</td></tr>
<tr><td colspan="2" rowspan="9"></td><td colspan="3">12mm 厚测电阻/Ω</td><td>65</td></tr>
<tr><td rowspan="4">热空气加速老化
(70℃×48h)</td><td colspan="2">拉伸强度/MPa</td><td>13.3</td></tr>
<tr><td colspan="2">拉断伸长率/%</td><td>228</td></tr>
<tr><td rowspan="2">性能变化率/%</td><td>拉伸强度</td><td>+5</td></tr>
<tr><td>伸长率</td><td>+11</td></tr>
<tr><td rowspan="4">圆盘振荡硫化仪
(153℃)</td><td>M_L/N·m</td><td colspan="2">22.5</td></tr>
<tr><td>M_H/N·m</td><td colspan="2">72.7</td></tr>
<tr><td>t_{10}</td><td colspan="2">3 分 12 秒</td></tr>
<tr><td>t_{90}</td><td colspan="2">7 分 12 秒</td></tr>
</table>

混炼加料顺序：胶+(石蜡/硬脂酸)+氧化锌+(炭黑/油)+促进剂——薄通 6 次下片备用

混炼辊温：55℃±5℃

表 4-21 NR 导电胶（2）

配方编号 基本用量/g 材料名称	PX-7	试验项目			试验结果
烟片胶 1#（1 段）	100	硫化条件(153℃)/min			10
石蜡	1	邵尔 A 型硬度/度			80
硬脂酸	2	拉伸强度/MPa			10.3
氧化锌	5	拉断伸长率/%			246
机油 10#	10	100%定伸应力/MPa			5.1
乙炔炭黑(北京)	70	拉断永久变形/%			16
石墨 250 目(北京)	30	无割口直角撕裂强度/(kN/m)			33
促进剂 DM	0.5	回弹性/%			37
促进剂 TT	2.5	2mm 厚测电阻/Ω			218
合计	221	12mm 厚测电阻/Ω			73
		热空气加速老化(70℃×48h)	拉伸强度/MPa		10.8
			拉断伸长率/%		270
			性能变化率/%	拉伸强度	+5
				伸长率	+10
		圆盘振荡硫化仪(153℃)	M_L/N·m		11.4
			M_H/N·m		67.6
			t_{10}		3 分
			t_{90}		7 分 45 秒

混炼加料顺序：胶＋$\begin{matrix}\text{石蜡}\\\text{硬脂酸}\end{matrix}$＋氧化锌＋$\begin{matrix}\text{炭黑}\\\text{油}\\\text{石墨}\end{matrix}$＋促进剂——薄通 6 次下片备用

混炼辊温：55℃±5℃

表 4-22　NR 导电胶（3）

配方编号 基本用量/g 材料名称	PX-8	试验项目			试验结果
烟片胶 1#（1 段）	100	硫化条件（153℃）/min			10
石蜡	1	邵尔 A 型硬度/度			79
硬脂酸	2	拉伸强度/MPa			15.4
氧化锌	5	拉断伸长率/%			356
机油 10#	7	100%定伸应力/MPa			3.6
乙炔炭黑	80	拉断永久变形/%			19
促进剂 TT	2.5	无割口直角撕裂强度/（kN/m）			49
促进剂 DM	0.5	回弹性/%			42
合计	198	电阻（胶片厚 2mm）/Ω			230
		电阻（胶片 ϕ50mm×12mm 厚）/Ω			86
		热空气加速老化（70℃×48h）	拉伸强度/MPa		15.5
			拉断伸长率/%		380
			性能变化率/%	拉伸强度	+1
				伸长率	+7
		圆盘振荡硫化仪（153℃）	M_L/N·m	12.1	
			M_H/N·m	66.0	
			t_{10}	3 分 12 秒	
			t_{90}	7 分 30 秒	

混炼加料顺序：胶＋$\frac{\text{石蜡}}{\text{硬脂酸}}$＋氧化锌＋$\frac{\text{炭黑}}{\text{机油}}$＋$\frac{\text{TT}}{\text{DM}}$——薄通 6 次下片备用

混炼辊温：55℃±5℃

表 4-23　NR 导电胶（4）

<table>
<tr><td>配方编号
基本用量/g
材料名称</td><td>PX-9</td><td colspan="3">试验项目</td><td>试验结果</td></tr>
<tr><td>烟片胶 1#（1 段）</td><td>100</td><td colspan="3">硫化条件(153℃)/min</td><td>10</td></tr>
<tr><td>石蜡</td><td>1</td><td colspan="3">邵尔 A 型硬度/度</td><td>72</td></tr>
<tr><td>硬脂酸</td><td>2</td><td colspan="3">拉伸强度/MPa</td><td>18.4</td></tr>
<tr><td>氧化锌</td><td>5</td><td colspan="3">拉断伸长率/%</td><td>448</td></tr>
<tr><td>机油 10#</td><td>5</td><td colspan="3">100%定伸应力/MPa</td><td>3.6</td></tr>
<tr><td>乙炔炭黑(北京)</td><td>60</td><td colspan="3">拉断永久变形/%</td><td>19</td></tr>
<tr><td>促进剂 DM</td><td>0.5</td><td colspan="3">无割口直角撕裂强度/(kN/m)</td><td>49</td></tr>
<tr><td>促进剂 TT</td><td>2.5</td><td colspan="3">回弹性/%</td><td>42</td></tr>
<tr><td>合计</td><td>176</td><td colspan="3">2mm 厚测电阻/Ω</td><td>585</td></tr>
<tr><td colspan="2" rowspan="9"></td><td colspan="3">12mm 厚测电阻/Ω</td><td>230</td></tr>
<tr><td rowspan="4">热空气加速老化
(70℃×48h)</td><td colspan="2">拉伸强度/MPa</td><td>18.3</td></tr>
<tr><td colspan="2">拉断伸长率/%</td><td>472</td></tr>
<tr><td rowspan="2">性能变化率/%</td><td>拉伸强度</td><td>−1</td></tr>
<tr><td>伸长率</td><td>+5</td></tr>
<tr><td rowspan="4">圆盘振荡硫化仪
(153℃)</td><td>M_L/N·m</td><td colspan="2">6.3</td></tr>
<tr><td>M_H/N·m</td><td colspan="2">62.2</td></tr>
<tr><td>t_{10}</td><td colspan="2">3 分 36 秒</td></tr>
<tr><td>t_{90}</td><td colspan="2">8 分 48 秒</td></tr>
</table>

混炼加料顺序：胶+$\frac{\text{石蜡}}{\text{硬脂酸}}$+氧化锌+$\frac{\text{炭黑}}{\text{油}}$+促进剂——薄通 6 次下片备用

混炼辊温：55℃±5℃

第2部分 橡胶制品优选配方

本部分共分九章，一百二十二例配方。配方按产品类别及胶料特性编排，包括各类胶种、并用胶及橡塑并用胶配方，其中包括不同硬度、耐高低温、高弹性、抗压缩永久变形、耐屈挠、耐老化、耐磨、耐各种介质、抗撕裂、高绝缘、耐真空、导电胶及海绵胶的配方。每个配方附有全套物理机械性能及具体工艺条件。其性能数据系按照产品技术要求进行测试所得。这部分所收录配方均进行过产品试制或批量生产，相当一部分仍在使用中。对于开发新产品及配方研究有较高的实用性及参考价值。

第5章

耐油胶配方

5.1 耐油胶配方（邵尔A硬度41～68）

表5-1 印染胶辊（硬度41）

材料名称 \ 基本用量/g \ 配方编号	1	试验项目			试验结果
丁腈胶26(薄通10次,兰化)	100	硫化条件(148℃)/min			70
硫黄	1.5	邵尔A型硬度/度			41
硬脂酸	1.5	拉伸强度/MPa			8.9
防老剂D	1.5	拉断伸长率/%			1156
氧化锌	8	300%定伸应力/MPa			1.4
邻苯二甲酸二辛酯(DOP)	47	拉断永久变形/%			53
钛白粉	12	脆性温度/℃			−45
立德粉	10	阿克隆磨耗/(cm^3/1.61km)			1.806
沉淀法白炭黑	40	热空气加速老化(70℃×72h)	拉伸强度/MPa		9.8
碳酸钙	15		拉断伸长率/%		860
酞菁绿	2.5		性能变化率/%	拉伸强度	+10
促进剂DM	1			伸长率	−25
促进剂M	0.5	质量变化率/%	耐汽油+苯(75+25)(室温×24h)		+11.5
合计	240.5		耐机油10#(70℃×24h)		−10.3
			耐液体试验(室温×168h)	10%NaOH	+1.02
				10%乙酸	+0.30
		圆盘振荡硫化仪(148℃)	M_L/N·m		3.4
			M_H/N·m		16.3
			t_{10}		26分
			t_{90}		65分

混炼加料顺序：胶＋硫黄（薄通3次）＋硬脂酸＋防老剂D 氧化锌＋DOP 填料 酞菁绿＋DM M——薄通8次下片备用

混炼辊温：45℃以下

表 5-2 印染胶辊（硬度 42）

配方编号 / 基本用量/g / 材料名称	2	试验项目			试验结果
丁腈胶 26(薄通 10 次,兰化)	100	硫化条件(153℃)/min			40
硫黄	1.2	邵尔 A 型硬度/度			42
硬脂酸	1.5	拉伸强度/MPa			9.2
防老剂 4010	1.5	拉断伸长率/%			1052
邻苯二甲酸二辛酯(DOP)	37	300%定伸应力/MPa			1.5
氧化锌	30	拉断永久变形/%			43
立德粉	20	脆性温度/℃			−42
沉淀法白炭黑	30	阿克隆磨耗/(cm^3/1.61km)			1.815
碳酸钙	15	热空气加速老化(70℃×72h)	拉伸强度/MPa		10.1
酞菁绿	2.5		拉断伸长率/%		860
促进剂 DM	1.3		性能变化率/%	拉伸强度	+10
促进剂 TT	0.1			伸长率	−18
合计	240.1	质量变化率/%	耐汽油+苯(75+25)(室温×24h)		+7.3
			耐机油 10#(70℃×24h)		−7.8
			耐液体试验(室温×168h)	10%NaOH	+1.00
				10%乙酸	+0.21
		圆盘振荡硫化仪(153℃)	M_L/N·m	5.7	
			M_H/N·m	29.6	
			t_{10}	13 分 48 秒	
			t_{90}	27 分 36 秒	

混炼加料顺序：胶＋硫黄(薄通 3 次)＋硬脂酸＋4010＋ DOP / 填料 / 酞菁绿 ＋ DM / TT ——薄通 8 次下片备用

混炼辊温：40℃以下

表 5-3 印染胶辊（硬度 46）

配方编号 基本用量/g 材料名称	3	试验项目			试验结果
丁腈胶 240(薄通 6 次,日本)	100	硫化条件(143℃)/min			20
硫黄	1.2	邵尔 A 型硬度/度			46
硬脂酸	1	拉伸强度/MPa			11.2
防老剂 4010	1.5	拉断伸长率/%			590
氧化锌	8	定伸应力/MPa	300%		3.9
邻苯二甲酸二辛酯(DOP)	46		500%		7.5
钛白粉	10	拉断永久变形/%			33
立德粉	8	回弹性/%			30
沉淀法白炭黑	32	脆性温度/℃			−31
碳酸钙	10	阿克隆磨耗/(cm^3/1.61km)			0.240
酞菁绿	2.3	热空气加速老化(70℃×72h)	拉伸强度/MPa		12.3
促进剂 DM	1.2		拉断伸长率/%		493
促进剂 M	0.3		性能变化率/%	拉伸强度	+12
合计	221.5			伸长率	−16
		质量变化率/%	耐汽油+苯(75+25)(室温×24h)		+11
			耐机油 10#(70℃×24h)		−4.8
		圆盘振荡硫化仪(143℃)	M_L/N·m		2.9
			M_H/N·m		38.4
			t_{10}		4 分 45 秒
			t_{90}		15 分 20 秒

混炼加料顺序：胶+硫黄(薄通 6 次)+ 硬脂酸/4010/氧化锌 + DOP/填料/酞菁绿 + DM/M ——薄通 10 次下片备用

混炼辊温：45℃以下

表 5-4 印染胶辊（硬度 50）

材料名称 \ 基本用量/g \ 配方编号	4
丁腈胶 26(薄通 10 次,兰化)	100
硫黄	1
硬脂酸	1.5
防老剂 D	1.5
邻苯二甲酸二辛酯(DOP)	26
氧化锌	30
立德粉	30
沉淀法白炭黑	35
碳酸钙	12
酞菁绿	2.5
促进剂 DM	1.4
促进剂 TT	0.1
合计	241

试验项目			试验结果
硫化条件(153℃)/min			40
邵尔 A 型硬度/度			50
拉伸强度/MPa			12.3
拉断伸长率/%			1005
300%定伸应力/MPa			2.0
拉断永久变形/%			37
脆性温度/℃			−37
阿克隆磨耗/(cm^3/1.61km)			1.711
热空气加速老化(70℃×72h)	拉伸强度/MPa		13.5
	拉断伸长率/%		830
	性能变化率/%	拉伸强度	+10
		伸长率	−17
耐液体试验(室温×168h)	10%NaOH 质量变化率/%		+0.97
	10%乙酸质量变化率/%		+0.32
质量变化率/%	耐汽油+苯(75+25)(室温×24h)		+11.6
	耐 10# 机油(70℃×24h)		−4.6
圆盘振荡硫化仪(153℃)	M_L/N·m		6.8
	M_H/N·m		37.1
	t_{10}		12 分 16 秒
	t_{90}		27 分 30 秒

混炼加料顺序：胶＋硫黄(薄通 3 次)＋硬脂酸＋防老剂 D＋ {DOP / 填料 / 酞菁绿} ＋ {DM / M} ——薄通 8 次下片备用

混炼辊温：45℃以下

表 5-5 印染胶辊（硬度 55）

材料名称 \ 基本用量/g \ 配方编号	5	试验项目			试验结果
丁腈胶 26(薄通 10 次,兰化)	100	硫化条件(153℃)/min			40
硫黄	0.9	邵尔 A 型硬度/度			55
硬脂酸	1.5	拉伸强度/MPa			12.6
防老剂 4010	1.5	拉断伸长率/%			986
氧化锌	15	300%定伸应力/MPa			2.1
钛白粉	20	拉断永久变形/%			45
立德粉	20	脆性温度/℃			−38
沉淀法白炭黑	40	阿克隆磨耗/(cm^3/1.61km)			1.302
碳酸钙	13	门尼焦烧(120℃,t_5)			90min 未焦烧
邻苯二甲酸二辛酯(DOP)	24	热空气加速老化(70℃×72h)	拉伸强度/MPa		13.8
酞菁绿	2.5		拉断伸长率/%		970
促进剂 DM	1.5		性能变化率/%	拉伸强度	+9.5
促进剂 TT	0.1			伸长率	−2
合计	240	耐液体试验(室温×168h)	10%NaOH 质量变化率/%		+1.04
			10%乙酸质量变化率/%		+0.39
		质量变化率/%	耐汽油+苯(75+25)(室温×24h)		+13
			耐 10# 机油(70℃×24h)		−4.1
		圆盘振荡硫化仪(153℃)	M_L/N·m	6.3	
			M_H/N·m	35.5	
			t_{10}	11 分 12 秒	
			t_{90}	36 分	

混炼加料顺序:胶+硫黄(薄通 3 次)+硬脂酸+4010+ DOP
填料
酞菁绿 + DM
TT ——薄通 8 次下片备用

混炼辊温:45℃以下

表 5-6 印染胶辊（硬度 68）

材料名称 \ 基本用量/g \ 配方编号	6
丁腈胶 270#（1 段）	100
硫黄	3.5
硬脂酸	1
防老剂 4010	1.5
氧化锌	30
乙二醇	2.1
邻苯二甲酸二辛酯（DOP）	4
碳酸钙	40
钛白粉	10
沉淀法白炭黑	30
酞菁绿	2.5
促进剂 DM	0.8
促进剂 CZ	0.4
合计	225.8

试验项目			试验结果	
硫化条件（148℃）/min			60	120
邵尔 A 型硬度/度			68	69
拉伸强度/MPa			11.1	10.2
拉断伸长率/%			460	432
300%定伸应力/MPa			4.5	4.9
拉断永久变形/%			17	11
脆性温度（单试样法）/℃			−43	
热空气加速老化（70℃×72h）	拉伸强度/MPa		10.3	
	拉断伸长率/%		392	
	性能变化率/%	拉伸强度	+1	
		伸长率	−9	
门尼黏度[50ML(1+4)100℃]			55	
门尼焦烧（120℃）	t_5		24 分 13 秒	
	t_{35}		30 分 47 秒	
圆盘振荡硫化仪（148℃）	M_L/N·m		7.5	
	M_H/N·m		75.5	
	t_{10}		6 分 30 秒	
	t_{90}		31 分 45 秒	

混炼加料顺序：胶＋硫黄（薄通 3 次）＋硬脂酸＋4010＋ DOP、氧化锌 / 乙二醇、钛白粉 / 碳酸钙、白炭黑 ＋酞菁绿＋ CZ / DM ——薄通 8 次下片备用

混炼辊温：45℃以内

表 5-7 耐油密封圈（硬度 48）

材料名称 \ 基本用量/g \ 配方编号	7	试验项目			试验结果
丁腈胶 270(薄通 12 次,兰化)	100	硫化条件(148℃)/min			15
硫黄	0.9	邵尔 A 型硬度/度			48
硬脂酸	1	拉伸强度/MPa			16.5
防老剂 4010NA	1.3	拉断伸长率/%			595
防老剂 4010	1	定伸应力/MPa	300%		6.1
氧化锌	5		500%		13.0
邻苯二甲酸二辛酯(DOP)	20	拉断永久变形/%			8
白油	10	脆性温度/℃			−42
高耐磨炉黑	50	热空气加速老化(70℃×24h)	拉伸强度/MPa		17.0
促进剂 DM	1.5		拉断伸长率/%		505
促进剂 TT	0.6		性能变化率/%	拉伸强度	+3
合计	191.1			伸长率	−15
		质量变化率/%	耐汽油+苯(75+25)(室温×24h)		+16.5
			耐机油 10#(70℃×24h)		−8.1
		圆盘振荡硫化仪(148℃)	M_L/N·m		4.9
			M_H/N·m		35.8
			t_{10}		4 分
			t_{90}		10 分 12 秒

混炼加料顺序：胶+硫黄(薄通 3 次)+ 硬脂酸/4010NA + 4010/氧化锌 + DOP/白油/炭黑 + DM/TT ——薄通 8 次下片备用

混炼辊温：45℃以下

表 5-8 耐油密封圈（硬度 49）

材料名称 \ 基本用量/g \ 配方编号	8
丁腈胶 220S(薄通 10 次，日本)	80
氯丁胶 121(山西)	20
硫黄	0.6
氧化镁	0.8
硬脂酸	1
防老剂 A	1
防老剂 4010	1.5
癸二酸二辛酯(DOS)	19
通用炉黑	25
陶土	15
氧化锌	5
促进剂 CZ	0.7
促进剂 NA22	0.03
合计	169.63

试验项目			试验结果
硫化条件(153℃)/min			15
邵尔 A 型硬度/度			49
拉伸强度/MPa			13.3
拉断伸长率/%			749
定伸应力/MPa	100%		1.7
	300%		3.4
拉断永久变形/%			16
撕裂强度/(kN/m)			27.8
回弹性/%			18
脆性温度/℃			−27
老化后硬度(70℃×168h)			55
热空气加速老化(70℃×168h)	拉伸强度/MPa		12.4
	拉断伸长率/%		616
	性能变化率/%	拉伸强度	−6.8
		伸长率	−17.8
B 型压缩永久变形(压缩率 15%)/%	70℃×22h		24
	100℃×22h		44
耐 10# 机油(100℃×70h)	质量变化率/%		−1.08
	体积变化率/%		−1.05
圆盘振荡硫化仪(153℃)	M_L/N·m		4.62
	M_H/N·m		20.16
	t_{10}		3 分 26 秒
	t_{90}		12 分

混炼加料顺序：丁腈胶＋氯丁胶＋硫黄(薄通 3 次)＋氧化镁＋(硬脂酸、防老剂 A)＋4010＋(DOS、炭黑、陶土)＋(氧化锌、CZ、NA22)——薄通 8 次下片备用

混炼辊温：45℃以下

表 5-9 耐石油密封圈（硬度 54）

基本用量/g 配方编号 材料名称	9	试验项目			试验结果
丁腈胶 220S(日本)	80	硫化条件(153℃)/min			20
氯丁胶 121(山西)	20	邵尔 A 型硬度/度			54
氧化镁	0.8	拉伸强度/MPa			12.8
硫黄	0.6	拉断伸长率/%			728
硬脂酸	1	定伸应力/MPa	100%		1.3
防老剂 4010NA	1		300%		3.5
防老剂 4010	1.5	拉断永久变形/%			14
癸二酸二辛酯(DOS)	19	回弹性/%			20
通用炉黑	30	无割口直角撕裂强度/(kN/m)			31.4
陶土	11	脆性温度(单试样法)/℃			−30
氧化锌	5	B 型压缩永久变形(压缩率 25%)/%	70℃×22h		25
促进剂 CZ	0.7		100℃×22h		48
促进剂 NA22	0.03	B 型压缩应力松弛(压缩率 30%)	系数		0.53
合计	170.63		松弛率/%		47
		老化后硬度(70℃×168h)/度			56
		热空气加速老化(70℃×168h)	拉伸强度/MPa		13.3
			拉断伸长率/%		667
			性能变化率/%	拉伸强度	+4
				伸长率	−8
		圆盘振荡硫化仪(153℃)	M_L/N·m	5.93	
			M_H/N·m	21.57	
			t_{10}	3 分 04 秒	
			t_{90}	18 分 12 秒	

混炼加料顺序：丁腈胶＋氯丁胶＋氧化镁＋硫黄(薄通 3 次)＋ 硬脂酸 4010NA ＋4010＋ 炭黑 陶土 DOS ＋ 氧化锌 NA22 CZ ——薄通 8 次下片

混炼辊温：45℃以内

表 5-10 耐石油密封圈（硬度 57）

<table>
<tr><td>配方编号
基本用量/g
材料名称</td><td>10</td><td colspan="3">试验项目</td><td>试验结果</td></tr>
<tr><td>丁腈胶 270(薄通 10 次,兰化)</td><td>100</td><td colspan="3">硫化条件(153℃)/min</td><td>20</td></tr>
<tr><td>硫黄</td><td>1.5</td><td colspan="3">邵尔 A 型硬度/度</td><td>57</td></tr>
<tr><td>硬脂酸</td><td>1</td><td colspan="3">拉伸强度/MPa</td><td>20.5</td></tr>
<tr><td>防老剂 A</td><td>1.5</td><td colspan="3">拉断伸长率/%</td><td>600</td></tr>
<tr><td>防老剂 4010</td><td>1</td><td colspan="3">300%定伸应力/MPa</td><td>7.8</td></tr>
<tr><td>氧化锌</td><td>5</td><td colspan="3">拉断永久变形/%</td><td>9</td></tr>
<tr><td>高耐磨炉黑</td><td>25</td><td colspan="3">脆性温度/℃</td><td>−39</td></tr>
<tr><td>半补强炉黑</td><td>20</td><td rowspan="4">热空气加速老化
(70℃×96h)</td><td colspan="2">拉伸强度/MPa</td><td>21.0</td></tr>
<tr><td>邻苯二甲酸二辛酯(DOP)</td><td>14</td><td colspan="2">拉断伸长率/%</td><td>540</td></tr>
<tr><td>促进剂 DM</td><td>1.5</td><td rowspan="2">性能变化率/%</td><td>拉伸强度</td><td>+2.4</td></tr>
<tr><td>促进剂 M</td><td>0.4</td><td>伸长率</td><td>−10</td></tr>
<tr><td>促进剂 TT</td><td>0.1</td><td rowspan="2">质量变化率/%</td><td colspan="2">耐汽油+苯(75+25)(室温×24h)</td><td>20.8</td></tr>
<tr><td>合计</td><td>171</td><td colspan="2">耐 10# 机油(70℃×24h)</td><td>−2.5</td></tr>
<tr><td colspan="2" rowspan="4"></td><td rowspan="4">圆盘振荡硫化仪
(153℃)</td><td>M_L/N·m</td><td colspan="2">8.5</td></tr>
<tr><td>M_H/N·m</td><td colspan="2">65.0</td></tr>
<tr><td>t_{10}</td><td colspan="2">4 分 30 秒</td></tr>
<tr><td>t_{90}</td><td colspan="2">19 分</td></tr>
</table>

混炼加料顺序：胶+硫黄(薄通 3 次)+(硬脂酸、防老剂 A)+(4010、氧化锌)+(DOP、炭黑)+促进剂——薄通 8 次下片备用

混炼辊温：45℃以下

表 5-11 耐石油密封圈（硬度 60）

配方编号 基本用量/g 材料名称	11	试验项目	试验结果
丁腈胶 2707(薄通 10 次,兰化)	100	硫化条件(143℃)/min	10
硫黄	2.1	邵尔 A 型硬度/度	60
硬脂酸	1	拉伸强度/MPa	18.1
防老剂 A	1	拉断伸长率/%	436
防老剂 4010	1.5	300%定伸应力/MPa	10.7
氧化锌	5	拉断永久变形/%	6
邻苯二甲酸二辛酯(DOP)	15	撕裂强度/(kN/m)	48.5
高耐磨炉黑	15	回弹性/%	36
通用炉黑	20	热空气加速老化(100℃×96h) 拉伸强度/MPa	15.8
促进剂 CZ	2	热空气加速老化(100℃×96h) 拉断伸长率/%	266
促进剂 TT	0.2	热空气加速老化(100℃×96h) 性能变化率/% 拉伸强度	−13
合计	162.8	热空气加速老化(100℃×96h) 性能变化率/% 伸长率	−39
		B 型压缩永久变形(压缩率 30%)/% 70℃×22h	32
		B 型压缩永久变形(压缩率 30%)/% 100℃×22h	57
		耐 10# 机油(70℃×24h) 质量变化率/%	−2.11
		耐 10# 机油(70℃×24h) 体积变化率/%	−1.72
		圆盘振荡硫化仪(143℃) M_L/N·m	7.30
		圆盘振荡硫化仪(143℃) M_H/N·m	34.54
		圆盘振荡硫化仪(143℃) t_{10}	4 分 12 秒
		圆盘振荡硫化仪(143℃) t_{90}	6 分 36 秒

混炼加料顺序：胶＋硫黄(薄通 3 次)＋(硬脂酸/防老剂 A)＋(4010/氧化锌)＋(DOP/炭黑)＋(CZ/TT)——薄通 8 次下片备用

混炼辊温：45℃以下

表 5-12 耐燃气密封圈（硬度 55）

配方编号 基本用量/g 材料名称	12	试验项目			试验结果
丁腈胶 220S(日本)	65	硫化条件(153℃)/min			20
氯丁胶 121(山西)	35	邵尔 A 型硬度/度			55
氧化镁	1.4	拉伸强度/MPa			14.5
硫黄	0.7	拉断伸长率/%			536
硬脂酸	1	定伸应力/MPa	100%		2.0
防老剂 4010NA	1		300%		6.4
防老剂 4010	1.5	拉断永久变形/%			7
癸二酸二辛酯(DOS)	23	回弹性/%			34
高耐磨炉黑	25	无割口直角撕裂强度/(kN/m)			34.0
通用炉黑	10	脆性温度(单试样法)/℃			−35
氧化锌	5	B 型压缩永久变形(压缩率 25%)/%	70℃×22h		17
促进剂 CZ	0.6		100℃×22h		40
促进剂 NA22	0.05	B 型压缩应力松弛(压缩率 30%)	系数		0.60
合计	169.25		松弛率/%		40
		老化后硬度(70℃×168h)/度			58
		热空气加速老化(70℃×168h)	拉伸强度/MPa		12.8
			拉断伸长率/%		487
			性能变化率/%	拉伸强度	−12
				伸长率	−10
		圆盘振荡硫化仪(153℃)	M_L/N·m		5.90
			M_H/N·m		24.42
			t_{10}		2 分 27 秒
			t_{90}		14 分 22 秒

混炼加料顺序：丁腈胶＋氯丁胶＋氧化镁＋硫黄(薄通 3 次)＋ 硬脂酸/4010NA ＋4010＋ 炭黑/DOS ＋ 氧化锌/NA22/CZ ——薄通 8 次下片备用

混炼辊温：45℃以内

表5-13 煤气罐密封圈（硬度62）

配方编号 基本用量/g 材料名称	12	试验项目			试验结果
丁腈胶220S(日本)	30	硫化条件(163℃)/min			7
丁腈胶240S(日本)	62	邵尔A型硬度/度			62
丁苯胶1502(山东)	8	拉伸强度/MPa			15.3
硬脂酸	1	拉断伸长率/%			622
防老剂4010NA	1	定伸应力/MPa	100%		1.8
防老剂4010	1.5		300%		6.5
氧化锌	8	拉断永久变形/%			12
癸二酸二辛酯(DOS)	14	回弹性/%			28
快压出炉黑	50	无割口直角撕裂强度/(kN/m)			60.9
碳酸钙	8	B型压缩永久变形(压缩率20%)/%	室温×48h		13
促进剂CZ	3.5		100℃×48h		38
促进剂TT	0.3	耐$10^{\#}$机油(100℃×48h)	质量变化率/%		−0.7
二硫代二吗啡啉(DTDM)	0.6	耐煤气(48h)	体积变化率/%		−1
合计	187.9	热空气加速老化(100℃×48h)	拉伸强度/MPa		14.6
			拉断伸长率/%		524
			性能变化率/%	拉伸强度	−5
				伸长率	−16
		圆盘振荡硫化仪(163℃)	M_L/N·m	5.85	
			M_H/N·m	25.49	
			t_{10}	2分11秒	
			t_{90}	4分13秒	

混炼加料顺序：丁腈胶＋丁苯胶（薄通3次）＋ 硬脂酸、4010NA ＋ 4010、氧化锌 ＋ DOS、炭黑、碳酸钙 ＋ CZ、TT、DTDM——薄通8次下片备用

混炼辊温：45℃以内

表 5-14 煤气罐密封圈（硬度 62）

<table>
<tr><td>配方编号
基本用量/g
材料名称</td><td>14</td><td colspan="3">试验项目</td><td>试验结果</td></tr>
<tr><td>丁腈胶 220S(日本)</td><td>30</td><td colspan="3">硫化条件(163℃)/min</td><td>7</td></tr>
<tr><td>丁腈胶 240S(日本)</td><td>70</td><td colspan="3">邵尔 A 型硬度/度</td><td>62</td></tr>
<tr><td>硫黄</td><td>0.6</td><td colspan="3">拉伸强度/MPa</td><td>15.5</td></tr>
<tr><td>硬脂酸</td><td>1</td><td colspan="3">拉断伸长率/%</td><td>582</td></tr>
<tr><td>防老剂 4010NA</td><td>1</td><td colspan="2" rowspan="2">定伸应力/MPa</td><td>100%</td><td>1.9</td></tr>
<tr><td>防老剂 4010</td><td>1.5</td><td>300%</td><td>6.8</td></tr>
<tr><td>氧化锌</td><td>8</td><td colspan="3">拉断永久变形/%</td><td>12</td></tr>
<tr><td>癸二酸二辛酯(DOS)</td><td>14</td><td colspan="3">撕裂强度/(kN/m)</td><td>64.4</td></tr>
<tr><td>快压出炉黑 N550</td><td>50</td><td colspan="3">回弹性/%</td><td>29</td></tr>
<tr><td>碳酸钙</td><td>8</td><td rowspan="4">热空气加速老化
(100℃×48h)</td><td colspan="2">拉伸强度/MPa</td><td>15.8</td></tr>
<tr><td>促进剂 CZ</td><td>3.5</td><td colspan="2">拉断伸长率/%</td><td>527</td></tr>
<tr><td>促进剂 TT</td><td>0.3</td><td rowspan="2">性能变化率/%</td><td>拉伸强度</td><td>+2</td></tr>
<tr><td>合计</td><td>187.9</td><td>伸长率</td><td>−1.0</td></tr>
<tr><td colspan="2" rowspan="8"></td><td colspan="2" rowspan="2">B 型压缩永久变形
(压缩率 20%)/%</td><td>室温×48h</td><td>12</td></tr>
<tr><td>100℃×48h</td><td>38</td></tr>
<tr><td rowspan="2">质量变化率/%</td><td colspan="2">耐 10$^{\#}$ 机油(100℃×48h)</td><td>−1.7</td></tr>
<tr><td colspan="2">耐煤气(室温×48h)</td><td>−1.0</td></tr>
<tr><td rowspan="4">圆盘振荡硫化仪
(163℃)</td><td>M_L/N·m</td><td colspan="2">5.84</td></tr>
<tr><td>M_H/N·m</td><td colspan="2">26.85</td></tr>
<tr><td>t_{10}</td><td colspan="2">1 分 57 秒</td></tr>
<tr><td>t_{90}</td><td colspan="2">3 分 50 秒</td></tr>
</table>

混炼加料顺序：胶＋硫黄(薄通 3 次)＋ 硬脂酸/4010NA ＋ 4010/氧化锌 ＋ DOS/炭黑/碳酸钙 ＋ CZ/TT ——薄通 8 次下片备用

混炼辊温：45℃以下

表 5-15 煤气罐密封圈（硬度 64）

材料名称 \ 基本用量/g \ 配方编号	15	试验项目			试验结果
丁腈胶 220S(日本)	30	硫化条件(163℃)/min			10
丁腈胶 240S(日本)	70	邵尔 A 型硬度/度			64
硬脂酸	1	拉伸强度/MPa			14.8
防老剂 4010NA	1	拉断伸长率/%			432
防老剂 4010	1.5	定伸应力/MPa		100%	2.4
促进剂 CZ	2			300%	9.8
促进剂 TT	1	拉断永久变形/%			6
氧化锌	8	撕裂强度/(kN/m)			65.8
癸二酸二辛酯(DOS)	14	回弹性/%			32
快压出炉黑 N550	50	热空气加速老化(100℃×48h)	拉伸强度/MPa		16.2
碳酸钙	8		拉断伸长率/%		384
硫化剂 DTDM	2		性能变化率/%	拉伸强度	+9
硫化剂 DCP	1.5			伸长率	−11
合计	190	B 型压缩永久变形(压缩率 20%)/%		室温×48h	8
				100℃×48h	24
		质量变化率/%	耐 $10^{\#}$ 机油(100℃×48h)		−3
			耐煤气(室温×48h)		−3
		圆盘振荡硫化仪(163℃)	M_L/N·m		6.24
			M_H/N·m		30.37
			t_{10}		2 分 41 秒
			t_{90}		7 分 24 秒

混炼加料顺序：胶＋硬脂酸 4010NA＋4010 促进剂 氧化锌＋DOS 炭黑 碳酸钙＋DTDM DCP——薄通 8 次下片备用

混炼辊温：45℃以下

表 5-16 煤气罐密封圈（硬度 68）

材料名称 \ 基本用量/g \ 配方编号	16	试验项目			试验结果
丁腈胶 220S(日本)	30	硫化条件(163℃)/min			12
丁腈胶 240S(日本)	62	邵尔 A 型硬度/度			68
丁苯胶 1502(山东)	8	拉伸强度/MPa			16.4
硬脂酸	1	拉断伸长率/%			336
防老剂 4010NA	1	定伸应力/MPa		100%	3.9
防老剂 4010	1.5			300%	14.7
促进剂 CZ	2	拉断永久变形/%			5
促进剂 TT	1	回弹性/%			31
氧化锌	8	无割口直角撕裂强度/(kN/m)			67.7
癸二酸二辛酯(DOS)	14	B 型压缩永久变形(压缩率 20%)/%		室温×48h	7
快压出炉黑	55			100℃×48h	26
碳酸钙	5	热空气加速老化(100℃×48h)	拉伸强度/MPa		16.7
二硫代二吗啡啉(DTDM)	2		拉断伸长率/%		286
硫化剂(双二五)	3		性能变化率/%	拉伸强度	+2
合计	193.5			伸长率	−18
		圆盘振荡硫化仪(163℃)	M_L/N·m		7.40
			M_H/N·m		33.34
			t_{10}		2 分 43 秒
			t_{90}		11 分 42 秒

混炼加料顺序：丁腈胶＋丁苯胶(薄通 3 次)＋硬脂酸、4010NA＋4010、促进剂、氧化锌＋DOS、炭黑、碳酸钙＋DTDM、双二五

混炼辊温：45℃以内

5.2 耐油胶配方（邵尔 A 硬度 73～97）

表 5-17 耐油密封圈（硬度 73）

配方编号 / 基本用量/g / 材料名称	17	试验项目			试验结果
丁腈胶 220S(薄通 8 次,日本)	94	硫化条件(148℃)/min			30
高苯乙烯 860(日本)	6	邵尔 A 型硬度/度			73
硫黄	2	拉伸强度/MPa			22.4
硬脂酸	1	拉断伸长率/%			656
防老剂 A	1	定伸应力/MPa	100%		2.6
防老剂 4010	1.5		300%		8.7
氧化锌	5	拉断永久变形/%			27
邻苯二甲酸二辛酯(DOP)	5	撕裂强度/(kN/m)			52.5
液体石蜡	5	回弹性/%			10
中超耐磨炉黑	35	热空气加速老化(100℃×96h)	拉伸强度/MPa		20.7
半补强炉黑	10		拉断伸长率/%		324
碳酸钙	8		性能变化率/%	拉伸强度	−8
促进剂 DM	1.3			伸长率	−51
促进剂 M	0.2	B 型压缩永久变形(100℃×96h)/%		压缩率 15%	71
促进剂 TT	0.03			压缩率 25%	74
合计	175.03	圆盘振荡硫化仪(148℃)	M_L/N·m		4.5
			M_H/N·m		52.2
			t_{10}		6 分 36 秒
			t_{90}		23 分

混炼加料顺序：辊温 80℃±5℃，高苯乙烯压至透明＋胶混匀(降温)＋硫黄(薄通 3 次)＋

硬脂酸
防老剂 A ＋ 4010
氧化锌 ＋ 炭黑、DOP
碳酸钙、液体石蜡 ＋促进剂——薄通 8 次下片备用

混炼辊温：45℃以下

表 5-18 耐油密封圈（硬度 75）

配方编号 / 基本用量/g / 材料名称	18	试验项目			试验结果
丁腈胶 240S(日本)	100	硫化条件(143℃)/min			9
硫黄	1	邵尔 A 型硬度/度			75
硬脂酸	1.5	拉伸强度/MPa			18.1
防老剂 A	1	拉断伸长率/%			362
防老剂 4010	1.5	定伸应力/MPa	100%		3.1
氧化锌	7		300%		14.8
癸二酸二辛酯(DOS)	12	拉断永久变形/%			8
中超耐磨炉黑	65	撕裂强度/(kN/m)			40.6
碳酸钙	30	回弹性/%			29
促进剂 DM	1.5	脆性温度/℃			−43
促进剂 TT	0.5	老化后硬度(70℃×96h)/度			77
合计	221	热空气加速老化(70℃×96h)	拉伸强度/MPa		18.5
			拉断伸长率/%		308
			性能变化率/%	拉伸强度	+2
				伸长率	−15
		B 型压缩永久变形(压缩率 25%)/%	室温×22h		9
			70℃×22h		19
		耐 10# 机油(70℃×72h)	质量变化率/%		+2.18
			体积变化率/%		+3.11
		圆盘振荡硫化仪(143℃)	M_L/N·m		17.42
			M_H/N·m		36.77
			t_{10}		2 分 22 秒
			t_{90}		4 分 27 秒

混炼加料顺序：胶＋硫黄(薄通 3 次)＋硬脂酸/防老剂 A＋4010/氧化锌＋DOS/炭黑/碳酸钙＋促进剂——薄通 8 次下片备用

混炼辊温：45℃以下

表 5-19 耐油密封圈（硬度 75）

配方编号 基本用量/g 材料名称	19	试验项目			试验结果
丁腈胶 220S(薄通 10 次,日本)	93	硫化条件(153℃)/min			12
高苯乙烯 860(日本)	7	邵尔 A 型硬度/度			75
硫黄	0.9	拉伸强度/MPa			19.1
硬脂酸	1	拉断伸长率/%			466
防老剂 A	1	定伸应力/MPa	100%		3.4
防老剂 4010	1.5		300%		12.3
氧化锌	5	拉断永久变形/%			12
邻苯二甲酸二辛酯(DOP)	5	撕裂强度/(kN/m)			48.8
中超耐磨炉黑	30	回弹性/%			20
半补强炉黑	15	脆性温度/℃			−23
促进剂 CZ	1.7	热空气加速老化(100℃×96h)	拉伸强度/MPa		15.1
促进剂 TT	0.1		拉断伸长率/%		272
合计	161.2		性能变化率/%	拉伸强度	−21
				伸长率	−42
		B 型压缩永久变形(100℃×96h)/%		压缩率 15%	32
				压缩率 25%	35
		圆盘振荡硫化仪(163℃)	M_L/N·m		7.2
			M_H/N·m		57.2
			t_{10}		2 分 36 秒
			t_{90}		4 分 36 秒

混炼加料顺序：辊温 80℃±5℃，高苯乙烯压至透明＋胶混匀(降温)＋硫黄(薄通 3 次)＋

$\frac{\text{硬脂酸}}{\text{防老剂 A}}+\frac{4010}{\text{氧化锌}}+\frac{\text{炭黑}}{\text{DOP}}+\frac{\text{CZ}}{\text{TT}}$——薄通 8 次下片备用

混炼辊温：45℃以下

表 5-20 耐油密封圈（硬度 80）

配方编号 / 基本用量/g / 材料名称	20	试验项目			试验结果
丁腈胶 220S(日本)	93	硫化条件(153℃)/min			10
高苯乙烯 860(日本)	7	邵尔 A 型硬度/度			80
硫黄	1.5	拉伸强度/MPa			23.3
硬脂酸	1	拉断伸长率/%			486
防老剂 4010NA	1	定伸应力/MPa	100%		4.5
防老剂 4010	1.5		300%		15.8
氧化锌	5	拉断永久变形/%			15
邻苯二甲酸二辛酯(DOP)	10	回弹性/%			11
通用炉黑	25	无割口直角撕裂强度/(kN/m)			64.8
中超耐磨炉黑	35	脆性温度(单试样法)/℃			−20
促进剂 CZ	2.5	B 型压缩永久变形(压缩率 25%)/%	室温×22h		14
促进剂 TT	0.07		70℃×22h		33
合计	182.57	耐液压油(70℃×72h)	质量变化率/%		−1.62
			体积变化率/%		−1.85
		热空气加速老化(70℃×96h)	拉伸强度/MPa		23.0
			拉断伸长率/%		438
			性能变化率/%	拉伸强度	−2
				伸长率	−10
		圆盘振荡硫化仪(153℃)	M_L/N·m		11.65
			M_H/N·m		36.82
			t_{10}		2 分 26 秒
			t_{90}		7 分 11 秒

混炼加料顺序：辊温 80℃±5℃，高苯乙烯压至透明＋丁腈胶（薄通 3 次）降温＋硫黄（薄通 3 次）＋$\frac{硬脂酸}{4010NA}$＋$\frac{4010}{氧化锌}$＋$\frac{DOP}{炭黑}$＋促进剂——薄通 8 次下片备用

混炼辊温：45℃以内

表 5-21 耐油密封圈（用于泥浆泵，硬度 84）

材料名称 \ 基本用量/g \ 配方编号	21
丁腈胶 220S(薄通 10 次,日本)	94
高苯乙烯 860(日本)	6
硫黄	2.1
硬脂酸	1
防老剂 A	1
防老剂 4010	1.5
氧化锌	7.5
邻苯二甲酸二辛酯(DOP)	8
中超耐磨炉黑	40
通用炉黑	15
促进剂 DM	1.3
促进剂 M	0.2
促进剂 TT	0.05
合计	177.65

试验项目			试验结果
硫化条件(153℃)/min			15
邵尔 A 型硬度/度			84
拉伸强度/MPa			22.5
拉断伸长率/%			452
定伸应力/MPa		100%	5.3
		300%	16.8
拉断永久变形/%			17
撕裂强度/(kN/m)			58.6
回弹性/%			13
热空气加速老化(100℃×96h)	拉伸强度/MPa		23.9
	拉断伸长率/%		252
	性能变化率/%	拉伸强度	+2
		伸长率	−44
耐 10# 机油(100℃×96h)	质量变化率/%		+3.40
	体积变化率/%		−3.90
圆盘振荡硫化仪(153℃)	M_L/N·m		6.9
	M_H/N·m		78.0
	t_{10}		4 分
	t_{90}		12 分 12 秒

混炼加料顺序：辊温 80℃±5℃，高苯乙烯压至透明+胶混匀(降温)+硫黄(薄通 3 次)+ 硬脂酸/防老剂 A + 4010/氧化锌 + 炭黑/DOP +促进剂——薄通 8 次下片备用

混炼辊温：45℃以下

表 5-22 耐磨、耐油胶（用于泥浆泵，硬度 82）

<table>
<tr><td>配方编号
基本用量/g
材料名称</td><td>22</td><td colspan="3">试验项目</td><td>试验结果</td></tr>
<tr><td>丁腈胶 220S(日本)</td><td>93</td><td colspan="3">硫化条件(153℃)/min</td><td>15</td></tr>
<tr><td>高苯乙烯 860(日本)</td><td>7</td><td colspan="3">邵尔 A 型硬度/度</td><td>82</td></tr>
<tr><td>硫黄</td><td>1.6</td><td colspan="3">拉伸强度/MPa</td><td>23.9</td></tr>
<tr><td>硬脂酸</td><td>1</td><td colspan="3">拉断伸长率/%</td><td>554</td></tr>
<tr><td>防老剂 4010NA</td><td>1</td><td colspan="2" rowspan="2">定伸应力/MPa</td><td>100%</td><td>4.7</td></tr>
<tr><td>防老剂 4010</td><td>1.5</td><td>300%</td><td>14.9</td></tr>
<tr><td>氧化锌</td><td>5</td><td colspan="3">拉断永久变形/%</td><td>21</td></tr>
<tr><td>邻苯二甲酸二辛酯(DOP)</td><td>9</td><td colspan="3">回弹性/%</td><td>9</td></tr>
<tr><td>通用炉黑</td><td>25</td><td colspan="3">阿克隆磨耗/cm^3</td><td>0.071</td></tr>
<tr><td>中超耐磨炉黑</td><td>35</td><td colspan="3">试样密度/(g/cm^3)</td><td>1.220</td></tr>
<tr><td>促进剂 CZ</td><td>1.5</td><td colspan="3">无割口直角撕裂强度/(kN/m)</td><td>61.4</td></tr>
<tr><td>合计</td><td>180.6</td><td colspan="3">脆性温度(单试样法)/℃</td><td>-18</td></tr>
<tr><td colspan="2" rowspan="10"></td><td colspan="2" rowspan="2">B 型压缩永久变形
(压缩率 25%)/%</td><td>室温×22h</td><td>15</td></tr>
<tr><td>70℃×22h</td><td>35</td></tr>
<tr><td rowspan="4">热空气加速老化
(70℃×96h)</td><td colspan="2">拉伸强度/MPa</td><td>23.9</td></tr>
<tr><td colspan="2">拉断伸长率/%</td><td>450</td></tr>
<tr><td rowspan="2">性能变化率/%</td><td>拉伸强度</td><td>0</td></tr>
<tr><td>伸长率</td><td>-16</td></tr>
<tr><td rowspan="4">圆盘振荡硫化仪
(153℃)</td><td>M_L/N·m</td><td colspan="2">12.08</td></tr>
<tr><td>M_H/N·m</td><td colspan="2">37.34</td></tr>
<tr><td>t_{10}</td><td colspan="2">2 分 13 秒</td></tr>
<tr><td>t_{90}</td><td colspan="2">10 分 34 秒</td></tr>
</table>

混炼加料顺序：辊温 80℃±5℃，高苯乙烯压至透明+丁腈胶（薄通 3 次）降温+硫黄（薄通 3 次）+ $\frac{\text{硬脂酸}}{\text{4010NA}}$ + $\frac{\text{4010}}{\text{氧化锌}}$ + $\frac{\text{DOP}}{\text{炭黑}}$ +促进剂——薄通 8 次下片备用

混炼辊温：45℃以内

表 5-23 耐磨、耐油胶（硬度 89）

配方编号 基本用量/g 材料名称	23	试验项目			试验结果
丁腈胶 220S(日本)	88	硫化条件(153℃)/min			15
高苯乙烯 860(日本)	12	邵尔 A 型硬度/度			89
硫黄	1.8	拉伸强度/MPa			23.5
硬脂酸	1	拉断伸长率/%			431
防老剂 4010NA	1	定伸应力/MPa	100%		6.5
防老剂 4010	1.5		300%		18.2
邻苯二甲酸二辛酯(DOP)	6	拉断永久变形/%			26
通用炉黑	30	回弹性/%			10
中超耐磨炉黑	35	阿克隆磨耗/cm³			0.046
氧化锌	5	试样密度/(g/cm³)			1.123
促进剂 CZ	1	无割口直角撕裂强度/(kN/m)			67.9
合计	182.3	热空气加速老化(70℃×96h)	拉伸强度/MPa		22.6
			拉断伸长率/%		363
			性能变化率/%	拉伸强度	−3.8
				伸长率	−15.8
		圆盘振荡硫化仪(153℃)	M_L/N·m	14.86	
			M_H/N·m	40.16	
			t_{10}	1 分 58 秒	
			t_{90}	14 分 47 秒	

混炼加料顺序：辊温 80℃±5℃，高苯乙烯压至透明＋丁腈胶（薄通 3 次）降温＋硫黄（薄通 3 次）＋$\frac{\text{硬脂酸}}{\text{4010NA}}$＋$\frac{\text{4010}}{\text{氧化锌}}$＋$\frac{\text{DOP}}{\text{炭黑}}$＋促进剂——薄通 8 次下片备用

混炼辊温：45℃±5℃

表 5-24 耐油、耐酸碱（轨枕垫，硬度 85）

基本用量/g 材料名称 \ 配方编号	24	试验项目			试验结果
丁腈胶 240S(日本)	70	硫化条件(143℃)/min			10
氯丁胶(通用)	30	邵尔 A 型硬度/度			85
氧化镁	2	拉伸强度/MPa			17.2
硫黄	2.1	拉断伸长率/%			324
石蜡	0.5	200%定伸应力/MPa			11.2
硬脂酸	1	拉断永久变形/%			13
防老剂 A	1	回弹性/%			31
防老剂 4010	1.5	阿克隆磨耗/cm^3			0.265
邻苯二甲酸二辛酯(DOP)	1	试样密度/(g/cm^3)			1.371
沉淀法白炭黑	35	无割口直角撕裂强度/(kN/m)			48.9
陶土	20	脆性温度(单试样法)/℃			−38
四川槽法炭黑	30	轨枕垫测电阻(500V)/Ω			6×10^8
乙二醇	2	热空气加速老化(100℃×72h)	拉伸强度/MPa		16.7
氧化锌	5		拉断伸长率/%		196
促进剂 DM	1.6		性能变化率/%	拉伸强度	−3
合计	202.7			伸长率	−39.5
		圆盘振荡硫化仪(143℃)	M_L/N·m	34.8	
			M_H/N·m	124.2	
			t_{10}	3 分 24 秒	
			t_{90}	8 分 48 秒	

混炼加料顺序：丁腈胶＋氯丁胶＋氧化镁＋硫黄(薄通 3 次)＋ 石蜡、硬脂酸、防老剂 A ＋4010＋ DOP、乙二醇、炭黑、白炭黑、陶土 ＋ DM、氧化锌 ——薄通 8 次下片备用

混炼辊温：45℃±5℃

表 5-25 耐燃气密封圈（硬度 87）

材料名称 \ 基本用量/g \ 配方编号	25
丁腈胶 220S(日本)	65
氯丁胶 121(山西)	35
氧化镁	1.4
硫黄	0.5
硬脂酸	1
防老剂 4010NA	1
防老剂 4010	1.5
癸二酸二辛酯(DOS)	10
高耐磨炉黑	55
通用炉黑	48
氧化锌	5
促进剂 CZ	0.5
NA22	0.03
合计	223.93

试验项目			试验结果
硫化条件(153℃)/min			15
邵尔 A 型硬度/度			87
拉伸强度/MPa			19.8
拉断伸长率/%			183
100%定伸应力/MPa			11.9
拉断永久变形/%			4
回弹性/%			12
无割口直角撕裂强度/(kN/m)			40.2
脆性温度(单试样法)/℃			−25
B 型压缩永久变形(压缩率 25%)/%	70℃×22h		14
	100℃×22h		29
热空气加速老化(70℃×168h)	拉伸强度/MPa		19.8
	拉断伸长率/%		170
	性能变化率/%	拉伸强度	0
		伸长率	−7.1
圆盘振荡硫化仪(153℃)	M_L/N·m		34.42
	M_H/N·m		48.40
	t_{10}		1 分 39 秒
	t_{90}		4 分 03 秒

混炼加料顺序：丁腈胶＋氯丁胶＋氧化镁＋硫黄(薄通 3 次)＋ 4010NA / 硬脂酸 ＋4010＋ DOS / 炭黑 ＋ CZ / 氧化锌 / NA22——薄通 8 次下片备用

混炼辊温：45℃±5℃

表 5-26 耐石油密封圈（硬度 88）

<table>
<tr><td>配方编号
基本用量/g
材料名称</td><td>26</td><td colspan="3">试验项目</td><td>试验结果</td></tr>
<tr><td>丁腈胶 220S(日本)</td><td>75</td><td colspan="3">硫化条件(153℃)/min</td><td>15</td></tr>
<tr><td>氯丁胶 121(山西)</td><td>25</td><td colspan="3">邵尔 A 型硬度/度</td><td>88</td></tr>
<tr><td>氧化镁</td><td>1</td><td colspan="3">拉伸强度/MPa</td><td>16.8</td></tr>
<tr><td>硫黄</td><td>0.6</td><td colspan="3">拉断伸长率/%</td><td>198</td></tr>
<tr><td>硬脂酸</td><td>1</td><td colspan="3">100%定伸应力/MPa</td><td>10.5</td></tr>
<tr><td>防老剂 4010NA</td><td>1</td><td colspan="3">拉断永久变形/%</td><td>5</td></tr>
<tr><td>防老剂 4010</td><td>1.5</td><td colspan="3">回弹性/%</td><td>11</td></tr>
<tr><td>癸二酸二辛酯(DOS)</td><td>9</td><td colspan="3">无割口直角撕裂强度/(kN/m)</td><td>40.9</td></tr>
<tr><td>高耐磨炉黑</td><td>30</td><td colspan="3">脆性温度(单试样法)/℃</td><td>−14</td></tr>
<tr><td>通用炉黑</td><td>70</td><td colspan="2" rowspan="2">B 型压缩永久变形(压缩率 25%)/%</td><td>70℃×22h</td><td>18</td></tr>
<tr><td>陶土</td><td>25</td><td>100℃×22h</td><td>36</td></tr>
<tr><td>氧化锌</td><td>5</td><td rowspan="4">热空气加速老化(70℃×168h)</td><td colspan="2">拉伸强度/MPa</td><td>15.7</td></tr>
<tr><td>促进剂 CZ</td><td>0.5</td><td colspan="2">拉断伸长率/%</td><td>160</td></tr>
<tr><td>NA22</td><td>0.03</td><td rowspan="2">性能变化率/%</td><td>拉伸强度</td><td>−7</td></tr>
<tr><td>合计</td><td>244.63</td><td>伸长率</td><td>−19</td></tr>
<tr><td colspan="2" rowspan="4"></td><td rowspan="4">圆盘振荡硫化仪(153℃)</td><td>M_L/N·m</td><td colspan="2">28.90</td></tr>
<tr><td>M_H/N·m</td><td colspan="2">46.68</td></tr>
<tr><td>t_{10}</td><td colspan="2">2 分 05 秒</td></tr>
<tr><td>t_{90}</td><td colspan="2">10 分 38 秒</td></tr>
</table>

混炼加料顺序：丁腈胶＋氯丁胶＋氧化镁＋硫黄(薄通 3 次)＋4010NA/硬脂酸＋4010＋DOS/炭黑/陶土＋CZ/氧化锌/NA22——薄通 8 次下片备用

混炼辊温：45℃±5℃

表 5-27 高硬度耐油密封圈（硬度 92）

材料名称 \ 基本用量/g \ 配方编号	27	试验项目			试验结果
丁腈胶 220S(薄通 10 次,日本)	100	硫化条件(153℃)/min			10
硫黄	1.8	邵尔 A 型硬度/度			92
硬脂酸	1	拉伸强度/MPa			24.3
氧化锌	5	拉断伸长率/%			268
邻苯二甲酸二辛酯(DOP)	2	100%定伸应力/MPa			9.4
中超耐磨炉黑	70	拉断永久变形/%			8
通用炉黑	10	撕裂强度/(kN/m)			61
促进剂 CZ	1.7	回弹性/%			8
促进剂 TT	0.3	脆性温度/℃			−26
合计	191.8	热空气加速老化(100℃×96h)	拉伸强度/MPa		25.4
			拉断伸长率/%		160
			性能变化率/%	拉伸强度	+5
				伸长率	−40
		B 型压缩永久变形(100℃×22h)/%		压缩率 15%	59
				压缩率 20%	50
		耐 HV-68 液压油(100℃×96h)		质量变化率/%	+0.76
				体积变化率/%	+0.61
		圆盘振荡硫化仪(153℃)	M_L/N·m	11.4	
			M_H/N·m	108.5	
			t_{10}	5 分 48 秒	
			t_{90}	7 分 48 秒	

混炼加料顺序：胶+硫黄(薄通 3 次)+硬脂酸+$\frac{\text{氧化锌}}{\text{炭黑}}$+DOP+$\frac{\text{CZ}}{\text{TT}}$——薄通 8 次下片备用

混炼辊温：45℃以下

表 5-28 高硬度耐油胶（硬度 93）

<table>
<tr><td>配方编号
基本用量/g
材料名称</td><td>28</td><td colspan="3">试验项目</td><td>试验结果</td></tr>
<tr><td>丁腈胶 3604(兰化)</td><td>75</td><td colspan="3">硫化条件(153℃)/min</td><td>35</td></tr>
<tr><td>高苯乙烯 850(日本)</td><td>25</td><td colspan="3">邵尔 A 型硬度/度</td><td>93</td></tr>
<tr><td>硫黄</td><td>1.8</td><td colspan="3">拉伸强度/MPa</td><td>20.7</td></tr>
<tr><td>硬脂酸</td><td>1</td><td colspan="3">拉断伸长率/%</td><td>220</td></tr>
<tr><td>防老剂 A</td><td>1.5</td><td colspan="3">100%定伸应力/MPa</td><td>11.8</td></tr>
<tr><td>防老剂 4010</td><td>1</td><td colspan="3">拉断永久变形/%</td><td>22</td></tr>
<tr><td>氧化锌</td><td>5</td><td colspan="3">撕裂强度/(kN/m)</td><td>45.6</td></tr>
<tr><td>邻苯二甲酸二辛酯(DOP)</td><td>5</td><td colspan="3">回弹性/%</td><td>15</td></tr>
<tr><td>碳酸钙</td><td>15</td><td colspan="3">耐 10# 机油(70℃×24h)质量变化率/%</td><td>−0.32</td></tr>
<tr><td>中超耐磨炉黑</td><td>30</td><td rowspan="4">热空气加速老化
(100℃×96h)</td><td colspan="2">拉伸强度/MPa</td><td>21.9</td></tr>
<tr><td>通用炉黑</td><td>40</td><td colspan="2">拉断伸长率/%</td><td>132</td></tr>
<tr><td>促进剂 DM</td><td>1.5</td><td rowspan="2">性能变化率/%</td><td>拉伸强度</td><td>+6</td></tr>
<tr><td>促进剂 M</td><td>0.1</td><td>伸长率</td><td>−40</td></tr>
<tr><td>合计</td><td>201.9</td><td rowspan="4">圆盘振荡硫化仪
(153℃)</td><td>M_L/N·m</td><td colspan="2">20.4</td></tr>
<tr><td colspan="2" rowspan="3"></td><td>M_H/N·m</td><td colspan="2">85.5</td></tr>
<tr><td>t_{10}</td><td colspan="2">3 分 36 秒</td></tr>
<tr><td>t_{90}</td><td colspan="2">30 分 12 秒</td></tr>
</table>

混炼加料顺序：辊温 80℃±5℃，高苯乙烯压至透明＋胶混匀(降温)＋硫黄(薄通 3 次)＋

硬脂酸/防老剂 A ＋ 4010/氧化锌 ＋ 碳酸钙/炭黑/DOP ＋ DM/M ——薄通 8 次下片备用

混炼辊温：45℃以下

表 5-29 高硬度耐油胶（硬度 93）

配方编号 基本用量/g 材料名称	29	试验项目			试验结果
丁腈胶 220S(薄通 10 次,日本)	100	硫化条件(153℃)/min			10
高苯乙烯 860(日本)	15	邵尔 A 型硬度/度			93
硫黄	1.8	拉伸强度/MPa			23.1
硬脂酸	1	拉断伸长率/%			296
氧化锌	5	100%定伸应力/MPa			10.1
邻苯二甲酸二辛酯(DOP)	3	拉断永久变形/%			20
中超耐磨炉黑	65	撕裂强度/(kN/m)			64.6
通用炉黑	15	回弹性/%			10
促进剂 CZ	1.7	脆性温度/℃			−17
促进剂 TT	0.3	热空气加速老化(100℃×96h)	拉伸强度/MPa		24.2
合计	192.8		拉断伸长率/%		172
			性能变化率/%	拉伸强度	+5
				伸长率	−42
		B 型压缩永久变形(100℃×22h)/%		压缩率 15%	31
				压缩率 20%	44
		耐 HV-68 液压油(100℃×96h)		质量变化率/%	+2.18
				体积变化率/%	+2.73
		圆盘振荡硫化仪(153℃)	M_L/N·m		13.1
			M_H/N·m		97.5
			t_{10}		6 分 12 秒
			t_{90}		8 分 48 秒

混炼加料顺序：辊温 80℃±5℃，高苯乙烯压至透明＋胶混匀(降温)＋硫黄(薄通 3 次)＋硬脂酸/氧化锌＋DOP/炭黑＋CZ/TT——薄通 8 次下片备用

混炼辊温：45℃以下

表 5-30 高硬度耐油胶（硬度 97）

<table>
<tr><td>配方编号
基本用量/g
材料名称</td><td>30</td><td colspan="3">试验项目</td><td>试验结果</td></tr>
<tr><td>丁腈胶 3604(兰化)</td><td>55</td><td colspan="3">硫化条件(148℃)/min</td><td>20</td></tr>
<tr><td>高苯乙烯 860(日本)</td><td>45</td><td colspan="3">邵尔 A 型硬度/度</td><td>97</td></tr>
<tr><td>硫黄</td><td>2</td><td colspan="3">拉伸强度/MPa</td><td>16.8</td></tr>
<tr><td>硬脂酸</td><td>1</td><td colspan="3">拉断伸长率/%</td><td>156</td></tr>
<tr><td>防老剂 4010</td><td>1.5</td><td colspan="3">100%定伸应力/MPa</td><td>13.3</td></tr>
<tr><td>氧化锌</td><td>5</td><td colspan="3">拉断永久变形/%</td><td>31</td></tr>
<tr><td>邻苯二甲酸二辛酯(DOP)</td><td>6</td><td colspan="3">撕裂强度/(kN/m)</td><td>43.6</td></tr>
<tr><td>碳酸钙</td><td>15</td><td colspan="3">回弹性/%</td><td>19</td></tr>
<tr><td>中超耐磨炉黑</td><td>40</td><td colspan="3">耐 10# 机油(70℃×24h)质量变化率/%</td><td>+0.63</td></tr>
<tr><td>通用炉黑</td><td>30</td><td rowspan="4">热空气加速老化(100℃×96h)</td><td colspan="2">拉伸强度/MPa</td><td>19.6</td></tr>
<tr><td>促进剂 DM</td><td>1.3</td><td colspan="2">拉断伸长率/%</td><td>96</td></tr>
<tr><td>促进剂 M</td><td>0.2</td><td rowspan="2">性能变化率/%</td><td>拉伸强度</td><td>+17</td></tr>
<tr><td>促进剂 TT</td><td>0.03</td><td>伸长率</td><td>−38</td></tr>
<tr><td>合计</td><td>202.03</td><td rowspan="4">圆盘振荡硫化仪(148℃)</td><td>M_L/N·m</td><td colspan="2">21.0</td></tr>
<tr><td rowspan="3" colspan="2"></td><td>M_H/N·m</td><td colspan="2">84.8</td></tr>
<tr><td>t_{10}</td><td colspan="2">3 分 10 秒</td></tr>
<tr><td>t_{90}</td><td colspan="2">22 分 24 秒</td></tr>
</table>

混炼加料顺序：辊温 80℃±5℃，高苯乙烯压至透明+胶混匀(降温)+硫黄(薄通 3 次)+硬脂酸+(4010、氧化锌)+(碳酸钙、炭黑、DOP)+促进剂——薄通 8 次下片备用

混炼辊温：45℃以下

表 5-31 浅色高硬度耐油胶（硬度 97）

<table>
<tr><td>配方编号
基本用量/g
材料名称</td><td>31</td><td colspan="3">试验项目</td><td>试验结果</td></tr>
<tr><td>丁腈胶 220S(日本)</td><td>100</td><td colspan="3">硫化条件(163℃)/min</td><td>15</td></tr>
<tr><td>酚醛树脂 2123</td><td>25</td><td colspan="3">邵尔 A 型硬度/度</td><td>97</td></tr>
<tr><td>硬脂酸</td><td>1</td><td colspan="3">拉伸强度/MPa</td><td>21.8</td></tr>
<tr><td>防老剂 4010</td><td>1.5</td><td colspan="3">拉断伸长率/%</td><td>234</td></tr>
<tr><td>促进剂 CZ</td><td>3</td><td colspan="3">100%定伸应力/MPa</td><td>15.3</td></tr>
<tr><td>促进剂 TT</td><td>1.5</td><td colspan="3">拉断永久变形/%</td><td>22</td></tr>
<tr><td>促进剂 H</td><td>2</td><td colspan="3">撕裂强度/(kN/m)</td><td>63.7</td></tr>
<tr><td>Si-69</td><td>1.5</td><td rowspan="4">热空气加速老化
(100℃×72h)</td><td colspan="2">拉伸强度/MPa</td><td>25.9</td></tr>
<tr><td>乙二醇</td><td>3</td><td colspan="2">拉断伸长率/%</td><td>126</td></tr>
<tr><td>酞菁蓝</td><td>0.3</td><td rowspan="2">性能变化率/%</td><td>拉伸强度</td><td>+19</td></tr>
<tr><td>氧化锌</td><td>15</td><td>伸长率</td><td>−46</td></tr>
<tr><td>沉淀法白炭黑</td><td>75</td><td rowspan="4">圆盘振荡硫化仪
(163℃)</td><td>M_L/N·m</td><td colspan="2">21.59</td></tr>
<tr><td>陶土</td><td>40</td><td>M_H/N·m</td><td colspan="2">52.98</td></tr>
<tr><td>硫化剂 DTDM</td><td>2.5</td><td>t_{10}</td><td colspan="2">1 分 16 秒</td></tr>
<tr><td>硫化剂 DCP</td><td>4</td><td>t_{90}</td><td colspan="2">8 分 09 秒</td></tr>
<tr><td>合计</td><td>275.3</td><td colspan="4"></td></tr>
</table>

混炼加料顺序：胶＋树脂＋硬脂酸＋(4010 / CZ / TT)＋(Si-69 / 乙二醇 / 填料)＋(H / DTDM / DCP)——薄通 8 次下片备用

混炼辊温：45℃以下

第6章 耐热胶配方

6.1 耐热胶配方（邵尔A硬度56~65）

表6-1 耐250℃高温硅胶（硬度56）

配方编号 / 基本用量/g / 材料名称	1	试验项目		试验结果
硅胶(北京化工二厂)	100	邵尔A型硬度/度		56
4# 白炭黑	25	拉伸强度/MPa		6.7
钛白粉	4	拉断伸长率/%		472
羟基硅油	5	定伸应力/MPa	100%	1.3
硫化剂DCP母胶(1∶1)	0.7		300%	3.4
合计	134.7	拉断永久变形/%		9
		回弹性/%		59
		无割口直角撕裂强度/(kN/m)		21.1
		圆盘振荡硫化仪(153℃)	M_L/N·m	25.3
			M_H/N·m	64.3
			t_{10}	6分
			t_{90}	25分

硫化条件：①一段： 153℃ 15min

②二段： 室温～100℃ 1h

100～150℃ 1h

150～200℃ 1h

200～250℃ 1h

250℃ 8h

（二段后做物性）

混炼加料顺序：硅胶＋白炭黑、钛白粉、羟基硅油＋DCP母胶——薄通10次，停放24h后再薄通10次下片备用

混炼辊温：45℃±5℃

表 6-2　耐热硅胶（联管器密封圈，硬度 59）

<table>
<tr><td>基本用量/g　配方编号
材料名称</td><td>2</td><td colspan="3">试验项目</td><td>试验结果</td></tr>
<tr><td>硅胶(分子量 60 万～63 万)</td><td>100</td><td colspan="3">邵尔 A 型硬度/度</td><td>59</td></tr>
<tr><td>2# 白炭黑</td><td>8</td><td colspan="3">拉伸强度/MPa</td><td>5.6</td></tr>
<tr><td>白炭黑</td><td>40</td><td colspan="3">拉断伸长率/%</td><td>274</td></tr>
<tr><td>羟基硅油</td><td>5</td><td colspan="3">100%定伸应力/MPa</td><td>2.1</td></tr>
<tr><td>Y 型氧化铁红</td><td>5</td><td colspan="3">拉断永久变形/%</td><td>8</td></tr>
<tr><td>硫化剂 DCP 母胶(1∶1)</td><td>1.2</td><td colspan="3">回弹性/%</td><td>50</td></tr>
<tr><td>合计</td><td>159.2</td><td colspan="3">无割口直角撕裂强度/(kN/m)</td><td>21.9</td></tr>
<tr><td colspan="2" rowspan="11"></td><td colspan="2" rowspan="2">B 型压缩永久变形
(压缩率 25%)/%</td><td>室温×24h</td><td>11</td></tr>
<tr><td>180℃×24h</td><td>19</td></tr>
<tr><td rowspan="4">热空气加速老化
(180℃×24h)</td><td colspan="2">拉伸强度/MPa</td><td>4.8</td></tr>
<tr><td colspan="2">拉断伸长率/%</td><td>215</td></tr>
<tr><td rowspan="2">性能变化率/%</td><td>拉伸强度</td><td>−14.3</td></tr>
<tr><td>伸长率</td><td>−21.5</td></tr>
<tr><td rowspan="4">圆盘振荡硫化仪
(153℃)</td><td>M_L/N·m</td><td colspan="2">5.51</td></tr>
<tr><td>M_H/N·m</td><td colspan="2">26.19</td></tr>
<tr><td>t_{10}</td><td colspan="2">2 分 26 秒</td></tr>
<tr><td>t_{90}</td><td colspan="2">7 分 27 秒</td></tr>
<tr><td colspan="4"></td></tr>
<tr><td colspan="6">硫化条件:①一段:　153℃　15min
②二段:　室温～100℃　1h
100～150℃　1h
150～200℃　1h
200℃　8h
(二段后做物性)</td></tr>
<tr><td colspan="6">硅油
混炼加料顺序:硅胶+ 白炭黑 +DCP 母胶——薄通 10 次,停放一天再薄通 10 次下片
氧化铁红
备用
混炼辊温:40℃±5℃</td></tr>
</table>

表 6-3 通用胶联管器密封圈（硬度 63）

配方编号 / 基本用量/g / 材料名称	3	试验项目			试验结果
烟片胶 1#（1 段）	30	硫化条件(153℃)/min			20
丁苯胶 1500#	70	邵尔 A 型硬度/度			63
黏合剂 RE	1.5	拉伸强度/MPa			13.8
石蜡	0.5	拉断伸长率/%			642
硬脂酸	2.5	定伸应力/MPa	300%		5.8
防老剂 A	1		500%		10.9
防老剂 4010	1.5	拉断永久变形/%			21
防老剂 H	0.3	回弹性/%			41
促进剂 DM	1.5	无割口直角撕裂强度/(kN/m)			43.8
促进剂 TT	0.2	热空气加速老化（100℃×96h）	拉伸强度/MPa		14.0
氧化锌	10		拉断伸长率/%		556
机油 20#	16		性能变化率/%	拉伸强度	+1
通用炉黑	30			伸长率	−11
中超耐磨炉黑	35	圆盘振荡硫化仪（153℃）	M_L/N·m		8.8
碳酸钙	15		M_H/N·m		41.0
硫黄	0.8		t_{10}		5 分
合计	215.8		t_{90}		13 分 36 秒

混炼加料顺序：烟片胶＋丁苯胶＋RE(75℃±5℃)逐步降温＋（石蜡、硬脂酸、防老剂 A）＋（4010、促进剂、防老剂 H）＋（机油、炭黑、氧化锌、碳酸钙）＋硫黄——薄通 8 次下片备用

混炼辊温：50℃±5℃

表 6-4 耐高温氟胶（联管器密封圈，硬度 65）

材料名称 \ 基本用量/g \ 配方编号	4
氟胶 246B(上海 3F)	100
喷雾炭黑	8
活性氧化镁	15
3# 交联剂	2.75
合计	125.75

试验项目			试验结果	
硫化条件(一段,163℃)/min			30	40
邵尔 A 型硬度/度			65	67
拉伸强度/MPa			12.7	12.7
拉断伸长率/%			316	300
定伸应力/MPa	100%		2.4	2.4
	300%		11.2	11.7
拉断永久变形/%			10	9
回弹性/%			12	
无割口直角撕裂强度/(kN/m)			34.3	34.2
热空气加速老化(240℃×96h)	拉伸强度/MPa		10.7	11.2
	拉断伸长率/%		336	343
	性能变化率/%	拉伸强度	−15.7	−11.8
		伸长率	+6.3	+14.3
门尼黏度[50ML(5+4)100℃]	生胶		66	
	混炼胶		109	
圆盘振荡硫化仪(163℃)	M_L/N·m		12.44	
	M_H/N·m		29.09	
	t_{10}		7 分 52 秒	
	t_{90}		47 分 45 秒	

二段硫化条件：

室温～100℃ 1h

100～150℃ 1h

150～200℃ 1h

200～250℃ 1h

250℃ 10h

关闭电源 2～3h 后取出。二段后做物性

混炼加料顺序：胶＋炭黑＋氧化镁——薄通 10 次，停放一天＋交联剂——薄通 10 次下片备用

混炼辊温：45℃±5℃

6.2 耐热胶配方（邵尔A硬度61～78）

表 6-5 耐热、耐老化密封圈（硬度 61）

配方编号 基本用量/g 材料名称	5	试验项目			试验结果
乙丙胶 4045	100	硫化条件(153℃)/min			45
中超耐磨炉黑	35	邵尔 A 型硬度/度			61
陶土	20	拉伸强度/MPa			14.3
机油 10#	8	拉断伸长率/%			384
硬脂酸	1	300%定伸应力/MPa			8.7
促进剂 M	1	拉断永久变形/%			8
氧化锌	5	无割口直角撕裂强度/(kN/m)			36.9
硫化剂 DCP	4	回弹性/%			51(60 分)
硫黄	0.3	热空气加速老化(130℃×96h)	拉伸强度/MPa		14.3
合计	174.3		拉断伸长率/%		332
			性能变化率/%	拉伸强度	0
				伸长率	−13.5
		热空气加速老化(100℃×96h)	拉伸强度/MPa		17.9
			拉断伸长率/%		448
			性能变化率/%	拉伸强度	+28.8
				伸长率	+16.7
		圆盘振荡硫化仪(153℃)	M_L/N·m	4.7	
			M_H/N·m	54	
			t_{10}	4 分 36 秒	
			t_{90}	40 分	

混炼加料顺序：乙丙胶＋(ISAF、陶土、机油)＋硬脂酸＋(促进剂 M、氧化锌)＋(DCP、硫黄)——薄通 6 次，停放一天后再薄通 6 次下片备用

混炼辊温：45℃±5℃

表 6-6 耐热、耐老化密封圈（硬度 63）

基本用量/g 配方编号 材料名称	6	试验项目			试验结果
乙丙胶 4045	100	硫化条件(153℃)/min			45
中超耐磨炉黑	46	邵尔 A 型硬度/度			63
机油 10#	8	拉伸强度/MPa			14.6
硬脂酸	1	拉断伸长率/%			268
促进剂 M	1	拉断永久变形/%			2
氧化锌	5	无割口直角撕裂强度/(kN/m)			46.6
硫化剂 DCP	4	回弹性/%			51(60 分)
硫黄	0.3	热空气加速老化(130℃×96h)	拉伸强度/MPa		18.2
合计	165.3		拉断伸长率/%		272
			性能变化率/%	拉伸强度	+24.7
				伸长率	+1.5
		热空气加速老化(100℃×96h)	拉伸强度/MPa		19.2
			拉断伸长率/%		348
			性能变化率/%	拉伸强度	+31.5
				伸长率	+29.9
		圆盘振荡硫化仪(153℃)	M_L/N·m		5.7
			M_H/N·m		56
			t_{10}		4 分 30 秒
			t_{90}		38 分 45 秒

混炼加料顺序：乙丙胶＋ ISAF 机油 ＋硬脂酸＋ 促进剂 M 氧化锌 ＋ DCP 硫黄 ——薄通 6 次，停放一天后再薄通 6 次下片备用

混炼辊温：45℃±5℃

表 6-7 耐高温氟胶（硬度 67）

配方编号 / 基本用量/g / 材料名称	7	试验项目			试验结果
氟胶 2463(246B)	100	邵尔 A 型硬度/度			67
活性氧化锌	15	拉伸强度/MPa			16.0
喷雾炭黑	6	拉断伸长率/%			290
3# 交联剂	3	100%定伸应力/MPa			3.7
合计	124	拉断永久变形/%			8
		回弹性/%			6
		B 型压缩永久变形(压缩率 20%)/%		室温×22h	15
				250℃×22h	49
		老化后硬度(250℃×96h)/度			69
		热空气加速老化(250℃×96h)	拉伸强度/MPa		16.2
			拉断伸长率/%		329
			性能变化率/%	拉伸强度	+5
				伸长率	+9
		门尼黏度[50ML(1+4)100℃]		生胶	84
				混炼胶	87
		圆盘振荡硫化仪(163℃)	M_L/N·m		11.4
			M_H/N·m		50.7
			t_{10}		9 分 48 秒
			t_{90}		38 分

硫化条件：①一段： 163℃ 50min

②二段： 室温～100℃ 1h

100～150℃ 1h

150～200℃ 1h

200～250℃ 1h

250℃ 10h

关闭电源 2～3h 后取出。二段后做物性

混炼加料顺序：胶+炭黑+氧化镁——薄通 10 次停放一天+交联剂——薄通 10 次下片备用

混炼辊温：45℃±5℃

注：多次试验后，结果重复性好。

第7章

耐酸碱胶配方（邵尔A硬度53～88）

表7-1 压滤机鼓膜胶（无毒、耐酸碱，硬度53）

材料名称 \ 基本用量/g \ 配方编号	1	试验项目			试验结果
颗粒胶 1#（1段）	100	硫化条件(143℃)/min			15
石蜡	0.5	邵尔A型硬度/度			53
硬脂酸	2.5	拉伸强度/MPa			20.9
促进剂CZ	0.5	拉断伸长率/%			612
氧化锌	4	定伸应力/MPa		300%	5.1
沉淀法白炭黑	25			500%	14.3
硫酸钡	35	拉断永久变形/%			31
陶土	25	回弹性/%			59
通用炉黑	0.1	无割口直角撕裂强度/(kN/m)			58.9
促进剂TT	2	屈挠龟裂/万次			1.5(6,6,6)
硫黄	0.2	耐酸碱质量变化率/%(室温×24h)		20% H_2SO_4	+1.72
合计	194.8			20%NaOH	+2.43
		热空气加速老化(70℃×96h)	拉伸强度/MPa		22.1
			拉断伸长率/%		564
			性能变化率/%	拉伸强度	+6
				伸长率	−8
		圆盘振荡硫化仪(143℃)	M_L/N·m		4.5
			M_H/N·m		40.0
			t_{10}		3分30秒
			t_{90}		9分30秒

混炼加料顺序：胶＋石蜡、硬脂酸＋CZ、氧化锌＋炭黑、陶土、白炭黑、硫酸钡＋TT、硫黄——薄通4次下片备用

混炼辊温：55℃±5℃

表 7-2 耐酸碱胶（硬度 57）

<table>
<tr><td>配方编号
基本用量/g
材料名称</td><td>2</td><td colspan="3">试验项目</td><td>试验结果</td></tr>
<tr><td>氯丁胶 120(山西)</td><td>100</td><td colspan="3">硫化条件(148℃)/min</td><td>25</td></tr>
<tr><td>氧化镁</td><td>4</td><td colspan="3">邵尔 A 型硬度/度</td><td>57</td></tr>
<tr><td>硬脂酸</td><td>1</td><td colspan="3">拉伸强度/MPa</td><td>16.5</td></tr>
<tr><td>防老剂 A</td><td>1.5</td><td colspan="3">拉断伸长率/%</td><td>486</td></tr>
<tr><td>防老剂 4010</td><td>1</td><td colspan="3">300%定伸应力/MPa</td><td>9.4</td></tr>
<tr><td>机油 10#</td><td>15</td><td colspan="3">拉断永久变形/%</td><td>9</td></tr>
<tr><td>高耐磨炉黑</td><td>25</td><td colspan="3">脆性温度(单试样法)/℃</td><td>−38</td></tr>
<tr><td>半补强炉黑</td><td>35</td><td rowspan="2">浸油后质量变化率/%</td><td colspan="2">汽油+苯(75+25)(室温×24h)</td><td>+21.7</td></tr>
<tr><td>氧化锌</td><td>2</td><td colspan="2">10# 机油(70℃×24h)</td><td>+2.9</td></tr>
<tr><td>合计</td><td>184.5</td><td rowspan="2">耐酸碱系数(室温×24h)/%</td><td colspan="2">20%H_2SO_4</td><td>+1.05</td></tr>
<tr><td colspan="2" rowspan="9"></td><td colspan="2">20%NaOH</td><td>+0.98</td></tr>
<tr><td rowspan="4">热空气加速老化(70℃×72h)</td><td colspan="2">拉伸强度/MPa</td><td>17.0</td></tr>
<tr><td colspan="2">拉断伸长率/%</td><td>430</td></tr>
<tr><td rowspan="2">性能变化率/%</td><td>拉伸强度</td><td>+3</td></tr>
<tr><td>伸长率</td><td>−11.5</td></tr>
<tr><td rowspan="4">圆盘振荡硫化仪(148℃)</td><td>M_L/N·m</td><td colspan="2">2.7</td></tr>
<tr><td>M_H/N·m</td><td colspan="2">35.6</td></tr>
<tr><td>t_{10}</td><td colspan="2">5 分 45 秒</td></tr>
<tr><td>t_{90}</td><td colspan="2">23 分 50 秒</td></tr>
</table>

混炼加料顺序：胶＋氧化镁＋（4010 / 硬脂酸 / 防老剂 A）＋（机油 / 炭黑）＋氧化锌——薄通 8 次下片备用

混炼辊温：45℃以内

表 7-3 耐酸碱胶（硬度 67）

配方编号 / 基本用量/g / 材料名称	3	试验项目			试验结果
丁腈胶 270#（1 段）	80	硫化条件(148℃)/min			15
氯丁胶 120(山西)	20	邵尔 A 型硬度/度			67
氧化镁	1	拉伸强度/MPa			17.5
硫黄	1.6	拉断伸长率/%			415
防老剂 A	1.5	300%定伸应力/MPa			13.4
硬脂酸	1	拉断永久变形/%			4
防老剂 4010	1	脆性温度(单试样法)/℃			−34
邻苯二甲酸二辛酯(DOP)	16	质量变化率（室温×24h)/%	耐汽油＋苯(75＋25)		＋19.4
高耐磨炉黑	25		耐 10# 机油		−1.8
半补强炉黑	30		耐 20% H_2SO_4		＋0.78
氧化锌	5		耐 20%NaOH		＋0.87
促进剂 DM	1.3	热空气加速老化（100℃×96h）	拉伸强度/MPa		15.3
促进剂 TT	0.1		拉断伸长率/%		352
合计	183.5		性能变化率/%	拉伸强度	−12.6
				伸长率	−15.2
		圆盘振荡硫化仪（148℃）	M_L/N·m	8.2	
			M_H/N·m	72.0	
			t_{10}	4 分 45 秒	
			t_{90}	7 分 45 秒	

混炼加料顺序：丁腈胶＋氯丁胶＋氧化镁＋硫黄（薄通 3 次）＋ 4010 / 硬脂酸 / 防老剂 A ＋ DOP / 炭黑 ＋ 氧化锌 / DM / TT ——薄通 8 次下片备用

混炼辊温：45℃以内

表 7-4 耐酸碱胶（硬度 75）

材料名称 \ 基本用量/g \ 配方编号	4
丁腈胶 270#（1 段）	60
氯丁胶 120（山西）	40
氧化镁	2
硫黄	1
硬脂酸	1
防老剂 A	1
邻苯二甲酸二辛酯(DOP)	14
高耐磨炉黑	45
半补强炉黑	30
氧化锌	5
促进剂 DM	1
合计	200

试验项目			试验结果
硫化条件(148℃)/min			10
邵尔 A 型硬度/度			75
拉伸强度/MPa			19.4
拉断伸长率/%			248
拉断永久变形/%			5
脆性温度(单试样法)/℃			−38
耐酸碱系数（室温×24h)	20% H_2SO_4		+1.17
	20% NaOH		+1.08
耐油后质量变化率/%	汽油＋苯(75＋25)(室温×24h)		+15.1
	10# 机油(70℃×24h)		−1.0
热空气加速老化（70℃×72h)	拉伸强度/MPa		19.0
	拉断伸长率/%		198
	性能变化率/%	拉伸强度	−2
		伸长率	−20
门尼焦烧(120℃)	t_5		14 分
	t_{35}		17 分 30 秒
圆盘振荡硫化仪（148℃）	M_L/N·m		10.8
	M_H/N·m		86.3
	t_{10}		4 分
	t_{90}		8 分 36 秒

混炼加料顺序：丁腈胶＋氯丁胶＋氧化镁＋硫黄(薄通 3 次)＋硬脂酸 防老剂 A＋DOP 炭黑＋氧化锌 DM——薄通 8 次下片备用

混炼辊温：45℃以内

表 7-5 无毒胶瓶塞（硬度 63）

材料名称 \ 基本用量/g \ 配方编号	5
颗粒胶 1#（1 段）	100
石蜡	0.5
硬脂酸	3
促进剂 CZ	0.8
促进剂 TT	1.5
氧化锌	4
白凡士林	5
碳酸钙	80
硫酸钡	40
陶土	30
立德粉	20
硫黄	0.6
合计	285.4

试验项目			试验结果
硫化条件（143℃）/min			8
邵尔 A 型硬度/度			63
拉伸强度/MPa			10.9
拉断伸长率/%			506
定伸应力/MPa	300%		3.5
	500%		10.2
拉断永久变形/%			22
回弹性/%			55
无割口直角撕裂强度/（kN/m）			25.5
脆性温度（单试样法）/℃			−47
B 型压缩永久变形（压缩率 25%）/%	室温×22h		10
	70℃×24h		32
乙醇（室温浸泡 24h）	质量变化率/%		+0.1
	体积变化率/%		+0.7
热空气加速老化（70℃×72h）	拉伸强度/MPa		10.1
	拉断伸长率/%		498
	性能变化率/%	拉伸强度	−7
		伸长率	−2
圆盘振荡硫化仪（143℃）	M_L/N·m		6.46
	M_H/N·m		28.67
	t_{10}		4 分 04 秒
	t_{90}		6 分 43 秒

混炼加料顺序：胶＋（硬脂酸、石蜡）＋（CZ、TT、氧化锌）＋（陶土、碳酸钙、凡士林、硫酸钡、立德粉）＋硫黄——薄通 4 次下片备用

混炼辊温：55℃±5℃

表 7-6　耐温泵膜胶（硬度 70）

材料名称 \ 基本用量/g \ 配方编号	6	试验项目		试验结果
三元乙丙胶 4045	100	硫化条件(153℃)/min		15
固体古马隆	6	邵尔 A 型硬度/度		70
黏合剂 RE	2	拉伸强度/MPa		10.1
半补强炉黑	40	拉断伸长率/%		396
陶土	5	300%定伸应力/MPa		7.8
硬脂酸	1	拉断永久变形/%		13
促进剂 M	0.3	回弹性/%		55
促进剂 TT	1.2	无割口直角撕裂强度/(kN/m)		44.3
促进剂 DM	0.7	热空气加速老化(70℃×96h)	拉伸强度/MPa	10.0
氧化锌	5		拉断伸长率/%	344
黏合剂 RH	1.5		性能变化率/% 拉伸强度	−1
硫黄	1		性能变化率/% 伸长率	−15
合计	163.7	圆盘振荡硫化仪(153℃)	M_L/N·m	6.0
			M_H/N·m	65.2
			t_{10}	3 分 20 秒
			t_{90}	14 分

混炼加料顺序：乙丙胶＋(RE/古马隆)(80℃±5℃)降温＋(炭黑/陶土)＋(促进剂/氧化锌/硬脂酸)＋(硫黄/RH)——薄通 8 次下片备用

混炼辊温：45℃±5℃

（膜和胶浆均用此配方。胶浆配方：环己烷：胶＝6：1，溶解 24h）

表 7-7 压滤机板框胶（硬度 75）

配方编号 基本用量/g 材料名称	7	试验项目			试验结果
颗粒胶 1#（1 段）	100	硫化条件(143℃)/min			12
石蜡	0.5	邵尔 A 型硬度/度			75
硬脂酸	3	拉伸强度/MPa			8.9
促进剂 CZ	0.7	拉断伸长率/%			332
氧化锌	4	定伸应力/MPa	100%		3.7
机油 10#	2		300%		8.1
碳酸钙	100	拉断永久变形/%			33
硫酸钡	80	回弹性/%			47
陶土	100	无割口直角撕裂强度/(kN/m)			25.4
通用炉黑	0.2	屈挠龟裂/万次			1.5(6,6,3)
促进剂 TT	2	耐酸碱质量变化率/%(室温×24h)	20% H_2SO_4		+3.15
硫黄	0.5		20%NaOH		+0.85
合计	392.9	热空气加速老化（70℃×96h）	拉伸强度/MPa		8.9
			拉断伸长率/%		272
			性能变化率/%	拉伸强度	0
				伸长率	−18
		圆盘振荡硫化仪（143℃）	M_L/N·m		12.0
			M_H/N·m		67.0
			t_{10}		2 分 26 秒
			t_{90}		4 分 30 秒

混炼加料顺序：胶＋(石蜡、硬脂酸)＋(CZ、氧化锌)＋(机油、碳酸钙、陶土、硫酸钡、炭黑)＋(TT、硫黄)——薄通 6 次下片备用

混炼辊温：55℃±5℃

表 7-8 高硬度板框胶（硬度 88）

材料名称 \ 基本用量/g \ 配方编号	8	试验项目			试验结果
烟片胶 1#（1 段）	100	硫化条件(153℃)/min			15
黏合胶 RE	4	邵尔 A 型硬度/度			88
石蜡	0.5	拉伸强度/MPa			14.7
硬脂酸	2	拉断伸长率/%			153
防老剂 A	1.5	100%定伸应力/MPa			12.7
防老剂 4010	1	拉断永久变形/%			8
促进剂 DM	0.5	耐酸碱系数（室温×24h）	20% H_2SO_4		+1.25
促进剂 CZ	0.5		20%NaOH		+1.32
氧化锌	5	热空气加速老化（100℃×48h）	拉伸强度/MPa		9.6
机油 10#	6		拉断伸长率/%		71
高耐磨炉黑	50		性能变化率/%	拉伸强度	−34.7
半补强炉黑	40			伸长率	−53.6
黏合剂 RH	4	圆盘振荡硫化仪（153℃）	M_L/N·m	7.2	
硫黄	3		M_H/N·m	132	
合计	218		t_{10}	2 分 10 秒	
			t_{90}	7 分 40 秒	

混炼加料顺序：胶＋RE(80℃±5℃)降温＋（石蜡、硬脂酸、防老剂 A）＋（4010、促进剂、氧化锌）＋（机油、炭黑）＋（RH、硫黄）——薄通 6 次下片备用

混炼辊温：55℃±5℃

第8章 耐屈挠、耐老化胶配方

8.1 耐屈挠、耐老化胶配方（邵尔 A 硬度 35～59）

表 8-1 低硬度、高弹性（吸盘用，硬度 35）

配方编号 / 基本用量/g / 材料名称	1	试验项目			试验结果
烟片胶 1#（不塑炼）	100	硫化条件(143℃)/min			20
硬脂酸	2	邵尔 A 型硬度/度			35
防老剂 NA	1.5	拉伸强度/MPa			20.3
防老剂 4010	1	拉断伸长率/%			770
促进剂 DM	1	定伸应力/MPa		300%	2.5
促进剂 M	0.4			500%	6.9
促进剂 TT	0.01	拉断永久变形/%			24
氧化锌	10	回弹性/%			70
机油 10#	24	热空气加速老化（70℃×72h）	拉伸强度/MPa		21.4
半补强炉黑	30		拉断伸长率/%		670
硫黄	2.3		性能变化率/%	拉伸强度	+5
合计	172.21			伸长率	−13
		圆盘振荡硫化仪（143℃）	M_L/N·m		2.1
			M_H/N·m		39.6
			t_{10}		7 分 45 秒
			t_{90}		14 分 45 秒

混炼加料顺序：胶＋硬脂酸、4010NA＋4010、促进剂＋氧化锌、机油、炭黑＋硫黄——薄通 4 次下片备用

混炼辊温：60℃±5℃

表 8-2 医用胶塞（耐屈挠，硬度 47）

<table>
<tr><td>配方编号
基本用量/g
材料名称</td><td>2</td><td colspan="3">试验项目</td><td>试验结果</td></tr>
<tr><td>丁基胶</td><td>100</td><td colspan="3">硫化条件(163℃)/min</td><td>25</td></tr>
<tr><td>硬脂酸</td><td>1</td><td colspan="3">邵尔 A 型硬度/度</td><td>47</td></tr>
<tr><td>氧化锌</td><td>5</td><td colspan="3">拉伸强度/MPa</td><td>9.5</td></tr>
<tr><td>促进剂 TT</td><td>2.5</td><td colspan="3">拉断伸长率/%</td><td>718</td></tr>
<tr><td>陶土</td><td>20</td><td colspan="2" rowspan="2">定伸应力/MPa</td><td>300%</td><td>1.3</td></tr>
<tr><td>碳酸钙</td><td>70</td><td>500%</td><td>2.5</td></tr>
<tr><td>立德粉</td><td>15</td><td colspan="3">拉断永久变形/%</td><td>40</td></tr>
<tr><td>钛白粉</td><td>6</td><td colspan="3">撕裂强度/(kN/m)</td><td>16.5</td></tr>
<tr><td>硫黄</td><td>1.5</td><td colspan="3">回弹性/%</td><td>8</td></tr>
<tr><td>合计</td><td>221</td><td colspan="3">屈挠龟裂/万次</td><td>21(无,无,4)</td></tr>
<tr><td colspan="2" rowspan="10"></td><td rowspan="4">热空气加速老化
(70℃×96h)</td><td colspan="2">拉伸强度/MPa</td><td>9.5</td></tr>
<tr><td colspan="2">拉断伸长率/%</td><td>655</td></tr>
<tr><td rowspan="2">性能变化率/%</td><td>拉伸强度</td><td>0</td></tr>
<tr><td>伸长率</td><td>−9</td></tr>
<tr><td colspan="2" rowspan="2">B 型压缩永久变形
(压缩率 25%)/%</td><td>室温×22h</td><td>9</td></tr>
<tr><td>70℃×22h</td><td>21</td></tr>
<tr><td rowspan="4">圆盘振荡硫化仪
(163℃)</td><td>M_L/N·m</td><td colspan="2">8.0</td></tr>
<tr><td>M_H/N·m</td><td colspan="2">24.4</td></tr>
<tr><td>t_{10}</td><td colspan="2">2 分 30 秒</td></tr>
<tr><td>t_{90}</td><td colspan="2">22 分</td></tr>
<tr><td colspan="6">混炼加料顺序：胶＋(陶土、立德粉 / 钛白粉、碳酸钙)＋硬脂酸＋(氧化锌 / TT)＋硫黄——薄通 8 次下片备用
混炼辊温：45℃以下</td></tr>
</table>

表 8-3 压滤机鼓膜胶（耐屈挠，硬度 55）

基本用量/g 配方编号 材料名称	3	试验项目			试验结果
烟片胶 3#（1 段）	70	硫化条件(143℃)/min			20
顺丁胶(北京)	30	邵尔 A 型硬度/度			55
石蜡	0.5	拉伸强度/MPa			21.5
硬脂酸	2.5	拉断伸长率/%			667
防老剂 A	1	定伸应力/MPa	300%		6.8
防老剂 4010	1.5		500%		15.2
促进剂 DM	1	拉断永久变形/%			16
促进剂 M	0.3	撕裂强度/(kN/m)			86
促进剂 TT	0.1	回弹性/%			43
氧化锌	8	屈挠龟裂/万次			51(无,无,无)
机油 15#	12	热空气加速老化(70℃×96h)	拉伸强度/MPa		23.8
高耐磨炉黑	46		拉断伸长率/%		609
硫黄	0.7		性能变化率/%	拉伸强度	+11
合计	173.6			伸长率	−9
		B 型压缩永久变形(压缩率 25%)/%	70℃×22h		32
		圆盘振荡硫化仪(143℃)	M_L/N·m		6.0
			M_H/N·m		31.1
			t_{10}		7 分
			t_{90}		16 分 48 秒

混炼加料顺序：NR＋BR＋（石蜡、硬脂酸、防老剂 A）＋（4010、氧化锌、促进剂）＋（机油、炭黑）＋硫黄——薄通 8 次下片备用

混炼辊温：55℃±5℃

表 8-4 压滤机鼓膜胶（耐酸碱，硬度 56）

材料名称 \ 基本用量/g \ 配方编号	4	试验项目			试验结果
烟片胶 1#（1 段）	60	硫化条件（148℃）/min			20
丁苯胶 1500#	40	邵尔 A 型硬度/度			56
石蜡	0.5	拉伸强度/MPa			19.7
硬脂酸	2	拉断伸长率/%			540
防老剂 A	1	300%定伸应力/MPa			8.5
防老剂 D	1	拉断永久变形/%			8
促进剂 DM	1.1	回弹性/%			49
促进剂 M	0.3	无割口直角撕裂强度/(kN/m)			50.1
促进剂 TT	0.3	耐酸碱质量变化率/%（室温×24h）	工厂用 H_2SO_4		+0.08
氧化锌	8		20% H_2SO_4		+0.04
机油 10#	15		20% NaOH		+0.11
高耐磨炉黑	50	热空气加速老化（70℃×96h）	拉伸强度/MPa		19.6
硫黄	0.8		拉断伸长率/%		428
合计	180		性能变化率/%	拉伸强度	−1
				伸长率	−20.7
		圆盘振荡硫化仪（148℃）	M_L/N·m		6.6
			M_H/N·m		50.8
			t_{10}		6 分 12 秒
			t_{90}		18 分 24 秒

混炼加料顺序：天然胶＋丁苯胶＋（石蜡、硬脂酸、防老剂 A）＋（防老剂 D、促进剂、氧化锌）＋（机油、炭黑）＋硫黄——薄通 6 次下片备用

混炼辊温：55℃±5℃

表 8-5 压滤机鼓膜胶（耐屈挠，硬度 57）

材料名称 \ 基本用量/g \ 配方编号	5	试验项目			试验结果
烟片胶 $3^{\#}$(1 段)	60	硫化条件(148℃)/min			25
丁苯胶 $1500^{\#}$	40	邵尔 A 型硬度/度			57
石蜡	0.5	拉伸强度/MPa			23.7
硬脂酸	2.5	拉断伸长率/%			640
防老剂 A	1	定伸应力/MPa	300%		8.0
防老剂 4010	1.5		500%		16.5
促进剂 DM	1	拉断永久变形/%			18
促进剂 M	0.3	撕裂强度/(kN/m)			56.8
促进剂 TT	0.3	回弹性/%			39
氧化锌	8	屈挠龟裂/万次			27(无,无,1)
机油 $15^{\#}$	12	热空气加速老化(70℃×96h)	拉伸强度/MPa		23.8
高耐磨炉黑	46		拉断伸长率/%		548
硫黄	0.7		性能变化率/%	拉伸强度	+1
合计	173.8			伸长率	−14
		B 型压缩永久变形(压缩率 25%)/%	70℃×22h		22
		耐酸碱试验质量变化率(室温×22h)/%	20% H_2SO_4		+0.10
			20%NaOH		+0.18
		圆盘振荡硫化仪(148℃)	M_L/N·m		5.6
			M_H/N·m		32.8
			t_{10}		7 分 12 秒
			t_{90}		24 分 24 秒

混炼加料顺序：NR+SBR(薄通 3 次)+(石蜡、硬脂酸、防老剂 A)+(4010、氧化锌、促进剂)+(机油、炭黑)+硫黄——薄通 8 次下片备用

混炼辊温：55℃±5℃

表 8-6 汽车全景玻璃密封条（硬度 58）

材料名称 \ 基本用量/g \ 配方编号	6	试验项目			试验结果
烟片胶 1#(1 段)	70	硫化条件(143℃)/min			10
顺丁胶(北京)	30	邵尔 A 型硬度/度			58
石蜡	1	拉伸强度/MPa			10.8
硬脂酸	2	拉断伸长率/%			540
防老剂 A	1.5	300%定伸应力/MPa			4.8
黑油膏	7	拉断永久变形/%			20
防老剂 4010	1	回弹性/%			57
促进剂 DM	1.3	无割口直角撕裂强度/(kN/m)			26.2
促进剂 TT	0.5	脆性温度(单试样法)/℃			−69
氧化锌	6	热空气加速老化(72℃×96h)	拉伸强度/MPa		9.5
氧化镁	8		拉断伸长率/%		425
机油 10#	30		性能变化率/%	拉伸强度	−3
碳酸钙	80			伸长率	−17
通用炉黑(天津)	40	圆盘振荡硫化仪(143℃)	M_L/N·m		5.4
高耐磨炉黑	7		M_H/N·m		44.4
硫黄	0.7		t_{10}		4 分 15 秒
合计	286		t_{90}		7 分

混炼加料顺序：天然胶＋顺丁胶＋黑油膏＋（石蜡、硬脂酸、防老剂 A）＋（4010、促进剂、氧化锌、氧化镁）＋（机油、炭黑、碳酸钙）＋硫黄——薄通 6 次下片备用

混炼辊温：55℃±5℃

表 8-7 小实心胎（游乐场用，硬度 58）

配方编号 / 基本用量/g / 材料名称	7	试验项目			试验结果
烟片胶 3#（1 段）	50	硫化条件(148℃)/min			15
顺丁胶	50	邵尔 A 型硬度/度			58
石蜡	0.5	拉伸强度/MPa			17.5
硬脂酸	2.5	拉断伸长率/%			545
防老剂 A	1.5	定伸应力/MPa	300%		17.8
防老剂 4010	1		500%		15.0
促进剂 DM	1.2	拉断永久变形/%			12
促进剂 M	0.3	无割口直角撕裂强度/(kN/m)			71.5
促进剂 TT	0.1	回弹性/%			45
氧化锌	5	脆性温度/℃			−70(不断)
机油 15#	16	阿克隆磨耗/(cm^3/1.61km)			0.172
高耐磨炉黑	20	密度/(g/cm^3)			1.13
通用炉黑	45	屈挠龟裂/万次			46(无,无,无)
硫黄	0.9				51,(1,无,无,)
合计	194	B 型压缩永久变形（压缩率 25%）/%	室温×22h		7
			70℃×22h		27
		热空气加速老化（70℃×96h）	拉伸强度/MPa		17.8
			拉断伸长率/%		469
			性能变化率/%	拉伸强度	+2
				伸长率	−14
		圆盘振荡硫化仪（148℃）	M_L/N·m		6.1
			M_H/N·m		39.1
			t_{10}		5 分 36 秒
			t_{90}		10 分 12 秒

混炼加料顺序：胶＋（石蜡、硬脂酸、防老剂 A）＋（4010、促进剂、氧化锌）＋（机油、炭黑）＋硫黄——薄通 4 次下片备用

混炼辊温：55℃±5℃

表 8-8 美容仪用气拍胶（耐屈挠、耐老化，硬度 58）

材料名称 \ 基本用量/g \ 配方编号	8	试验项目			试验结果
氯化聚乙烯(135A)	100	硫化条件(163℃)/min			15
硬脂酸锌	2	邵尔 A 型硬度/度			58
氧化镁	10	拉伸强度/MPa			22.0
邻苯二甲酸二辛酯(DOP)	20	拉断伸长率/%			552
半补强炉黑	35	定伸应力/MPa		300%	5.2
硫化剂 DCP	4			500%	13.8
合计	171	拉断永久变形/%			28
		撕裂强度/(kN/m)			34.6
		回弹性/%			48
		热空气加速老化(100℃×96h)	拉伸强度/MPa		23.7
			拉断伸长率/%		548
			性能变化率/%	拉伸强度	+9
				伸长率	−1
		B 型压缩永久变形(120℃×22h)/%		压缩率 20%	18
				压缩率 25%	21
		圆盘振荡硫化仪(163℃)	M_L/N·m	10.9	
			M_H/N·m	57.6	
			t_{10}	3 分 48 秒	
			t_{90}	13 分 12 秒	

混炼加料顺序：CPE(压透明)＋硬脂酸锌＋氧化镁——薄通 3 次下片备用

辊温 55℃±5℃，母胶＋ $\frac{\text{DCP}}{\text{炭黑}}$ ＋DCP——薄通 6 次下片备用

混炼辊温：80℃±5℃

表 8-9 通用胶（耐屈挠，硬度 59）

材料名称 \ 基本用量/g \ 配方编号	9	试验项目			试验结果
烟片胶 3#（1 段）	70	硫化条件(153℃)/min			12
顺丁胶	30	邵尔 A 型硬度/度			59
硬脂酸	2.5	拉伸强度/MPa			19.5
防老剂 4010NA	1	拉断伸长率/%			600
防老剂 4010	1.5	定伸应力/MPa	300%		7.8
防老剂 H	0.3		500%		15.3
促进剂 DM	1	拉断永久变形/%			18
促进剂 M	0.2	回弹性/%			44
氧化锌	8	屈挠龟裂/万次			51(无,无,无)
机油 10#	9	B 型压缩永久变形(压缩率 25%)/%	室温×22h		9
高耐磨炉黑	40		70℃×22h		40
通用炉黑	15	热空气加速老化(70℃×96h)	拉伸强度/MPa		20.9
硫黄	0.9		拉断伸长率/%		534
合计	179.4		性能变化率/%	拉伸强度	+7
				伸长率	−11
		圆盘振荡硫化仪(153℃)	M_L/N·m		11.3
			M_H/N·m		26.39
			t_{10}		2 分 13 秒
			t_{90}		8 分 19 秒

混炼加料顺序：天然胶＋顺丁胶＋（硬脂酸、4010NA）＋（4010、促进剂、氧化锌、防老剂 H）＋（机油、炭黑）＋硫黄——薄通 6 次下片备用

混炼辊温：55℃±5℃

8.2 耐屈挠、耐老化胶配方（邵尔 A 硬度 62~91）

表 8-10 通用胶（耐屈挠，硬度 62）

材料名称＼基本用量/g＼配方编号	10	试验项目			试验结果
烟片胶 3#（1 段）	70	硫化条件(153℃)/min			12
顺丁胶	30	邵尔 A 型硬度/度			62
硬脂酸	2.5	拉伸强度/MPa			20.3
防老剂 4010NA	1	拉断伸长率/%			689
防老剂 4010	1.5	定伸应力/MPa	300%		6.6
防老剂 H	0.3		500%		13.9
促进剂 DM	1	拉断永久变形/%			24
促进剂 M	0.2	回弹性/%			40
氧化锌	8	无割口直角撕裂强度/(kN/m)			84.0
机油 10#	9	屈挠龟裂/万次			51(无,无,无)
中超耐磨炉黑	55	B 型压缩永久变形（压缩率 25%）/%	室温×22h		9
硫黄	0.9		70℃×22h		40
合计	179.4	热空气加速老化（70℃×96h）	拉伸强度/MPa		24.2
			拉断伸长率/%		571
			性能变化率/%	拉伸强度	+17
				伸长率	−17
		圆盘振荡硫化仪（153℃）	M_L/N·m		12.9
			M_H/N·m		27.91
			t_{10}		2 分 07 秒
			t_{90}		8 分 32 秒

混炼加料顺序：天然胶＋顺丁胶＋（硬脂酸、4010NA）＋（4010、促进剂、氧化锌、防老剂 H）＋（机油、炭黑）＋硫黄——薄通 6 次下片备用

混炼辊温：55℃±5℃

表 8-11 通用胶（耐屈挠，硬度 63）

<table>
<tr><td>配方编号
基本用量/g
材料名称</td><td>11</td><td colspan="3">试验项目</td><td>试验结果</td></tr>
<tr><td>烟片胶 3#（1 段）</td><td>70</td><td colspan="3">硫化条件(143℃)/min</td><td>30</td></tr>
<tr><td>顺丁胶</td><td>30</td><td colspan="3">邵尔 A 型硬度/度</td><td>63</td></tr>
<tr><td>防老剂 RD</td><td>1</td><td colspan="3">拉伸强度/MPa</td><td>21.3</td></tr>
<tr><td>石蜡</td><td>1</td><td colspan="3">拉断伸长率/%</td><td>578</td></tr>
<tr><td>硬脂酸</td><td>2</td><td colspan="2" rowspan="2">定伸应力/MPa</td><td>300%</td><td>11.0</td></tr>
<tr><td>促进剂 NOBS</td><td>1</td><td>500%</td><td>22.5</td></tr>
<tr><td>防老剂 4010</td><td>1.5</td><td colspan="3">拉断永久变形/%</td><td>25</td></tr>
<tr><td>氧化锌</td><td>5</td><td colspan="3">回弹性/%</td><td>44</td></tr>
<tr><td>芳烃油</td><td>7</td><td colspan="3">阿克隆磨耗/cm³</td><td>0.130</td></tr>
<tr><td>中超耐磨炉黑</td><td>53</td><td colspan="3">试样密度/(g/cm³)</td><td>1.13</td></tr>
<tr><td>硫黄</td><td>1.8</td><td colspan="3">无割口直角撕裂强度/(kN/m)</td><td>90.0</td></tr>
<tr><td>合计</td><td>173.3</td><td colspan="3">屈挠龟裂/万次</td><td>51(无,无,无)</td></tr>
<tr><td colspan="2" rowspan="8"></td><td rowspan="4">热空气加速老化
(100℃×48h)</td><td colspan="2">拉伸强度/MPa</td><td>14.5</td></tr>
<tr><td colspan="2">拉断伸长率/%</td><td>285</td></tr>
<tr><td rowspan="2">性能变化率/%</td><td>拉伸强度</td><td>−45</td></tr>
<tr><td>伸长率</td><td>−50</td></tr>
<tr><td rowspan="4">圆盘振荡硫化仪
(143℃)</td><td>M_L/N·m</td><td colspan="2">10.91</td></tr>
<tr><td>M_H/N·m</td><td colspan="2">33.85</td></tr>
<tr><td>t_{10}</td><td colspan="2">7 分 30 秒</td></tr>
<tr><td>t_{90}</td><td colspan="2">16 分 10 秒</td></tr>
<tr><td colspan="6">混炼加料顺序：天然胶＋顺丁胶＋RD(80℃±5℃)降温＋石蜡 硬脂酸＋NOBS 4010 氧化锌＋芳烃油 炭黑＋硫黄——薄通 6 次下片备用
混炼辊温：55℃±5℃</td></tr>
</table>

表 8-12 减震胶垫（耐屈挠，硬度 63）

<table>
<tr><td>配方编号
基本用量/g
材料名称</td><td>12</td><td colspan="3">试验项目</td><td>试验结果</td></tr>
<tr><td>烟片胶 3#（1 段）</td><td>70</td><td colspan="3">硫化条件(153℃)/min</td><td>10</td></tr>
<tr><td>丁苯胶 1500#</td><td>30</td><td colspan="3">邵尔 A 型硬度/度</td><td>63</td></tr>
<tr><td>防老剂 4010</td><td>1.5</td><td colspan="3">拉伸强度/MPa</td><td>23.2</td></tr>
<tr><td>防老剂 4010NA</td><td>1</td><td colspan="3">拉断伸长率/%</td><td>628</td></tr>
<tr><td>防老剂 H</td><td>0.3</td><td colspan="2" rowspan="2">定伸应力/MPa</td><td>300%</td><td>9.7</td></tr>
<tr><td>硬脂酸</td><td>2.5</td><td>500%</td><td>18.2</td></tr>
<tr><td>氧化锌</td><td>8</td><td colspan="3">拉断永久变形/%</td><td>21</td></tr>
<tr><td>促进剂 DM</td><td>1.2</td><td colspan="3">无割口直角撕裂强度/(kN/m)</td><td>86.9</td></tr>
<tr><td>促进剂 TT</td><td>0.05</td><td colspan="3">回弹性/%</td><td>40</td></tr>
<tr><td>中超耐磨炉黑</td><td>20</td><td colspan="3">脆性温度/℃</td><td>−60.6</td></tr>
<tr><td>通用炉黑</td><td>40</td><td colspan="3">屈挠龟裂/万次</td><td>45(1,1,1)</td></tr>
<tr><td>机油 10#</td><td>9</td><td colspan="2" rowspan="2">B 型压缩永久变形
(压缩率 25%)/%</td><td>室温×22h</td><td>10</td></tr>
<tr><td>硫黄</td><td>1.3</td><td>70℃×22h</td><td>36</td></tr>
<tr><td>合计</td><td>184.85</td><td rowspan="4">热空气加速老化
(70℃×96h)</td><td colspan="2">拉伸强度/MPa</td><td>23.2</td></tr>
<tr><td colspan="2" rowspan="7"></td><td colspan="2">拉断伸长率/%</td><td>515</td></tr>
<tr><td rowspan="2">性能变化率/%</td><td>拉伸强度</td><td>0</td></tr>
<tr><td>伸长率</td><td>−18</td></tr>
<tr><td rowspan="4">圆盘振荡硫化仪
(153℃)</td><td>M_L/N·m</td><td colspan="2">14.1</td></tr>
<tr><td>M_H/N·m</td><td colspan="2">33.1</td></tr>
<tr><td>t_{10}</td><td colspan="2">2 分 53 秒</td></tr>
<tr><td>t_{90}</td><td colspan="2">7 分 54 秒</td></tr>
<tr><td colspan="6">混炼加料顺序：NR＋SBR＋(硬脂酸
4010NA)＋(4010
防老剂 H
氧化锌
促进剂)＋(机油
炭黑)＋硫黄——薄通 6 次下片备用

混炼辊温：55℃±5℃</td></tr>
</table>

表 8-13 制动钳用防尘圈（耐老化，硬度 65）

基本用量/g 材料名称 \ 配方编号	13	试验项目			试验结果
三元乙丙胶 4045	96	硫化条件(163℃)/min			15
丁腈胶 2707(1 段)	4	邵尔 A 型硬度/度			65
中超耐磨炉黑	40	拉伸强度/MPa			17.5
癸二酸二辛酯(DOS)	4	拉断伸长率/%			370
白凡士林	4	定伸应力/MPa		100%	2.9
硬脂酸	1			300%	14.1
促进剂 CZ	0.5	拉断永久变形/%			10
氧化锌	5	回弹性/%			45
氧化镁	3	无割口直角撕裂强度/(kN/m)			45.4
硫化剂 DCP	3.6	B 型压缩永久变形(120℃×22h)/%		压缩率 25%	16
硫黄	0.3			压缩率 30%	19
合计	161.4	热空气加速老化(120℃×70h)	拉伸强度/MPa		18.8
			拉断伸长率/%		358
			性能变化率/%	拉伸强度	+7
				伸长率	−3
		圆盘振荡硫化仪(163℃)	M_L/N·m		6.8
			M_H/N·m		50.5
			t_{10}		2 分 36 秒
			t_{90}		13 分 24 秒

混炼加料顺序：乙丙胶＋丁腈胶(薄通 3 次)＋ DOS 炭黑 凡士林 ＋硬脂酸＋ CZ 氧化锌 氧化镁 ＋ DCP 硫黄 ——薄通8次下片备用

混炼辊温：45℃±5℃

表 8-14 美容仪用气拍胶（耐老化，硬度 66）

材料名称 \ 基本用量/g \ 配方编号	14	试验项目			试验结果
氯化聚乙烯(135A)	100	硫化条件(163℃)/min			60
硬脂酸锌	3	邵尔 A 型硬度/度			66
氧化镁	3	拉伸强度/MPa			19.6
邻苯二甲酸二辛酯(DOP)	30	拉断伸长率/%			596
半补强炉黑	50	定伸应力/MPa		300%	9.0
氧化锌	5			500%	16.1
促进剂 CZ	1.5	拉断永久变形/%			34
促进剂 NA22	2	撕裂强度/(kN/m)			48.1
促进剂 TT	0.05	回弹性/%			39
硫黄	1	热空气加速老化(70℃×96h)	拉伸强度/MPa		20.3
合计	195.55		拉断伸长率/%		552
			性能变化率/%	拉伸强度	+4
				伸长率	−7
		圆盘振荡硫化仪(163℃)	M_L/N·m		4.3
			M_H/N·m		55.4
			t_{10}		8 分 24 秒
			t_{90}		69 分 36 秒

混炼加料顺序：CPE(辊温 80℃±5℃)压透明+硬脂酸锌+氧化镁 氧化锌(降温)+DOP 炭黑+促进剂 硫黄——薄通 6 次下片备用

混炼辊温：55℃±5℃

表 8-15 三元乙丙胶（耐老化，硬度 68）

配方编号 基本用量/g 材料名称	15	试验项目			试验结果
三元乙丙胶 4045	96	硫化条件(163℃)/min			25
丁腈胶 2707(薄通 20 次)	4	邵尔 A 型硬度/度			68
中超耐磨炉黑	45	拉伸强度/MPa			16.8
邻苯二甲酸二辛酯(DOP)	3	拉断伸长率/%			238
白凡士林	4	200%定伸应力/MPa			12.9
硬脂酸	1	拉断永久变形/%			5
促进剂 CZ	0.5	无割口直角撕裂强度/(kN/m)			38.2
氧化锌	5	B 型压缩永久变形(120℃×22h)/%	压缩率 20%		15
氧化镁	3		压缩率 25%		14
硫化剂 DCP	4	耐重庆制动液(120℃×70h)	质量变化率/%		+2.20
			体积变化率/%		+2.80
硫黄	0.3	老化后硬度(120℃×70h)/度			73
合计	165.8	热空气加速老化(120℃×70h)	拉伸强度/MPa		19.1
			拉断伸长率/%		256
			性能变化率/%	拉伸强度	+13.7
				伸长率	+7.6
		圆盘振荡硫化仪(163℃)	M_L/N·m		3.6
			M_H/N·m		80.1
			t_{10}		4 分
			t_{90}		22 分 24 秒

混炼加料顺序：乙丙胶＋丁腈胶(混匀，薄通 3 次)＋ DOP 炭黑 凡士林 ＋硬脂酸＋ CZ 氧化锌 氧化镁 ＋DCP——薄通 8 次下片备用

混炼辊温：45℃±5℃

表 8-16 三元乙丙胶（耐老化，硬度 74）

配方编号 基本用量/g 材料名称	16	试验项目			试验结果
三元乙丙胶 4045	96	硫化条件(163℃)/min			30
丁腈胶 2707(薄通 15 次)	4	邵尔 A 型硬度/度			74
中超耐磨炉黑	35	拉伸强度/MPa			16.6
半补强炉黑	30	拉断伸长率/%			292
硬脂酸	1	100%定伸应力/MPa			3.8
促进剂 CZ	1.4	拉断永久变形/%			7
氧化锌	5	回弹性/%			47
氧化镁	3	无割口直角撕裂强度/(kN/m)			33.0
硫化剂 DCP	2.8	脆性温度(单试样法)/℃			−70 不断
合计	178.2	B 型压缩永久变形(120℃×22h,压缩率 25%)/%			18
		耐日本(沸点 130℃)刹车油(120℃×70h)		质量变化率/%	+3.31
				体积变化率/%	+3.80
		热空气加速老化(120℃×70h)	拉伸强度/MPa		17.3
			拉断伸长率/%		304
			性能变化率/%	拉伸强度	+4.2
				伸长率	+4.1
		圆盘振荡硫化仪(163℃)	M_L/N·m		6.9
			M_H/N·m		68.0
			t_{10}		3 分 30 秒
			t_{90}		19 分 40 秒

混炼加料顺序：乙丙胶＋丁腈胶(薄通 3 次)＋炭黑＋硬脂酸＋（氧化锌/氧化镁/CZ）＋DCP——薄通 8 次下片备用

混炼辊温：45℃＋5℃

表 8-17 真空密封耐热胶（硬度 72）

材料名称 \ 基本用量/g \ 配方编号	17
丁基胶 268	100
中超耐磨炉黑	40
通用炉黑	10
陶土	20
机油 10#	3
硬脂酸	1
防老剂 4010	1.5
氧化锌	5
促进剂 TT	3
硫黄	1.3
合计	184.8

试验项目			试验结果
硫化条件(163℃)/min			20
邵尔 A 型硬度/度			72
拉伸强度/MPa			14.9
拉断伸长率/%			522
定伸应力/MPa	300%		7.5
	500%		13.9
拉断永久变形/%			35
无割口直角撕裂强度/(kN/m)			36.4
屈挠龟裂/万次			5(3,3,3)
B 型压缩永久变形(100℃×24h)/%	压缩率 15%		40
	压缩率 25%		70
热空气加速老化(100℃×96h)	拉伸强度/MPa		13.4
	拉断伸长率/%		428
	性能变化率/%	拉伸强度	−10
		伸长率	−18
圆盘振荡硫化仪(163℃)	M_L/N·m		9.6
	M_H/N·m		51.0
	t_{10}		4 分
	t_{90}		13 分 36 秒

混炼加料顺序：胶＋机油＋硬脂酸＋炭黑/陶土＋氧化锌/4010＋硫黄/TT——薄通 8 次下片备用

混炼辊温：45℃±5℃

表 8-18 再生胶压滤机板框胶（高硬度 91）

材料名称 \ 基本用量/g \ 配方编号	18	试验项目			试验结果
胎面再生胶	100	硫化条件(143℃)/min			20
硬脂酸	4	邵尔 A 型硬度/度			91
石蜡	1	拉伸强度/MPa			8.6
防老剂 A	0.5	拉断伸长率/%			110
促进剂 DM	1.5	100%定伸应力/MPa			8.7
氧化锌	3	拉断永久变形/%			10
机油 15#	5	撕裂强度/(kN/m)			19.5
高耐磨炉黑	25	回弹性/%			25
瓷土	40	热空气加速老化(70℃×96h)	拉伸强度/MPa		9.7
硫黄	2.5		拉断伸长率/%		79
合计	182.5		性能变化率/%	拉伸强度	+13
				伸长率	−20
		耐液体试验质量变化率(室温×24h)/%		20% H_2SO_4	+0.18
				20% NaOH	+0.43
		圆盘振荡硫化仪(143℃)	M_L/N·m		19.8
			M_H/N·m		85.0
			t_{10}		4 分 12 秒
			t_{90}		14 分 30 秒

混炼加料顺序：胶(压炼 5min)＋（石蜡、硬脂酸、防老剂 A）＋（氧化锌、DM）＋（机油、炭黑、瓷土）＋硫黄——薄通 4 次下片备用

混炼辊温：50℃±5℃

第9章 耐磨、抗撕裂胶配方

9.1 耐磨、抗撕裂胶配方（邵尔A硬度59~63）

表9-1 耐磨胶（硬度59）

配方编号 基本用量/g 材料名称	1	试验项目			试验结果
烟片胶3#（1段）	50	硫化条件(160℃)/min			12
顺丁胶	50	邵尔A型硬度/度			59
防老剂RD	1	拉伸强度/MPa			22.2
硬脂酸	2.5	拉断伸长率/%			664
防老剂4010NA	1.5	定伸应力/MPa	100%		1.7
石蜡	1		300%		7.3
促进剂NOBS	1	拉断永久变形/%			16
氧化锌	5	回弹性/%			42
中超耐磨炉黑	52	阿克隆磨耗/cm^3			0.055
芳烃油	6	试样密度/(g/cm^3)			1.12
硫黄	1.2	无割口直角撕裂强度/(kN/m)			61.3
合计	171.2	B型压缩永久变形(70℃×24h,压缩率25%)/%			27
		热空气加速老化(100℃×24h)	拉伸强度/MPa		21.5
			拉断伸长率/%		535
			性能变化率/%	拉伸强度	−3
				伸长率	−19
		圆盘振荡硫化仪(160℃)	M_L/N·m		16.42
			M_H/N·m		32.88
			t_{10}		3分06秒
			t_{90}		6分47秒

混炼加料顺序：天然胶＋顺丁胶＋RD(80℃±5℃)降温＋（硬脂酸、石蜡、4010NA）＋（NOBS、氧化锌）＋（芳烃油、炭黑）＋硫黄——薄通6次下片备用

混炼辊温：55℃±5℃

表 9-2 耐磨胶 1（三胶并用，硬度 63）

材料名称 \ 基本用量/g \ 配方编号	2	试验项目			试验结果
烟片胶 1#（1 段）	30	硫化条件(143℃)/min			35
顺丁胶	40	邵尔 A 型硬度/度			63
丁苯胶 1500	30	拉伸强度/MPa			21.7
石蜡	1	拉断伸长率/%			539
硬脂酸	3	定伸应力/MPa	300%		9.2
防老剂 A	1		500%		19.8
防老剂 4010	1.5	拉断永久变形/%			13
促进剂 CZ	0.9	回弹性/%			42
氧化锌	4	阿克隆磨耗/cm^3			0.078
机油 10#	6.5	阿克隆磨耗(100℃×48h)/cm^3			0.168
中超耐磨炉黑	40	试样密度/(g/cm^3)			1.114
高耐磨炉黑	13	热空气加速老化(100℃×48h)	拉伸强度/MPa		19.2
硫黄	1.2		拉断伸长率/%		415
合计	172.5		性能变化率/%	拉伸强度	−11.5
				伸长率	−23
		门尼焦烧(120℃)	t_5		54 分
		圆盘振荡硫化仪(143℃)	t_{10}		16 分 30 秒
			t_{90}		33 分

混炼加料顺序：天然胶＋丁苯胶＋顺丁胶＋（硬脂酸、石蜡、防老剂 A）＋（CZ、4010、氧化锌）＋（机油、炭黑）＋硫黄——薄通 6 次下片备用

混炼辊温：55℃±5℃

表 9-3 耐磨胶 2（三胶并用，硬度 63）

<table>
<tr><td>配方编号
基本用量/g
材料名称</td><td>3</td><td colspan="3">试验项目</td><td>试验结果</td></tr>
<tr><td>烟片胶 1#（1 段）</td><td>30</td><td colspan="3">硫化条件(143℃)/min</td><td>40</td></tr>
<tr><td>顺丁胶</td><td>50</td><td colspan="3">邵尔 A 型硬度/度</td><td>63</td></tr>
<tr><td>丁苯胶 1500</td><td>20</td><td colspan="3">拉伸强度/MPa</td><td>22.2</td></tr>
<tr><td>石蜡</td><td>1</td><td colspan="3">拉断伸长率/%</td><td>548</td></tr>
<tr><td>硬脂酸</td><td>2</td><td colspan="3">300%定伸应力/MPa</td><td>8.8</td></tr>
<tr><td>防老剂 4010NA</td><td>1.5</td><td colspan="3">拉断永久变形/%</td><td>9</td></tr>
<tr><td>防老剂 4010</td><td>1.2</td><td colspan="3">回弹性/%</td><td>44</td></tr>
<tr><td>促进剂 NOBS</td><td>1.2</td><td colspan="3">阿克隆磨耗(70℃×48h)/cm^3</td><td>0.098</td></tr>
<tr><td>氧化锌</td><td>5</td><td rowspan="4">热空气加速老化
(100℃×48h)</td><td colspan="2">拉伸强度/MPa</td><td>21.2</td></tr>
<tr><td>防老剂 H</td><td>0.3</td><td colspan="2">拉断伸长率/%</td><td>486</td></tr>
<tr><td>机油 10#</td><td>4.5</td><td rowspan="2">性能变化率/%</td><td>拉伸强度</td><td>−4.5</td></tr>
<tr><td>中超耐磨炉黑</td><td>50</td><td>伸长率</td><td>−11.3</td></tr>
<tr><td>硫黄</td><td>1.2</td><td colspan="3">门尼黏度[50ML(1+4)100℃]</td><td>58</td></tr>
<tr><td>合计</td><td>167.9</td><td rowspan="2">门尼焦烧(120℃)</td><td>t_5</td><td colspan="2">55 分 30 秒</td></tr>
<tr><td rowspan="3" colspan="2"></td><td>t_{35}</td><td colspan="2">62 分 30 秒</td></tr>
<tr><td rowspan="2">圆盘振荡硫化仪
(143℃)</td><td>t_{10}</td><td colspan="2">18 分 50 秒</td></tr>
<tr><td>t_{90}</td><td colspan="2">33 分</td></tr>
<tr><td colspan="6">混炼加料顺序：天然胶＋丁苯胶＋顺丁胶＋（硬脂酸、石蜡、4010NA）＋（4010、NOBS、氧化锌、防老剂 H）＋（机油、炭黑）＋硫黄——薄通 6 次下片备用
混炼辊温：55℃±5℃</td></tr>
</table>

表 9-4 耐磨、耐低温胶（硬度 60）

材料名称 \ 基本用量/g \ 配方编号	4	试验项目			试验结果
烟片胶 3#（1 段）	30	硫化条件(148℃)/min			25
顺丁胶	70	邵尔 A 型硬度/度			60
防老剂 RD	1.5	拉伸强度/MPa			19.6
石蜡	1	拉断伸长率/%			628
硬脂酸	3	定伸应力/MPa	300%		6.6
防老剂 4010NA	1		500%		14.0
促进剂 NOBS	0.7	拉断永久变形/%			18
氧化锌	4	回弹性/%			44
机油 10#	7	阿克隆磨耗/cm^3			0.064
新工艺高结构中超耐磨	50	试样密度/(g/cm^3)			1.11
硫黄	1.5	无割口直角撕裂强度/(kN/m)			71.0
合计	169.7	脆性温度(单试样法)/℃			−70 不断
		热空气加速老化（70℃×96h）	拉伸强度/MPa		19.9
			拉断伸长率/%		515
			性能变化率/%	拉伸强度	+2
				伸长率	−18
		圆盘振荡硫化仪（148℃）	M_L/N·m		10.63
			M_H/N·m		29.46
			t_{10}		9 分 48 秒
			t_{90}		20 分 56 秒

混炼加料顺序：天然胶＋顺丁胶＋RD(80℃±5℃)降温＋ 硬脂酸 石蜡 4010NA ＋ NOBS 氧化锌 ＋ 机油 炭黑 ＋硫黄——薄通 6 次下片备用

混炼辊温：55℃±5℃

表 9-5 耐磨、耐低温胶（硬度 63）

材料名称 \ 基本用量/g \ 配方编号	5	试验项目			试验结果
烟片胶 $3^{\#}$（1 段）	50	硫化条件(148℃)/min			25
顺丁胶	50	邵尔 A 型硬度/度			63
防老剂 RD	1.5	拉伸强度/MPa			21.3
石蜡	1	拉断伸长率/%			594
硬脂酸	3	定伸应力/MPa	300%		9.1
防老剂 4010NA	1		500%		18.1
促进剂 NOBS	0.7	拉断永久变形/%			18
氧化锌	4	回弹性/%			43
机油 $10^{\#}$	7	阿克隆磨耗/cm^3			0.066
新工艺高结构中超耐磨	50	试样密度/(g/cm^3)			1.11
硫黄	1.5	无割口直角撕裂强度/(kN/m)			79.4
合计	169.7	脆性温度(单试样法)/℃			−70 不断
		热空气加速老化(70℃×96h)	拉伸强度/MPa		23.2
			拉断伸长率/%		520
			性能变化率/%	拉伸强度	+7
				伸长率	−12
		圆盘振荡硫化仪(148℃)	M_L/N·m		10.20
			M_H/N·m		30.08
			t_{10}		8 分 39 秒
			t_{90}		18 分 48 秒

混炼加料顺序：天然胶＋顺丁胶＋RD(80℃±5℃)降温＋硬脂酸、石蜡、4010NA＋NOBS、氧化锌＋机油、炭黑＋硫黄——薄通 6 次下片备用

混炼辊温：55℃±5℃

表 9-6 抗撕裂胶（硬度 61）

配方编号 / 基本用量/g / 材料名称	6	试验项目			试验结果
烟片胶 3#（1 段）	70	硫化条件(153℃)/min			10
顺丁胶	30	邵尔 A 型硬度/度			61
硬脂酸	2.5	拉伸强度/MPa			17.5
防老剂 4010NA	1	拉断伸长率/%			564
防老剂 4010	1.5	定伸应力/MPa	300%		9.1
防老剂 H	0.3		500%		15.5
促进剂 DM	1.2	拉断永久变形/%			16
氧化锌	8	回弹性/%			45
机油 10#	9	无割口直角撕裂强度/(kN/m)			93.0
通用炉黑	50	脆性温度(单试样法)/℃			−69
高耐磨炉黑	15	屈挠龟裂/万次			16.5 (1,无,1)
硫黄	1.1	减震垫耐久性/万次			86
合计	169.6	B 型压缩永久变形(压缩率 25%)/%	室温×22h		8
			70℃×22h		47
		热空气加速老化（70℃×96h）	拉伸强度/MPa		21.6
			拉断伸长率/%		542
			性能变化率/%	拉伸强度	+10
				伸长率	−3.9
		圆盘振荡硫化仪（153℃）	M_L/N·m		14.34
			M_H/N·m		30.50
			t_{10}		2 分 30 秒
			t_{90}		8 分 55 秒

混炼加料顺序：天然胶＋顺丁胶＋（硬脂酸、4010NA）＋（DM、4010、氧化锌、防老剂 H）＋（机油、炭黑）＋硫黄——薄通 6 次下片备用

混炼辊温：55℃±5℃

表 9-7 抗撕裂、耐低温胶（硬度 61）

材料名称 \ 基本用量/g \ 配方编号	7	试验项目			试验结果
烟片胶 3#（1 段）	60	硫化条件(153℃)/min			8
顺丁胶	40	邵尔 A 型硬度/度			61
硬脂酸	2.5	拉伸强度/MPa			19.5
防老剂 4010NA	1	拉断伸长率/%			573
防老剂 4010	1.5	定伸应力/MPa	300%		9.4
防老剂 H	0.3		500%		17.0
促进剂 M	1.1	拉断永久变形/%			19
促进剂 D	0.2	回弹性/%			42
促进剂 TT	0.1	无割口直角撕裂强度/(kN/m)			91
氧化锌	8	脆性温度(单试样法)/℃			−70 不断
机油 10#	10	屈挠龟裂/万次			17（无,1,1）
中超耐磨炉黑	40	B 型压缩永久变形(压缩率 25%)/%	室温×22h		10
通用炉黑	20		70℃×22h		43
硫黄	0.9	热空气加速老化（70℃×96h）	拉伸强度/MPa		20.1
合计	185.6		拉断伸长率/%		532
			性能变化率/%	拉伸强度	+3
				伸长率	−7
		圆盘振荡硫化仪（153℃）	M_L/N·m		15.24
			M_H/N·m		31.69
			t_{10}		2 分 06 秒
			t_{90}		5 分 31 秒

混炼加料顺序：天然胶＋顺丁胶＋硬脂酸/4010NA＋4010/促进剂/氧化锌/防老剂 H＋机油/炭黑＋硫黄——薄通 6 次下片备用

混炼辊温：55℃±5℃

表 9-8 耐磨、抗撕裂胶（硬度 63）

配方编号 / 基本用量/g / 材料名称	8	试验项目			试验结果
烟片胶 1#（1 段）	50	硫化条件(143℃)/min			40
顺丁胶	50	邵尔 A 型硬度/度			63
硬脂酸	2	拉伸强度/MPa			25.4
防老剂 4010NA	1.5	拉断伸长率/%			604
石蜡	1	定伸应力/MPa	300%		9.7
防老剂 D	1.2		500%		20.4
防老剂 H	0.3	拉断永久变形/%			16
促进剂 NOBS	1	回弹性/%			43
氧化锌	4	阿克隆磨耗(100℃×48h)/cm^3			0.170
机油 10#	4	试样密度/(g/cm^3)			1.108
中超耐磨炉黑	50	无割口直角撕裂强度/(kN/m)			91.0
硫黄	1.2	热空气加速老化(100℃×48h)	拉伸强度/MPa		21.5
合计	166.2		拉断伸长率/%		431
			性能变化率/%	拉伸强度	−15.4
				伸长率	−28.6
		门尼黏度[50ML(3+4)100℃]			57
		门尼焦烧(120℃)	t_5		35 分 30 秒
			t_{35}		40 分 30 秒
		圆盘振荡硫化仪(143℃)	t_{10}		10 分 15 秒
			t_{90}		19 分 15 秒

混炼加料顺序：天然胶＋顺丁胶＋（硬脂酸、石蜡、4010NA）＋（NOBS、氧化锌、防老剂 H、防老剂 D）＋（机油、炭黑）＋硫黄——薄通 6 次下片备用

混炼辊温：55℃±5℃

9.2 耐磨、抗撕裂胶配方（邵尔 A 硬度 65～88）

表 9-9 耐屈挠、抗撕裂胶（硬度 65）

材料名称 \ 基本用量/g \ 配方编号	9	试验项目			试验结果
烟片胶 3#（1 段）	70	硫化条件(143℃)/min			30
顺丁胶	30	邵尔 A 型硬度/度			65
防老剂 RD	1	拉伸强度/MPa			26.7
石蜡	1	拉断伸长率/%			573
硬脂酸	2.5	定伸应力/MPa		300%	11.4
防老剂 4020	1.5			500%	23.0
促进剂 NOBS	1	拉断永久变形/%			22
氧化锌	4	回弹性/%			43
芳烃油	6	阿克隆磨耗(70℃×48h)/cm^3			0.124
中超耐磨炉黑	53	试样密度/(g/cm^3)			1.13
硫黄	1.8	无割口直角撕裂强度/(kN/m)			90.6
合计	171.8	屈挠龟裂/万次			51 （无，无，2）
		割口龟裂/万次			51 （无，无，1）
		热空气加速老化 （100℃×48h）	拉伸强度/MPa		14.9
			拉断伸长率/%		271
			性能变化率/%	拉伸强度	－44
				伸长率	－53
		圆盘振荡硫化仪 （143℃）	M_L/N·m		11.02
			M_H/N·m		34.19
			t_{10}		7 分 22 秒
			t_{90}		16 分 24 秒

混炼加料顺序：天然胶＋顺丁胶＋RD(80℃±5℃)降温＋石蜡 硬脂酸＋4020 NOBS 氧化锌＋芳烃油 炭黑＋硫黄——薄通 6 次下片备用

混炼辊温：55℃±5℃

表 9-10 耐磨、抗撕裂、耐屈挠胶（硬度 65）

材料名称 \ 基本用量/g \ 配方编号	10	试验项目			试验结果
烟片胶 3#(1 段)	50	硫化条件(140℃)/min			25
顺丁胶	50	邵尔 A 型硬度/度			65
防老剂 RD	1.2	拉伸强度/MPa			22.4
硬脂酸	2	拉断伸长率/%			644
防老剂 4010NA	1.5	定伸应力/MPa	300%		8.6
促进剂 NOBS	0.9		500%		17.6
氧化锌	5	拉断永久变形/%			19
芳烃油	6	回弹性/%			39
中超耐磨炉黑	52	阿克隆磨耗(70℃×48h)/cm^3			0.027
硫黄	1.6	试样密度/(g/cm^3)			
合计	170.2	无割口直角撕裂强度/(kN/m)			134
		屈挠龟裂/万次			50(无,无,无)
		热空气加速老化(100℃×48h)	拉伸强度/MPa		18.6
			拉断伸长率/%		396
			性能变化率/%	拉伸强度	−17
				伸长率	−38.5
		门尼焦烧(120℃)	t_5	54 分	
		圆盘振荡硫化仪(140℃)	M_L/N·m	17.5	
			M_H/N·m	69.0	
			t_{10}	10 分 15 秒	
			t_{90}	23 分 45 秒	

混炼加料顺序:天然胶+顺丁胶+RD(80℃±5℃)降温+(硬脂酸 4010NA)+(NOBS 氧化锌)+(芳烃油 炭黑)+硫黄——薄通 6 次下片备用

混炼辊温:55℃±5℃

表 9-11 抗撕裂天然胶（硬度 68）

<table>
<tr><td>配方编号
基本用量/g
材料名称</td><td>11</td><td colspan="3">试验项目</td><td>试验结果</td></tr>
<tr><td>烟片胶 3#（2 段）</td><td>100</td><td colspan="3">硫化条件(153℃)/min</td><td>25</td></tr>
<tr><td>硬脂酸</td><td>2</td><td colspan="3">邵尔 A 型硬度/度</td><td>68</td></tr>
<tr><td>防老剂 4010NA</td><td>1</td><td colspan="3">拉伸强度/MPa</td><td>29.9</td></tr>
<tr><td>防老剂 4010</td><td>1.5</td><td colspan="3">拉断伸长率/%</td><td>570</td></tr>
<tr><td>促进剂 NS</td><td>0.72</td><td colspan="2" rowspan="2">定伸应力/MPa</td><td>100%</td><td>3.3</td></tr>
<tr><td>氧化锌</td><td>4</td><td>300%</td><td>14.5</td></tr>
<tr><td>芳烃油</td><td>5</td><td colspan="3">拉断永久变形/%</td><td>27</td></tr>
<tr><td>中超耐磨炉黑</td><td>50</td><td colspan="3">回弹性/%</td><td>40</td></tr>
<tr><td>硫黄</td><td>1.8</td><td colspan="3">无割口直角撕裂强度/(kN/m)</td><td>97.0</td></tr>
<tr><td>合计</td><td>166.02</td><td rowspan="4">热空气加速老化
(100℃×24h)</td><td colspan="2">拉伸强度/MPa</td><td>26.5</td></tr>
<tr><td colspan="2" rowspan="8"></td><td colspan="2">拉断伸长率/%</td><td>456</td></tr>
<tr><td rowspan="2">性能变化率/%</td><td>拉伸强度</td><td>−11.4</td></tr>
<tr><td>伸长率</td><td>−20</td></tr>
<tr><td colspan="3">门尼黏度[50ML(1+4)100℃]</td><td>64</td></tr>
<tr><td rowspan="4">圆盘振荡硫化仪
(153℃)</td><td>M_L/N·m</td><td colspan="2">11.39</td></tr>
<tr><td>M_H/N·m</td><td colspan="2">33.40</td></tr>
<tr><td>t_{10}</td><td colspan="2">7 分 20 秒</td></tr>
<tr><td>t_{90}</td><td colspan="2">17 分</td></tr>
</table>

混炼加料顺序：胶＋(硬脂酸、4010NA)＋(4010、氧化锌、促进剂 NS)＋(芳烃油、炭黑)＋硫黄——薄通 4 次下片备用

混炼辊温：55℃±5℃

表 9-12 抗撕裂胶（硬度 70）

配方编号 / 基本用量/g / 材料名称	12	试验项目			试验结果
烟片胶 $3^{\#}$（1 段）	60	硫化条件(140℃)/min			25
丁苯胶 1500	40	邵尔 A 型硬度/度			70
防老剂 RD	1	拉伸强度/MPa			24.6
硬脂酸	2	拉断伸长率/%			516
防老剂 4010NA	1.5	定伸应力/MPa	300%		12.7
促进剂 NOBS	0.9		500%		23.8
氧化锌	5	拉断永久变形/%			25
芳烃油	6	回弹性/%			35
中超耐磨炉黑	50	阿克隆磨耗/cm^3			0.142
硫黄	2.3	无割口直角撕裂强度/(kN/m)			143.0
合计	168.7	屈挠龟裂/万次			50(6,6,6)
		热空气加速老化（100℃×48h）	拉伸强度/MPa		18.6
			拉断伸长率/%		286
			性能变化率/%	拉伸强度	−24.4
				伸长率	−44.6
		圆盘振荡硫化仪（140℃）	M_L/N·m		13.9
			M_H/N·m		85.3
			t_{10}		13 分 10 秒
			t_{90}		25 分 07 秒

混炼加料顺序：天然胶＋丁苯胶＋RD(80℃±5℃)降温＋硬脂酸/4010NA＋NOBS/氧化锌＋芳烃油/炭黑＋硫黄——薄通 6 次下片备用

混炼辊温：55℃±5℃

表 9-13 抗撕裂天然胶（硬度 73）

配方编号 / 基本用量/g / 材料名称	13	试验项目			试验结果
烟片胶 3#（1 段）	100	硫化条件(151℃)/min			20
防老剂 RD	1.5	邵尔 A 型硬度/度			73
硬脂酸	2	拉伸强度/MPa			29.1
防老剂 4010NA	1.5	拉断伸长率/%			520
促进剂 CZ	0.75	定伸应力/MPa		100%	3.6
氧化锌	4			300%	16.3
中超耐磨炉黑	53	拉断永久变形/%			34
硫黄	2.3	回弹性/%			34
合计	165.05	无割口直角撕裂强度/(kN/m)			121.0
		热空气加速老化（100℃×24h）	拉伸强度/MPa		26.5
			拉断伸长率/%		384
			性能变化率/%	拉伸强度	−22.6
				伸长率	−26
		圆盘振荡硫化仪（151℃）	M_L/N·m		14.09
			M_H/N·m		37.53
			t_{10}		4 分 20 秒
			t_{90}		11 分 50 秒

混炼加料顺序：天然胶＋RD(80℃±5℃)降温＋硬脂酸/4010NA＋CZ/氧化锌＋炭黑＋硫黄——薄通 8 次下片备用

混炼辊温：55℃±5℃

表 9-14 高硬度耐磨胶（硬度 88）

<table>
<tr><td>配方编号
基本用量/g
材料名称</td><td>14</td><td colspan="3">试验项目</td><td>试验结果</td></tr>
<tr><td>丁苯胶 1500#</td><td>100</td><td colspan="3">硫化条件(148℃)/min</td><td>10</td></tr>
<tr><td>硬脂酸</td><td>1</td><td colspan="3">邵尔 A 型硬度/度</td><td>88</td></tr>
<tr><td>防老剂 A</td><td>1</td><td colspan="3">拉伸强度/MPa</td><td>19.6</td></tr>
<tr><td>防老剂 4010</td><td>1.5</td><td colspan="3">拉断伸长率/%</td><td>228</td></tr>
<tr><td>促进剂 DM</td><td>2.6</td><td colspan="3">200%定伸应力/MPa</td><td>16.9</td></tr>
<tr><td>促进剂 TT</td><td>1</td><td colspan="3">拉断永久变形/%</td><td>10</td></tr>
<tr><td>促进剂 M</td><td>1.2</td><td colspan="3">回弹性/%</td><td>35</td></tr>
<tr><td>氧化锌</td><td>4</td><td colspan="3">阿克隆磨耗/cm^3</td><td>0.099</td></tr>
<tr><td>乙二醇</td><td>3</td><td colspan="3">试样密度/(g/cm^3)</td><td>1.327</td></tr>
<tr><td>沉淀法白炭黑</td><td>35</td><td colspan="3">无割口直角撕裂强度/(kN/m)</td><td>40.6</td></tr>
<tr><td>陶土</td><td>10</td><td rowspan="4">热空气加速老化
(100℃×72h)</td><td colspan="2">拉伸强度/MPa</td><td>16.6</td></tr>
<tr><td>硫酸钡</td><td>15</td><td colspan="2">拉断伸长率/%</td><td>80</td></tr>
<tr><td>高耐磨炉黑</td><td>35</td><td rowspan="2">性能变化率/%</td><td>拉伸强度</td><td>−15</td></tr>
<tr><td>硫黄</td><td>2.7</td><td>伸长率</td><td>−65</td></tr>
<tr><td>合计</td><td>213</td><td rowspan="4">圆盘振荡硫化仪
(148℃)</td><td>M_L/N·m</td><td colspan="2">19.7</td></tr>
<tr><td rowspan="3" colspan="2"></td><td>M_H/N·m</td><td colspan="2">132.6</td></tr>
<tr><td>t_{10}</td><td colspan="2">4 分 24 秒</td></tr>
<tr><td>t_{90}</td><td colspan="2">8 分</td></tr>
</table>

混炼加料顺序：胶＋硬脂酸、防老剂 A＋4010、促进剂、氧化锌＋乙二醇、炭黑、白炭黑、陶土、硫酸钡＋硫黄——薄通 6 次下片备用

混炼辊温：55℃±5℃

第10章 绝缘胶、导电胶配方

10.1 绝缘胶、导电胶配方（邵尔A硬度45~60）

表10-1 绝缘天然胶（硬度45）

材料名称 \ 基本用量/g \ 配方编号	1	试验项目		试验结果
烟片胶1#（不塑炼）	100	硫化条件(143℃)/min		15
硬脂酸	1	邵尔A型硬度/度		45
促进剂DM	1.5	拉伸强度/MPa		24.1
促进剂TT	0.5	拉断伸长率/%		560
氧化锌	3	拉断永久变形/%		2
硫黄	2.3	回弹性/%		80
合计	108.3	电阻(用12mm弹性片,500V)/Ω		4.5×10^{13}
		圆盘振荡硫化仪(143℃)	t_{10}	11分30秒
			t_{90}	15分

混炼加料顺序：胶＋硬脂酸＋DM/TT/氧化锌＋硫黄——薄通6次下片备用

混炼辊温：60℃±5℃

表 10-2 绝缘胶（硬度 48）

<table>
<tr><td>配方编号
基本用量/g
材料名称</td><td>2</td><td colspan="3">试验项目</td><td>试验结果</td></tr>
<tr><td>烟片胶 1#（1 段）</td><td>100</td><td colspan="3">硫化条件（143℃）/min</td><td>20</td></tr>
<tr><td>硬脂酸</td><td>1</td><td colspan="3">邵尔 A 型硬度/度</td><td>48</td></tr>
<tr><td>促进剂 DM</td><td>1.5</td><td colspan="3">拉伸强度/MPa</td><td>21.8</td></tr>
<tr><td>促进剂 TT</td><td>0.5</td><td colspan="3">拉断伸长率/%</td><td>523</td></tr>
<tr><td>氧化锌</td><td>3</td><td colspan="2" rowspan="2">定伸应力/MPa</td><td>300%</td><td>4.4</td></tr>
<tr><td>立德粉</td><td>20</td><td>500%</td><td>18.2</td></tr>
<tr><td>硫黄</td><td>2.3</td><td colspan="3">拉断永久变形/%</td><td>13</td></tr>
<tr><td>合计</td><td>128.3</td><td colspan="3">回弹性/%</td><td>77</td></tr>
<tr><td colspan="2" rowspan="5"></td><td colspan="3">电阻（500V）/Ω</td><td>4.3×10^{13}</td></tr>
<tr><td rowspan="4">圆盘振荡硫化仪
（143℃）</td><td>M_L/N·m</td><td colspan="3">4.4</td></tr>
<tr><td>M_H/N·m</td><td colspan="3">62.3</td></tr>
<tr><td>t_{10}</td><td colspan="3">11 分</td></tr>
<tr><td>t_{90}</td><td colspan="3">15 分</td></tr>
<tr><td colspan="6">混炼加料顺序：胶＋硬脂酸＋ DM / TT / 氧化锌 ＋立德粉＋硫黄——薄通 6 次下片备用
混炼辊温：60℃±5℃</td></tr>
</table>

表 10-3 绝缘胶（硬度 54）

材料名称 \ 基本用量/g \ 配方编号	3	试验项目		试验结果
烟片胶 1#（1 段）	100	硫化条件(143℃)/min		18
硬脂酸	1	邵尔 A 型硬度/度		54
促进剂 DM	1.5	拉伸强度/MPa		19.4
促进剂 TT	0.5	拉断伸长率/%		508
氧化锌	3	300%定伸应力/MPa		5.1
硫酸钡	40	拉断永久变形/%		16
硫黄	2.3	回弹性/%		77
合计	148.3	电阻(用 12mm 弹性片,500V)/Ω		2.3×10^{13}
		圆盘振荡硫化仪(143℃)	M_L/N·m	4.4
			M_H/N·m	70.9
			t_{10}	9 分 15 秒
			t_{90}	12 分 15 秒

混炼加料顺序：胶＋硬脂酸＋ DM / TT / 氧化锌 ＋硫酸钡＋硫黄——薄通 6 次下片备用

混炼辊温：60℃±5℃

表 10-4 绝缘胶（硬度 60）

配方编号 / 基本用量/g / 材料名称	4	试验项目		试验结果
烟片胶 1#（1 段）	100	硫化条件（143℃）/min		20
硬脂酸	1	邵尔 A 型硬度/度		60
促进剂 DM	1.5	拉伸强度/MPa		18.6
促进剂 TT	0.5	拉断伸长率/%		508
氧化锌	3	定伸应力/MPa	300%	5.4
滑石粉	60		500%	18.2
硫黄	2.3	拉断永久变形/%		17
合计	168.3	回弹性/%		74
		电阻（用 12mm 弹性片，500V）/Ω		2.7×10^{13}
		圆盘振荡硫化仪（143℃）	M_L/N·m	5.0
			M_H/N·m	74.6
			t_{10}	11 分
			t_{90}	14 分 46 秒

混炼加料顺序：胶＋硬脂酸＋ DM TT 氧化锌 ＋滑石粉＋硫黄——薄通 6 次下片备用

混炼辊温：60℃±5℃

10.2 绝缘胶、导电胶配方(邵尔 A 硬度 74~83)

表 10-5 导电胶(健身鞋底,硬度 74)

<table>
<tr><td>配方编号
基本用量/g
材料名称</td><td>5</td><td colspan="3">试验项目</td><td>试验结果</td></tr>
<tr><td>颗粒胶 1#(1 段)</td><td>100</td><td colspan="3">硫化条件(143℃)/min</td><td>9</td></tr>
<tr><td>硬脂酸</td><td>2.5</td><td colspan="3">邵尔 A 型硬度/度</td><td>74</td></tr>
<tr><td>促进剂 CZ</td><td>1.8</td><td colspan="3">拉伸强度/MPa</td><td>12.2</td></tr>
<tr><td>促进剂 TT</td><td>0.5</td><td colspan="3">拉断伸长率/%</td><td>232</td></tr>
<tr><td>氧化锌</td><td>3</td><td colspan="3">100%定伸应力/MPa</td><td>5.1</td></tr>
<tr><td>机油 10#</td><td>38</td><td colspan="3">拉断永久变形/%</td><td>10</td></tr>
<tr><td>乙炔炭黑(北京)</td><td>72</td><td colspan="3">回弹性/%</td><td>28</td></tr>
<tr><td>通用炉黑</td><td>50</td><td colspan="3">无割口直角撕裂强度/(kN/m)</td><td>31.2</td></tr>
<tr><td>水果型香料</td><td>0.05</td><td colspan="3">导电万用表测电阻(1mm 厚胶片)/Ω</td><td>85</td></tr>
<tr><td>硫黄</td><td>0.6</td><td rowspan="4">热空气加速老化
(70℃×72h)</td><td colspan="2">拉伸强度/MPa</td><td>11.9</td></tr>
<tr><td>合计</td><td>268.45</td><td colspan="2">拉断伸长率/%</td><td>192</td></tr>
<tr><td colspan="2" rowspan="6"></td><td rowspan="2">性能变化率/%</td><td>拉伸强度</td><td>−2</td></tr>
<tr><td>伸长率</td><td>−17</td></tr>
<tr><td rowspan="4">圆盘振荡硫化仪
(143℃)</td><td>M_L/N·m</td><td colspan="2">13.4</td></tr>
<tr><td>M_H/N·m</td><td colspan="2">34.03</td></tr>
<tr><td>t_{10}</td><td colspan="2">4 分 05 秒</td></tr>
<tr><td>t_{90}</td><td colspan="2">6 分 53 秒</td></tr>
<tr><td colspan="6">混炼加料顺序:胶+硬脂酸+(CZ、TT、氧化锌)+(机油、炭黑)+香料+硫黄——薄通 6 次下片备用
混炼辊温:55℃±5℃</td></tr>
</table>

表 10-6 导电胶（硬度 76）

<table>
<tr><td>配方编号
基本用量/g
材料名称</td><td>6</td><td colspan="3">试验项目</td><td>试验结果</td></tr>
<tr><td>颗粒胶 1#（1 段）</td><td>100</td><td colspan="3">硫化条件(143℃)/min</td><td>15</td></tr>
<tr><td>硬脂酸</td><td>2.5</td><td colspan="3">邵尔 A 型硬度/度</td><td>76</td></tr>
<tr><td>促进剂 CZ</td><td>1.8</td><td colspan="3">拉伸强度/MPa</td><td>15.0</td></tr>
<tr><td>促进剂 TT</td><td>0.6</td><td colspan="3">拉断伸长率/%</td><td>296</td></tr>
<tr><td>氧化锌</td><td>3</td><td colspan="3">100%定伸应力/MPa</td><td>6.5</td></tr>
<tr><td>机油 10#</td><td>30</td><td colspan="3">拉断永久变形/%</td><td>18</td></tr>
<tr><td>乙炔炭黑(北京)</td><td>100</td><td colspan="3">无割口直角撕裂强度/(kN/m)</td><td>32.4</td></tr>
<tr><td>硫黄</td><td>0.5</td><td colspan="3">导电万用表测电阻(1mm 厚胶片)/Ω</td><td>70</td></tr>
<tr><td>合计</td><td>238.4</td><td rowspan="4">热空气加速老化
(70℃×72h)</td><td colspan="2">拉伸强度/MPa</td><td>13.6</td></tr>
<tr><td colspan="2" rowspan="7"></td><td colspan="2">拉断伸长率/%</td><td>223</td></tr>
<tr><td rowspan="2">性能变化率/%</td><td>拉伸强度</td><td>−9</td></tr>
<tr><td>伸长率</td><td>−24.7</td></tr>
<tr><td rowspan="4">圆盘振荡硫化仪
(143℃)</td><td>M_L/N·m</td><td colspan="2">18.8</td></tr>
<tr><td>M_H/N·m</td><td colspan="2">58.6</td></tr>
<tr><td>t_{10}</td><td colspan="2">8 分 12 秒</td></tr>
<tr><td>t_{90}</td><td colspan="2">11 分</td></tr>
</table>

混炼加料顺序：胶＋硬脂酸＋（CZ、TT、氧化锌）＋（机油、炭黑）＋硫黄——薄通 6 次下片备用

混炼辊温：55℃±5℃

表 10-7 导电胶（硬度 77）

配方编号 基本用量/g 材料名称	7	试验项目			试验结果
颗粒胶 3#（1 段）	100	硫化条件(143℃)/min			9
硬脂酸	2.5	邵尔 A 型硬度/度			77
促进剂 CZ	1.8	拉伸强度/MPa			12.0
促进剂 TT	0.6	拉断伸长率/%			218
氧化锌	3	100%定伸应力/MPa			6.5
乙炔炭黑(北京)	80	拉断永久变形/%			8
通用炉黑	40	无割口直角撕裂强度/(kN/m)			32.3
机油 10#	35	导电万用表测电阻/Ω		1mm 厚胶片	55
水果型香料	0.04			2mm 厚胶片	50
硫黄	0.5	热空气加速老化（70℃×96h）	拉伸强度/MPa		10.4
合计	263.44		拉断伸长率/%		165
			性能变化率/%	拉伸强度	−13
				伸长率	−25
		圆盘振荡硫化仪（143℃）	M_L/N·m		19.5
			M_H/N·m		53.0
			t_{10}		5 分
			t_{90}		8 分 10 秒

混炼加料顺序：胶＋硬脂酸＋CZ TT 氧化锌＋机油 炭黑＋香料＋硫黄——薄通 6 次下片备用

混炼辊温：55℃±5℃

表 10-8 导电胶（硬度 83）

<table>
<tr><td>配方编号
基本用量/g
材料名称</td><td>8</td><td colspan="3">试验项目</td><td>试验结果</td></tr>
<tr><td>烟片胶 1#（1 段）</td><td>100</td><td colspan="3">硫化条件（153℃）/min</td><td>10</td></tr>
<tr><td>石蜡</td><td>1</td><td colspan="3">邵尔 A 型硬度/度</td><td>83</td></tr>
<tr><td>硬脂酸</td><td>2</td><td colspan="3">拉伸强度/MPa</td><td>14.3</td></tr>
<tr><td>促进剂 DM</td><td>0.5</td><td colspan="3">拉断伸长率/%</td><td>252</td></tr>
<tr><td>氧化锌</td><td>5</td><td colspan="3">100%定伸应力/MPa</td><td>6.4</td></tr>
<tr><td>机油 10#</td><td>10</td><td colspan="3">拉断永久变形/%</td><td>14</td></tr>
<tr><td>乙炔炭黑（北京）</td><td>100</td><td colspan="3">回弹性/%</td><td>29</td></tr>
<tr><td>促进剂 TT</td><td>2.5</td><td colspan="3">无割口直角撕裂强度/（kN/m）</td><td>29.7</td></tr>
<tr><td>合计</td><td>221</td><td rowspan="2">电阻/Ω</td><td colspan="2">12mm 厚弹性片</td><td>65</td></tr>
<tr><td colspan="2" rowspan="9"></td><td colspan="2">12mm 厚，医院测平均值</td><td>113</td></tr>
<tr><td rowspan="4">热空气加速老化（70℃×48h）</td><td colspan="2">拉伸强度/MPa</td><td>13.3</td></tr>
<tr><td colspan="2">拉断伸长率/%</td><td>228</td></tr>
<tr><td rowspan="2">性能变化率/%</td><td>拉伸强度</td><td>−6</td></tr>
<tr><td>伸长率</td><td>−9</td></tr>
<tr><td rowspan="4">圆盘振荡硫化仪（153℃）</td><td>M_L/N·m</td><td colspan="2">22.5</td></tr>
<tr><td>M_H/N·m</td><td colspan="2">72.7</td></tr>
<tr><td>t_{10}</td><td colspan="2">3 分 12 秒</td></tr>
<tr><td>t_{90}</td><td colspan="2">7 分 12 秒</td></tr>
</table>

混炼加料顺序：胶＋$\frac{\text{硬脂酸}}{\text{石蜡}}$＋$\frac{\text{DM}}{\text{氧化锌}}$＋$\frac{\text{机油}}{\text{炭黑}}$＋TT——薄通 6 次下片备用

混炼辊温：55℃±5℃

表 10-9 导电海绵胶（硬度同国外样品）

材料名称 \ 基本用量/g \ 配方编号	12	试验项目		试验结果
烟片胶 $1^{\#}$(3 段)	100	硫化条件(153℃)/min		35
石蜡	1	硫化试片(2mm 厚)		
硬脂酸	4	微孔海绵		
防老剂 A	1.5	电阻(4.5V)/Ω	研究配方	4000
促进剂 DM	1.3		国外样品	4100
促进剂 M	0.6	圆盘振荡硫化仪(153℃)	M_L/N·m	2.8
防老剂 4010	1		M_H/N·m	79.8
氧化锌	5		t_{10}	5 分 15 秒
蓖麻油	1		t_{90}	32 分 24 秒
乙炔炭黑(北京)	40			
石墨	40			
发泡剂 AC	4			
硫黄	1			
合计	200.4			

混炼加料顺序：胶＋(硬脂酸、石蜡、防老剂 A)＋(M、DM、氧化锌、4010)＋(炭黑、油、石墨)＋发泡剂＋硫黄——薄通 8 次下片备用

混炼辊温：55℃±5℃

表 10-10 医用导电胶（硬度 78）

<table>
<tr><td>配方编号
基本用量/g
材料名称</td><td>10</td><td colspan="3">试验项目</td><td>试验结果</td></tr>
<tr><td>烟片胶 1#（1 段）</td><td>100</td><td colspan="3">硫化条件(153℃)/min</td><td>10</td></tr>
<tr><td>石蜡</td><td>0.5</td><td colspan="3">邵尔 A 型硬度/度</td><td>78</td></tr>
<tr><td>硬脂酸</td><td>3</td><td colspan="3">拉伸强度/MPa</td><td>13.6</td></tr>
<tr><td>促进剂 DM</td><td>0.3</td><td colspan="3">拉断伸长率/%</td><td>252</td></tr>
<tr><td>氧化锌</td><td>5</td><td colspan="2" rowspan="2">定伸应力/MPa</td><td>100%</td><td>7.9</td></tr>
<tr><td>机油 10#</td><td>8</td><td>200%</td><td>10.5</td></tr>
<tr><td>乙炔炭黑(北京)</td><td>90</td><td colspan="3">拉断永久变形/%</td><td>15</td></tr>
<tr><td>促进剂 TT</td><td>2.3</td><td colspan="3">回弹性/%</td><td>33</td></tr>
<tr><td>合计</td><td>209.1</td><td colspan="3">无割口直角撕裂强度/(kN/m)</td><td>26.9</td></tr>
<tr><td colspan="2" rowspan="10"></td><td rowspan="2">电阻/Ω</td><td colspan="2">12mm 厚弹性片</td><td>66</td></tr>
<tr><td colspan="2">2mm 厚，医院测平均值</td><td>171</td></tr>
<tr><td rowspan="4">热空气加速老化
(70℃×96h)</td><td colspan="2">拉伸强度/MPa</td><td>12.7</td></tr>
<tr><td colspan="2">拉断伸长率/%</td><td>232</td></tr>
<tr><td rowspan="2">性能变化率/%</td><td>拉伸强度</td><td>−7</td></tr>
<tr><td>伸长率</td><td>−8</td></tr>
<tr><td rowspan="4">圆盘振荡硫化仪
(153℃)</td><td>M_L/N·m</td><td colspan="2">14.1</td></tr>
<tr><td>M_H/N·m</td><td colspan="2">45.2</td></tr>
<tr><td>t_{10}</td><td colspan="2">3 分 36 秒</td></tr>
<tr><td>t_{90}</td><td colspan="2">8 分 36 秒</td></tr>
</table>

混炼加料顺序：胶$+\frac{\text{硬脂酸}}{\text{石蜡}}+\frac{\text{DM}}{\text{氧化锌}}+\frac{\text{机油}}{\text{炭黑}}+$TT——薄通 6 次下片备用

混炼辊温：55℃±5℃

（备注：进口产品电阻 450Ω）

表 10-11 三胶并用绝缘胶（轨枕垫，硬度 80）

<table>
<tr><td>配方编号
基本用量/g
材料名称</td><td>11</td><td colspan="3">试验项目</td><td>试验结果</td></tr>
<tr><td>烟片胶 $3^{\#}$（1 段）</td><td>40</td><td colspan="3">硫化条件(143℃)/min</td><td>30</td></tr>
<tr><td>丁苯胶 $1500^{\#}$</td><td>40</td><td colspan="3">邵尔 A 型硬度/度</td><td>80</td></tr>
<tr><td>顺丁胶</td><td>20</td><td colspan="3">拉伸强度/MPa</td><td>16.0</td></tr>
<tr><td>固体古马隆</td><td>16</td><td colspan="3">拉断伸长率/%</td><td>399</td></tr>
<tr><td>石蜡</td><td>1</td><td colspan="3">200%定伸应力/MPa</td><td>11.1</td></tr>
<tr><td>硬脂酸</td><td>2</td><td colspan="3">拉断永久变形/%</td><td>17</td></tr>
<tr><td>防老剂 A</td><td>2</td><td colspan="3">回弹性/%</td><td>25</td></tr>
<tr><td>防老剂 4010</td><td>1.5</td><td colspan="3">阿克隆磨耗/cm^3</td><td>0.320</td></tr>
<tr><td>促进剂 DM</td><td>2</td><td colspan="3">轨枕垫测电阻(500V)/Ω</td><td>6×10^7</td></tr>
<tr><td>促进剂 TT</td><td>0.6</td><td rowspan="4">热空气加速老化
(100℃×72h)</td><td colspan="2">拉伸强度/MPa</td><td>14.2</td></tr>
<tr><td>氧化锌</td><td>2</td><td colspan="2">拉断伸长率/%</td><td>189</td></tr>
<tr><td>半补强炉黑</td><td>35</td><td rowspan="2">性能变化率/%</td><td>拉伸强度</td><td>−11.3</td></tr>
<tr><td>混气炭黑</td><td>53</td><td>伸长率</td><td>−22.6</td></tr>
<tr><td>陶土</td><td>40</td><td rowspan="2">门尼焦烧(120℃)</td><td>t_5</td><td colspan="2">27 分 41 秒</td></tr>
<tr><td>硫黄</td><td>2.5</td><td>t_{35}</td><td colspan="2">34 分 50 秒</td></tr>
<tr><td>合计</td><td>257.6</td><td rowspan="4">圆盘振荡硫化仪
(143℃)</td><td>M_L/N·m</td><td colspan="2">9.2</td></tr>
<tr><td colspan="2" rowspan="3"></td><td>M_H/N·m</td><td colspan="2">81.0</td></tr>
<tr><td>t_{10}</td><td colspan="2">7 分</td></tr>
<tr><td>t_{90}</td><td colspan="2">20 分 48 秒</td></tr>
</table>

混炼加料顺序：天然胶＋丁苯胶＋顺丁胶＋古马隆（80℃±5℃）降温＋ 石蜡 硬脂酸 防老剂 A ＋ 4010 促进剂 氧化锌 ＋炭黑陶土＋硫黄——薄通 6 次下片备用

混炼辊温：56℃±5℃

表 10-12 三胶并用绝缘胶（轨枕垫，硬度 83）

配方编号 / 基本用量/g / 材料名称	12	试验项目			试验结果
烟片胶 3#（1 段）	50	硫化条件(143℃)/min			15
丁苯胶 1500#	30	邵尔 A 型硬度/度			83
顺丁胶	20	拉伸强度/MPa			14.5
固体古马隆	8	拉断伸长率/%			240
硬脂酸	2	200%定伸应力/MPa			12.5
防老剂 A	1.5	拉断永久变形/%			6
防老剂 D	1.5	撕裂强度/(kN/m)			44
促进剂 DM	2.4	回弹性/%			41
促进剂 TT	0.8	脆性温度/℃			−58
氧化锌	2	阿克隆磨耗/(cm^3/1.6km)			0.242
混气炭黑	30	热空气加速老化(100℃×72h)	拉伸强度/MPa		12.16
半补强炉黑	30		拉断伸长率/%		112
沉淀法白炭黑	40		性能变化率/%	拉伸强度	−13
硫黄	2.5			伸长率	−53
合计	221.7	轨枕垫电阻(500V)/Ω			4×10^{-10}
		圆盘振荡硫化仪(143℃)	M_L/N·m		13.4
			M_H/N·m		82.7
			t_{10}		7 分
			t_{90}		14 分

混炼加料顺序：NR+SBR+BR+古马隆(80℃±5℃)降温+ 硬脂酸 防老剂 A + 防老剂 D 促进剂 氧化锌 +填料+硫黄——薄通 8 次下片备用

混炼辊温：55℃±5℃

表10-13 丁苯胶绝缘胶（轨枕垫，硬度80）

材料名称 \ 基本用量/g \ 配方编号	13	试验项目			试验结果
丁苯胶1500#	100	硫化条件(143℃)/min			10
石蜡	0.5	邵尔A型硬度/度			80
硬脂酸	2	拉伸强度/MPa			16.0
防老剂A	1	拉断伸长率/%			236
防老剂4010	1.5	200%定伸应力/MPa			13.0
促进剂DM	2.6	拉断永久变形/%			8
促进剂M	1.2	撕裂强度/(kN/m)			38.1
促进剂TT	1	回弹性/%			36
氧化锌	4	阿克隆磨耗/(cm^3/1.61km)			0.147
乙二醇	2	热空气加速老化(100℃×72h)	拉伸强度/MPa		15.5
沉淀法白炭黑	15		拉断伸长率/%		145
陶土	20		性能变化率/%	拉伸强度	−3
硫酸钡	20			伸长率	−39
高耐磨炉黑	35	电阻/Ω	轨枕垫(500V)		5×10^{8}
硫黄	2.7		弹性片(12mm厚,500V)		1×10^{11}
合计	208.5	圆盘振荡硫化仪(143℃)	M_L/N·m		11.7
			M_H/N·m		86.3
			t_{10}		3分36秒
			t_{90}		5分12秒

　　　　　　　石蜡　　　4010　　乙二醇
混炼加料顺序:胶+硬脂酸+促进剂+　　　　+硫黄——薄通8次下片备用
　　　　　　　防老剂A　氧化锌　　填料

混炼辊温:50℃±5℃

第11章 高弹性、高硬度胶配方

11.1 高弹性胶（邵尔A硬度35～58）

表11-1 两胶并用高弹性胶（硬度35）

配方编号 / 基本用量/g / 材料名称	1	试验项目		试验结果
颗粒胶1#（不塑炼）	65	硫化条件（153℃）/min		6
顺丁胶	35	邵尔A型硬度/度		35
硬脂酸	2	拉伸强度/MPa		12.0
防老剂SP	1.5	拉断伸长率/%		560
促进剂DM	1.3	定伸应力/MPa	300%	2.3
促进剂TT	0.2		500%	5.3
氧化锌	5	拉断永久变形/%		11
乙二醇	2	回弹性/%		74
硫黄	2	圆盘振荡硫化仪（153℃）	M_L/N·m	2.0
合计	114		M_H/N·m	20.0
			t_{10}	3分
			t_{90}	4分24秒

混炼加料顺序：颗粒胶＋顺丁胶＋硬脂酸＋（促进剂、氧化锌、防老剂SP）＋乙二醇＋硫黄——薄通6次下片备用

混炼辊温：60℃±5℃

表 11-2 两胶并用高弹性胶（硬度 53）

<table>
<tr><td>配方编号
基本用量/g
材料名称</td><td>3</td><td colspan="3">试验项目</td><td>试验结果</td></tr>
<tr><td>颗粒胶 1#（不塑炼）</td><td>65</td><td colspan="3">硫化条件(148℃)/min</td><td>10</td></tr>
<tr><td>顺丁胶</td><td>35</td><td colspan="3">邵尔 A 型硬度/度</td><td>53</td></tr>
<tr><td>硬脂酸</td><td>2</td><td colspan="3">拉伸强度/MPa</td><td>13.2</td></tr>
<tr><td>防老剂 4010NA</td><td>1.5</td><td colspan="3">拉断伸长率/%</td><td>464</td></tr>
<tr><td>防老剂 4010</td><td>1</td><td colspan="3">300%定伸应力/MPa</td><td>6.5</td></tr>
<tr><td>促进剂 D</td><td>0.5</td><td colspan="3">拉断永久变形/%</td><td>14</td></tr>
<tr><td>促进剂 M</td><td>0.5</td><td colspan="3">回弹性/%</td><td>71</td></tr>
<tr><td>氧化锌</td><td>6</td><td colspan="3">无割口直角撕裂强度/(kN/m)</td><td>43.3</td></tr>
<tr><td>邻苯二甲酸二辛酯(DOP)</td><td>6</td><td colspan="2" rowspan="2">应力松弛系数(压缩率 25%)</td><td>室温×48h</td><td>0.98</td></tr>
<tr><td>石墨</td><td>12</td><td>室温×167h</td><td>0.94</td></tr>
<tr><td>半补强炉黑</td><td>33</td><td rowspan="4">热空气加速老化
(70℃×96h)</td><td colspan="2">拉伸强度/MPa</td><td>12.1</td></tr>
<tr><td>硫黄</td><td>2.6</td><td colspan="2">拉断伸长率/%</td><td>420</td></tr>
<tr><td>合计</td><td>165.1</td><td rowspan="2">性能变化率/%</td><td>拉伸强度</td><td>−8</td></tr>
<tr><td colspan="2" rowspan="5"></td><td>伸长率</td><td>−9</td></tr>
<tr><td rowspan="4">圆盘振荡硫化仪
(148℃)</td><td>M_L/N·m</td><td colspan="2">5.1</td></tr>
<tr><td>M_H/N·m</td><td colspan="2">57</td></tr>
<tr><td>t_{10}</td><td colspan="2">2 分 24 秒</td></tr>
<tr><td>t_{90}</td><td colspan="2">8 分</td></tr>
</table>

混炼加料顺序：颗粒胶＋顺丁胶＋硬脂酸、4010NA＋4010、促进剂＋氧化锌＋DOP、炭黑、石墨＋硫黄——薄通 6 次下片备用

混炼辊温：55℃±5℃

表 11-3 天然胶高弹性胶（硬度 49）

配方编号 / 基本用量/g / 材料名称	2	试验项目		试验结果
烟片胶 1#（1 段）	100	硫化条件（143℃）/min		20
硬脂酸	1	邵尔 A 型硬度/度		49
促进剂 DM	1.5	拉伸强度/MPa		21.9
促进剂 TT	0.5	拉断伸长率/%		507
氧化锌	23	300%定伸应力/MPa		5.2
硫黄	2.3	拉断永久变形/%		11
合计	128.3	回弹性/%		80
		电阻（500V）/Ω		3.7×10^{13}
		圆盘振荡硫化仪（143℃）	M_L/N·m	4.3
			M_H/N·m	62.3
			t_{10}	10 分 55 秒
			t_{90}	14 分 55 秒

混炼加料顺序：胶＋硬脂酸＋促进剂＋氧化锌＋硫黄——薄通 6 次下片备用
混炼辊温：55℃±5℃

表 11-4 天然胶高弹性胶（硬度 58）

材料名称 \ 基本用量/g \ 配方编号	4	试验项目	试验结果
烟片胶 1#（1 段）	100	硫化条件（148℃）/min	6
硬脂酸	2	邵尔 A 型硬度/度	58
防老剂 SP	1	拉伸强度/MPa	19.8
促进剂 DM	1.2	拉断伸长率/%	556
促进剂 TT	0.3	300%定伸应力/MPa	4.9
防老剂 D	1	拉断永久变形/%	28
氧化锌	10	回弹性/%	73
白油	15	无割口直角撕裂强度/（kN/m）	33.8
碳酸钙	50	脆性温度（单试样法）/℃	−54
立德粉	20	屈挠龟裂/万次	6（5，5，4）
沉淀法白炭黑	10	热空气加速老化（70℃×96h） 拉伸强度/MPa	15.0
乙二醇	1.5	热空气加速老化（70℃×96h） 拉断伸长率/%	488
硫黄	2.5	热空气加速老化（70℃×96h） 性能变化率/% 拉伸强度	−23
合计	214.5	热空气加速老化（70℃×96h） 性能变化率/% 伸长率	−12
		圆盘振荡硫化仪（148℃） M_L/N·m	4.3
		圆盘振荡硫化仪（148℃） M_H/N·m	68.4
		圆盘振荡硫化仪（148℃） t_{10}	3 分
		圆盘振荡硫化仪（148℃） t_{90}	5 分

混炼加料顺序：胶＋（硬脂酸、防老剂 SP）＋（促进剂、氧化锌、防老剂 D）＋（白油、乙二醇、碳酸钙、立德粉、白炭黑）＋硫黄——薄通 6 次下片备用

混炼辊温：55℃±5℃

11.2 高硬度胶(邵尔A硬度93~99)

表11-5 氟胶高硬度胶(硬度93)

配方编号 / 基本用量/g / 材料名称	5	试验项目		试验结果	
氟胶246B(上海)	100	硫化条件(一段,163℃)/min		40	50
氧化镁	15	邵尔A型硬度/度		93	94
通用白炭黑36-5	15	拉伸强度/MPa		12.0	12.3
2# 白炭黑	10	拉断伸长率/%		165	150
Y型氧化铁	6	100%定伸应力/MPa		9.6	9.5
3# 交联剂	3	拉断永久变形/%		11	11
合计	149	回弹性/%		49.6	48.1
		脆性温度(单试样法)/℃		14	
		圆盘振荡硫化仪(163℃)	M_L/N·m	32.7	
			M_H/N·m	68.4	
			t_{10}	1分12秒	
			t_{90}	22分12秒	

二段硫化条件:室温~100℃ 1h
100~150℃ 1h
150~200℃ 1h
200~250℃ 1h
250℃ 保持10~12h
时间到,关闭电源,温度降至80℃内取出试片,二段后做物性

混炼加料顺序:胶+氧化镁+白炭黑/氧化铁+交联剂——薄通8次,停放一天,再薄通8次下片备用
混炼辊温:45℃±5℃

表 11-6　再生胶高硬度胶（硬度 94）

<table>
<tr><td>配方编号
基本用量/g
材料名称</td><td>6</td><td colspan="3">试验项目</td><td>试验结果</td></tr>
<tr><td>胎面胶再生胶(压 5min)</td><td>100</td><td colspan="3">硫化条件(143℃)/min</td><td>20</td></tr>
<tr><td>硬脂酸</td><td>4</td><td colspan="3">邵尔 A 型硬度/度</td><td>94</td></tr>
<tr><td>促进剂 DM</td><td>1.5</td><td colspan="3">拉伸强度/MPa</td><td>7.0</td></tr>
<tr><td>氧化锌</td><td>3</td><td colspan="3">拉断伸长率/%</td><td>20</td></tr>
<tr><td>机油 10#</td><td>5</td><td colspan="3">拉断永久变形/%</td><td>6</td></tr>
<tr><td>硫酸钡</td><td>20</td><td colspan="3">无割口直角撕裂强度/(kN/m)</td><td>18.2</td></tr>
<tr><td>高耐磨炉黑</td><td>40</td><td colspan="2" rowspan="2">质量变化率(室温×24h)/%</td><td>20%硫酸液</td><td>−0.09</td></tr>
<tr><td>硫黄</td><td>2.5</td><td>20%氢氧化钠</td><td>+2.01</td></tr>
<tr><td>合计</td><td>176</td><td rowspan="4">热空气加速老化
(70℃×96h)</td><td colspan="2">拉伸强度/MPa</td><td>8.2</td></tr>
<tr><td colspan="2" rowspan="3"></td><td colspan="2">拉断伸长率/%</td><td>16</td></tr>
<tr><td rowspan="2">性能变化率/%</td><td>拉伸强度</td><td>+17</td></tr>
<tr><td>伸长率</td><td>−20</td></tr>
</table>

混炼加料顺序:胶+硬脂酸+（DM、氧化锌）+（机油、炭黑、硫酸钡）+硫黄——薄通 5 次下片备用

混炼辊温:40℃±5℃

表 11-7 丁腈胶/高苯乙烯高硬度胶（硬度 95）

<table>
<tr><td>配方编号
基本用量/g
材料名称</td><td>7</td><td colspan="3">试验项目</td><td>试验结果</td></tr>
<tr><td>丁腈胶 3604(兰化)</td><td>75</td><td colspan="3">硫化条件(153℃)/min</td><td>40</td></tr>
<tr><td>高苯乙烯 860(日本)</td><td>25</td><td colspan="3">邵尔 A 型硬度/度</td><td>95</td></tr>
<tr><td>硫黄</td><td>1.8</td><td colspan="3">拉伸强度/MPa</td><td>19.6</td></tr>
<tr><td>硬脂酸</td><td>1</td><td colspan="3">拉断伸长率/%</td><td>200</td></tr>
<tr><td>防老剂 A</td><td>1.5</td><td colspan="3">100%定伸应力/MPa</td><td>12.2</td></tr>
<tr><td>防老剂 4010</td><td>1</td><td colspan="3">拉断永久变形/%</td><td>22</td></tr>
<tr><td>氧化锌</td><td>5</td><td colspan="3">回弹性/%</td><td>15</td></tr>
<tr><td>邻苯二甲酸二辛酯(DOP)</td><td>5</td><td colspan="3">无割口直角撕裂强度/(kN/m)</td><td>46.6</td></tr>
<tr><td>碳酸钙</td><td>15</td><td colspan="2">耐 10# 机油(70℃×24h)</td><td>质量变化率/%</td><td>−0.38</td></tr>
<tr><td>中超耐磨炉黑</td><td>40</td><td rowspan="4">热空气加速老化
(100℃×96h)</td><td colspan="2">拉伸强度/MPa</td><td>20.3</td></tr>
<tr><td>通用炉黑</td><td>30</td><td colspan="2">拉断伸长率/%</td><td>124</td></tr>
<tr><td>促进剂 DM</td><td>1.5</td><td rowspan="2">性能变化率/%</td><td>拉伸强度</td><td>+4</td></tr>
<tr><td>促进剂 M</td><td>0.1</td><td>伸长率</td><td>−38</td></tr>
<tr><td>合计</td><td>201.9</td><td rowspan="4">圆盘振荡硫化仪
(153℃)</td><td>M_L/N·m</td><td colspan="2">26.9</td></tr>
<tr><td colspan="2" rowspan="3"></td><td>M_H/N·m</td><td colspan="2">96.8</td></tr>
<tr><td>t_{10}</td><td colspan="2">4 分</td></tr>
<tr><td>t_{90}</td><td colspan="2">37 分 24 秒</td></tr>
</table>

混炼加料顺序：辊温 80℃±5℃，高苯乙烯压至透明＋胶（降温）＋硫黄（薄通 3 次）＋

硬脂酸/防老剂 A ＋ 氧化锌/4010 ＋ DOP/炭黑/碳酸钙 ＋ DM/M ——薄通 8 次下片备用

混炼辊温：45℃±5℃

表 11-8　聚氨酯胶高硬度胶（硬度 96）

材料名称（基本用量/g）＼配方编号	8	试验项目			试验结果
S-聚氨酯胶（南京）	100	硫化条件（148℃）/min			15
硬脂酸锌	1	邵尔 A 型硬度/度			96
促进剂 DM	4	拉伸强度/MPa			19.8
促进剂 M	2	拉断伸长率/%			220
中超耐磨炉黑	70	100%定伸应力/MPa			12.8
活性剂 NH-2	1	拉断永久变形/%			30
硫黄	2	回弹性/%			20
合计	180	无割口直角撕裂强度/（kN/m）			53.1
		耐 10# 机油（70℃×24h）	质量变化率/%		+0.39
		热空气加速老化（100℃×96h）	拉伸强度/MPa		21.8
			拉断伸长率/%		116
			性能变化率/%	拉伸强度	+10
				伸长率	−47
		圆盘振荡硫化仪（148℃）	M_L/N·m		21.2
			M_H/N·m		96.0
			t_{10}		5 分 36 秒
			t_{90}		11 分 48 秒

混炼加料顺序：胶＋硬脂酸锌＋$\frac{\text{DM}}{\text{M}}$＋炭黑＋$\frac{\text{NH-2}}{\text{硫黄}}$——薄通 8 次下片备用

混炼辊温：50℃±5℃

表 11-9 丁腈胶+树脂高硬度胶(硬度 98)

<table>
<tr><td>配方编号
基本用量/g
材料名称</td><td>9</td><td colspan="2">试验项目</td><td>试验结果</td></tr>
<tr><td>丁腈胶 220S(日本)</td><td>100</td><td colspan="2">硫化条件(153℃)/min</td><td>20</td></tr>
<tr><td>酚醛树脂 2123</td><td>45</td><td colspan="2">邵尔 A 型硬度/度</td><td>98</td></tr>
<tr><td>硫黄</td><td>3.6</td><td colspan="2">拉伸强度/MPa</td><td>22.3</td></tr>
<tr><td>硬脂酸</td><td>1</td><td colspan="2">拉断伸长率/%</td><td>146</td></tr>
<tr><td>Si-69</td><td>1.5</td><td colspan="2">100%定伸应力/MPa</td><td>18.3</td></tr>
<tr><td>氧化锌</td><td>15</td><td colspan="2">拉断永久变形/%</td><td>24</td></tr>
<tr><td>陶土</td><td>25</td><td colspan="2">无割口直角撕裂强度/(kN/m)</td><td>77.9</td></tr>
<tr><td>沉淀法白炭黑</td><td>46</td><td rowspan="6">圆盘振荡硫化仪(153℃)</td><td>M_L/N·m</td><td>7.80</td></tr>
<tr><td>通用炉黑</td><td>5</td><td rowspan="2">M_H/N·m</td><td rowspan="2">45.82</td></tr>
<tr><td>促进剂 H</td><td>3.6</td></tr>
<tr><td>促进剂 CZ</td><td>1</td><td>t_{10}</td><td>4 分 06 秒</td></tr>
<tr><td>合计</td><td>246.7</td><td>t_{90}</td><td>18 分 04 秒</td></tr>
<tr><td colspan="5">混炼加料顺序:胶+树脂+硫黄(薄通 3 次)+硬脂酸+白炭黑+(炭黑、陶土、氧化锌、Si-69)+(促进剂 H、CZ)——薄通 8 次下片备用
混炼辊温:45℃±5℃</td></tr>
</table>

表 11-10 天然胶硬质胶（硬度 99）

配方编号 / 基本用量/g / 材料名称	10	试验项目		试验结果	
烟片胶 1#（1 段）	100	硫化条件(153℃)/min		90	120
硫黄	35	邵尔 A 型硬度/度		99	100
硬脂酸	3	拉伸强度/MPa		36.2	35.7
防老剂 4010NA	1	拉断永久变形/%		2	1
防老剂 4010	1.5	圆盘振荡硫化仪（153℃）	M_L/N·m	6.6	
氧化锌	5		M_H/N·m	89.6	
氧化镁	15		t_{10}	2 分	
碳酸钙	45		t_{90}	85 分 15 秒	
陶土	30				
高耐磨炉黑	20				
促进剂 DM	1.2				
促进剂 TT	0.15				
合计	256.85				

混炼加料顺序：胶＋硫黄＋硬脂酸 4010NA＋氧化锌 4010＋炭黑 陶土 氧化镁 碳酸钙＋DM TT——薄通 8 次下片备用

混炼辊温：55℃±5℃

第12章 黏合胶、透明胶、快速硫化胶、海绵胶配方

12.1 黏合胶、透明胶、快速硫化胶(邵尔 A 硬度 48~84)

表 12-1 快速硫化胶(硬度 48)

材料名称 \ 基本用量/g \ 配方编号	1	试验项目		试验结果	
烟片胶 3#(1 段)	100	硫化条件(163℃)		1 分 30 秒	2 分
石蜡	0.5	邵尔 A 型硬度/度		48	48
硬脂酸	2	拉伸强度/MPa		18.7	18.4
防老剂 A	1	拉断伸长率/%		614	626
防老剂 4010	1	300%定伸应力/MPa		3.9	3.8
促进剂 DM	1.8	拉断永久变形/%		28	26
促进剂 TT	0.4	回弹性/%		34.8	
促进剂 M	0.8	圆盘振荡硫化仪(163℃)	M_L/N·m	2.7	
氧化锌	5		M_H/N·m	25.7	
机油 10#	18		t_{10}	1 分 30 秒	
通用炉黑	10		t_{90}	2 分 33 秒	
碳酸钙	45				
硫黄	2.3				
合计	187.8				

混炼加料顺序:胶+(硬脂酸、石蜡、防老剂 A)+氧化锌+(促进剂、机油、4010)+硫黄——薄通 4 次下片备用
(碳酸钙、炭黑)

混炼辊温:50℃±5℃

表 12-2 快速硫化胶（硬度 59）

材料名称 \ 基本用量/g \ 配方编号	2	试验项目		试验结果	
烟片胶 3#（1 段）	100	硫化条件（163℃）		1 分	1 分 30 秒
石蜡	0.5	邵尔 A 型硬度/度		59	59
硬脂酸	2	拉伸强度/MPa		18.9	15.4
防老剂 A	1	拉断伸长率/%		452	413
防老剂 4010	1.5	300%定伸应力/MPa		9.0	9.0
促进剂 CZ	1.5	拉断永久变形/%		27	17
促进剂 TT	0.9	回弹性/%		39.1	
促进剂 M	1.4	圆盘振荡硫化仪（163℃）	M_L/N·m	3.0	
氧化锌	8		M_H/N·m	41.3	
机油 10#	18		t_{10}	2 分 13 秒	
通用炉黑	30		t_{90}	2 分 36 秒	
碳酸钙	35				
硫黄	1.5				
合计	201.3				

硬脂酸　　促进剂　碳酸钙

混炼加料顺序：胶＋　石蜡　＋氧化锌＋　机油　＋硫黄——薄通 4 次下片备用

防老剂 A　　4010　　炭黑

混炼辊温：50℃±5℃

表 12-3 丁苯/顺丁胶透明胶（硬度 63）

材料名称 \ 基本用量/g \ 配方编号	3	试验项目		试验结果
丁苯胶 1502#（山东）	60	硫化条件（143℃）/min		6
顺丁胶	40	邵尔 A 型硬度/度		63
硬脂酸	1	拉伸强度/MPa		14.6
防老剂 SP	1	拉断伸长率/%		604
促进剂 M	0.7	定伸应力/MPa	300%	4.1
促进剂 DM	1.3		500%	8.5
促进剂 TT	0.6	拉断永久变形/%		27
氧化锌	1	门尼焦烧（120℃）	t_5	1 分
乙二醇	6		t_{10}	2 分
透明白炭黑	43	硫化胶透明度（胶片 1～1.2mm 厚）		报纸小字略透过
白油	13	圆盘振荡硫化仪（148℃）	M_L/N·m	18.3
硫黄	2.4		M_H/N·m	64.3
合计	170		t_{10}	1 分 45 秒
			t_{90}	2 分 45 秒

混炼加料顺序：SBR＋BR＋硬脂酸、防老剂 SP＋促进剂、氧化锌＋白油、白炭黑、乙二醇＋硫黄——薄通 8 次下片备用

混炼辊温：50℃±5℃

表 12-4 高填料低温硫化胶（硬度 67）

<table>
<tr><td>配方编号
基本用量/g
材料名称</td><td>4</td><td colspan="3">试验项目</td><td>试验结果</td></tr>
<tr><td>烟片胶 3$^{\#}$（1 段）</td><td>45</td><td colspan="3">硫化条件(123℃)/min</td><td>15</td></tr>
<tr><td>顺丁胶</td><td>55</td><td colspan="3">邵尔 A 型硬度/度</td><td>67</td></tr>
<tr><td>石蜡</td><td>1</td><td colspan="3">拉伸强度/MPa</td><td>5.6</td></tr>
<tr><td>硬脂酸</td><td>2.5</td><td colspan="3">拉断伸长率/%</td><td>388</td></tr>
<tr><td>防老剂 A</td><td>1.5</td><td colspan="3">300%定伸应力/MPa</td><td>4.1</td></tr>
<tr><td>防老剂 D</td><td>1</td><td colspan="3">拉断永久变形/%</td><td>20</td></tr>
<tr><td>促进剂 DM</td><td>0.8</td><td rowspan="4">热空气加速老化(70℃×96h)</td><td colspan="2">拉伸强度/MPa</td><td>4.6</td></tr>
<tr><td>促进剂 M</td><td>0.6</td><td colspan="2">拉断伸长率/%</td><td>250</td></tr>
<tr><td>促进剂 TT</td><td>0.2</td><td rowspan="2">性能变化率/%</td><td>拉伸强度</td><td>−18</td></tr>
<tr><td>氧化锌</td><td>3</td><td>伸长率</td><td>−34</td></tr>
<tr><td>机油 10$^{\#}$</td><td>25</td><td rowspan="2">门尼焦烧(100℃)</td><td>t_5</td><td colspan="2">16 分</td></tr>
<tr><td>碳酸钙</td><td>215</td><td>t_{35}</td><td colspan="2">22 分</td></tr>
<tr><td>通用炉黑</td><td>40</td><td rowspan="4">圆盘振荡硫化仪(120℃)</td><td>M_L/N·m</td><td colspan="2">5.4</td></tr>
<tr><td>滑石粉</td><td>8</td><td>M_H/N·m</td><td colspan="2">56.5</td></tr>
<tr><td>硫黄</td><td>2</td><td>t_{10}</td><td colspan="2">8 分</td></tr>
<tr><td>合计</td><td>400.6</td><td>t_{90}</td><td colspan="2">15 分 50 秒</td></tr>
</table>

混炼加料顺序：天然胶＋顺丁胶＋硬脂酸
石蜡
防老剂 A＋促进剂
氧化锌
防老剂 D＋机油
炭黑
碳酸钙
滑石粉＋硫黄——薄通 6 次下片备用

混炼辊温：50℃±5℃

表 12-5 直接黏合尼龙布胶（硬度 73）

<table>
<tr><td>配方编号
基本用量/g
材料名称</td><td>5</td><td colspan="3">试验项目</td><td>试验结果</td></tr>
<tr><td>烟片胶 3#（1 段）</td><td>90</td><td colspan="3">硫化条件(153℃)/min</td><td>10</td></tr>
<tr><td>丁苯胶 1500#</td><td>10</td><td colspan="3">邵尔 A 型硬度/度</td><td>73</td></tr>
<tr><td>黏合剂 RE</td><td>4</td><td colspan="3">拉伸强度/MPa</td><td>20.1</td></tr>
<tr><td>硬脂酸</td><td>2</td><td colspan="3">拉断伸长率/%</td><td>538</td></tr>
<tr><td>氧化锌</td><td>8</td><td colspan="2" rowspan="2">定伸应力/MPa</td><td>300%</td><td>10.1</td></tr>
<tr><td>固体古马隆</td><td>6</td><td>500%</td><td>18.4</td></tr>
<tr><td>石蜡</td><td>0.5</td><td colspan="3">拉断永久变形/%</td><td>27</td></tr>
<tr><td>防老剂 4010NA</td><td>1</td><td colspan="3">脆性温度(单试样法)/℃</td><td>−57</td></tr>
<tr><td>防老剂 4010</td><td>1.5</td><td colspan="3">胶与布黏合力(70℃×72h)/(kgf/2.5cm)</td><td>7.1</td></tr>
<tr><td>促进剂 DM</td><td>1.2</td><td colspan="3">胶与布黏着力(动疲劳 20 万次)/(kgf/2.5cm)</td><td>7.3</td></tr>
<tr><td>促进剂 TT</td><td>0.03</td><td colspan="3">布与布黏着力/(kgf/2.5cm)</td><td>7.9</td></tr>
<tr><td>机油 10#</td><td>9</td><td rowspan="4">热空气加速老化(70℃×72h)</td><td colspan="2">拉伸强度/MPa</td><td>20.3</td></tr>
<tr><td>混气炭黑</td><td>25</td><td colspan="2">拉断伸长率/%</td><td>470</td></tr>
<tr><td>半补强炉黑</td><td>40</td><td rowspan="2">性能变化率/%</td><td>拉伸强度</td><td>+1</td></tr>
<tr><td>黏合剂 RH</td><td>4</td><td>伸长率</td><td>−12.6</td></tr>
<tr><td>硫黄</td><td>1.2</td><td rowspan="2">门尼焦烧(120℃)</td><td>t_5</td><td colspan="2">30 分 39 秒</td></tr>
<tr><td>合计</td><td>203.43</td><td>t_{35}</td><td colspan="2">34 分 53 秒</td></tr>
<tr><td colspan="2" rowspan="4"></td><td rowspan="4">圆盘振荡硫化仪(153℃)</td><td>M_L/N·m</td><td colspan="2">2.8</td></tr>
<tr><td>M_H/N·m</td><td colspan="2">71.5</td></tr>
<tr><td>t_{10}</td><td colspan="2">4 分 36 秒</td></tr>
<tr><td>t_{90}</td><td colspan="2">6 分 36 秒</td></tr>
<tr><td colspan="6">混炼加料顺序：辊温 80℃±5℃，天然胶＋丁苯胶＋氧化锌＋古马隆(降温)＋ 硬脂酸
RE ＋ 石蜡
4010NA ＋ 4010
DM
TT ＋ 机油
炭黑 ＋ 硫黄
RH ——薄通 6 次下片备用
混炼辊温：45℃±5℃</td></tr>
</table>

注：1kgf=9.8N

表 12-6 高填料天然胶（硬度 77）

材料名称 \ 基本用量/g \ 配方编号	6	试验项目		试验结果
烟片胶 3#（1 段）	100	硫化条件(143℃)/min		15
石蜡	1	邵尔 A 型硬度/度		77
硬脂酸	2	拉伸强度/MPa		3.3
促进剂 CZ	0.5	拉断伸长率/%		288
氧化锌	5	300%定伸应力/MPa		2.3
白油	15	拉断永久变形/%		35
碳酸钙	360	圆盘振荡硫化仪（143℃）	M_L/N·m	28.7
硫酸钡	80		M_H/N·m	56.9
促进剂 TT	3		t_{10}	4 分
合计	566.5		t_{90}	13 分

混炼加料顺序：胶+硬脂酸/石蜡+氧化锌/CZ+白油/碳酸钙/硫酸钡+TT——薄通 6 次下片备用

混炼辊温：55℃±5℃

表 12-7 天然胶黏多股钢丝胶（硬度 84）

材料名称 \ 基本用量/g \ 配方编号	7	试验项目		试验结果
烟片胶 3#（1 段）	100	硫化条件(153℃)/min		8
黏合剂 RE	3	邵尔 A 型硬度/度		84
硬脂酸	2	拉伸强度/MPa		18.7
防老剂 4010NA	1	拉断伸长率/%		315
防老剂 4010	1	100%定伸应力/MPa		5.1
促进剂 DM	1.3	拉断永久变形/%		22
促进剂 TT	0.2	阿克隆磨耗/cm^3		0.156
氧化锌	10	脆性温度(单试样法)/℃		−48
松焦油	4	多股钢丝抽出法黏合力(试样 10mm×10mm)/N	老化前	376
高耐磨炉黑	60		老化后(100℃×48h)	282
黏合剂 A	2	门尼焦烧(120℃)	t_5	6 分 30 秒
不溶性硫黄	4		t_{35}	7 分 30 秒
合计	188.5	圆盘振荡硫化仪(153℃)	M_L/N·m	12.0
			M_H/N·m	130.5
			t_{10}	5 分 15 秒
			t_{90}	5 分 45 秒

混炼加料顺序：胶＋RE（80℃ ± 5℃）降温＋ 硬脂酸
4010NA ＋ 促进剂
氧化锌
4010 ＋ 油
炭黑 ＋ 硫黄
黏合剂A ——薄通 6 次下片备用

混炼辊温：55℃±5℃

12.2 海绵胶

表 12-8 三胶并用海绵胶

配方编号 / 基本用量/g / 材料名称	8	试验项目		试验结果
丁苯胶 1502(薄通 10 次)	15	硫化条件(153℃)/min		20
烟片胶 3#(薄通 30 次)	70	工艺条件：模具 ϕ260mm×14mm，发泡率 55%左右为好，硫化后海绵孔径均匀较细表面较光滑。孔径大小可用胶量控制硫化模具表面单位压力 2～3MPa，硫化时应严格控制温度		
顺丁胶	15			
白油膏	15			
石蜡	0.5			
硬脂酸	5			
促进剂 CZ	3.5			
氧化锌	5			
碳酸钙	45			
立德粉	10			
小苏打	12			
发泡剂 H	3.5			
白凡士林	15			
氧化铁红	1.3	圆盘振荡硫化仪(153℃)	M_L/N·m	1.8
硫黄	1.2		M_H/N·m	36.0
合计	217.0		t_{10}	5 分 48 秒
			t_{90}	6 分 48 秒

混炼加料顺序：烟片胶＋丁苯胶＋顺丁胶＋白油膏＋硬脂酸、石蜡＋氧化锌、CZ＋

凡士林、立德粉
碳酸钙、小苏打 ＋硫黄——薄通 10 次下片备用(使用时须返炼)
氧化铁红、H

混炼辊温：45℃±5℃

表 12-9 天然胶/EVA 海绵胶（闭孔）

配方编号 基本用量/g 材料名称	9	试验项目		试验结果
EVA(VA 含量 30%)(上海)	70	试样永久变形 (压缩率 40%,试样 38mm±1.5mm 厚, 时间 25min,250 次/min)/%		2.76
颗粒胶 3#(薄通 30 次)	50			
发泡剂 AC	7			
发泡剂(OBSH)(苏州)	1			
硬脂酸锌	2			
氧化锌	6			
硬脂酸	3			
氧化镁	3			
机油 10#	10			
邻苯二甲酸二辛酯(DOP)	30			
碳酸钙	10			
钛白粉	6			
硫化剂 DCP	2.5	圆盘振荡硫化仪 (163℃)	M_L/N·m	1.1
水果型香料	0.1		M_H/N·m	10.5
			t_{10}	5 分 48 秒
合计	200.6		t_{90}	22 分 36 秒

工艺条件:孔径的大小与放胶量有关,硫化时间与胶的质量有关,微孔细小(闭孔)
硫化时根据产品孔径控制发泡率

混炼加料顺序:EVA(80～90℃)压至透明+胶混匀(降温)+发泡剂+ 硬脂酸锌/硬脂酸 + 氧化锌/氧化镁 + DOP/机油/碳酸钙/钛白粉 + 香料/DCP——薄通 8 次下片备用(使用时须返炼)

混炼辊温:45℃±5℃

表 12-10 天然胶/高苯乙烯海绵胶（可做小球）

材料名称 \ 基本用量/g \ 配方编号	10	试验项目		试验结果
烟片胶 3#（3 段）	100	硫化球　硫化条件（163℃）/min		50
高苯乙烯 860	10	工艺条件：每个球孔径可用胶料重量控制，该配方混炼工艺较好，可用于健身球。硫化模具表面单位压力 2～3MPa，硫化后海绵胶孔径均匀，微孔，弹性好。硫化时应严格控制温度		
白油膏	15			
石蜡	1			
硬脂酸	5			
促进剂 CZ	3.5			
氧化锌	5			
发泡剂 AC	4			
橘红	0.1			
白凡士林	15			
碳酸钙	30			
水	2			
硫黄	1			
合计	191.6	圆盘振荡硫化仪（163℃）	M_L/N·m	0.74
			M_H/N·m	16.40
			t_{10}	4 分 40 秒
			t_{90}	7 分 50 秒

混炼加料顺序：高苯乙烯（80～90℃）压至透明＋胶混匀（降温）＋白油膏＋$\frac{\text{硬脂酸}}{\text{石蜡}}$＋$\frac{\text{氧化铁、橘红}}{\text{CZ、AC}}$＋$\frac{\text{凡士林}}{\text{碳酸钙}}$＋水＋硫黄——薄通 6 次下片备用（使用时须返炼）

混炼辊温：45℃±5℃

表 12-11 天然胶海绵（球用）

配方编号 基本用量/g 材料名称	11	混炼工艺条件		
烟片胶 3#（3 段）	100	混炼辊温：50℃±5℃ 混炼加料顺序：胶＋发泡剂＋石蜡，硬脂酸＋氧化锌＋尿素、水＋促进剂，硫黄——薄通 4 次下片备用 硫化前胶料要返炼再硫化，当天返炼的胶当天用 该配方如果用发泡剂 H3%，AC2.5%，再加硫酸钡 80%，白凡士林 30%（都以生胶为 100）硫化后海绵胶也很好，但胶料密度较大，放胶量要增加		
石蜡	0.5			
硬脂酸	5			
发泡剂 H	2.5			
氧化锌	10			
尿素	1			
水	4			
促进剂 CZ	3			
硫黄	0.5			
合计	126.5			
		圆盘振荡硫化仪（148℃）	M_L/N·m	2.3
			M_H/N·m	15.6
			t_{10}	4 分 48 秒
			t_{90}	6 分 12 秒

硫化工艺条件：148℃×50min，硫化模具型腔 ϕ62mm，硫化时模型表面单位压力 1.5～2.0MPa，硫化后的海绵胶，孔径密实，均匀，弹性好，孔径的大小与发泡率有关，可根据需要孔径的大小选择放胶量

表 12-12 氯丁胶海绵（耐酸碱、耐热垫）

材料名称 \ 基本用量/g \ 配方编号	12	试验项目		试验结果
氯丁胶(薄通 5 次,青岛小块)	100	硫化工艺条件:148℃×50min 模具型腔 ϕ160mm×8mm,胶料比重按 1.4 计算,发泡率 1.5%计算,硫化后海绵弹性好,微孔,表面平整,较光亮 胶很柔软 孔径大小和发泡率有关 硫化时应严格控制温度 硫化模具表面单位压力 2～3MPa		
白油膏	12			
氧化镁	4			
发泡剂 AC	3			
发泡剂 H	3			
石蜡	0.5			
硬脂酸	1			
促进剂 TT	0.1			
促进剂 D	0.5			
机油 30#	35			
碳酸钙	50			
半补强炉黑	40			
陶土	20			
氧化锌	5			
促进剂 NA22	0.5	圆盘振荡硫化仪(153℃)	M_L/N·m	1.4
合计	274.6		M_H/N·m	16.0
			t_{10}	4 分 12 秒
			t_{90}	17 分 48 秒

混炼加料顺序:胶+氧化镁+白油膏+(硬脂酸、发泡剂、石蜡)+(TT、D)+(机油、炭黑、陶土、碳酸钙)+(氧化锌、NA22)——薄通 6 次下片备用(使用时再薄通 3 次)

混炼辊温:45℃以内

表 12-13 橡塑并用发泡胶（减震垫）

<table>
<tr><td>配方编号
基本用量/g
材料名称</td><td>13</td><td colspan="2">试验项目</td><td>试验结果</td></tr>
<tr><td>EVA(VA 含量 30%)</td><td>70</td><td colspan="3" rowspan="15">硫化工艺条件(产品):163℃×35min
模具型腔 ϕ92mm×25.5mm
硫化后海绵有弹性,较好,微孔,孔径很均匀
硫化时放 100%胶量孔径最好
可用二段硫化
硫化模具表面单位压力 2～3MPa
胶料硫化前要返炼后再硫化,硫化时严格控制温度和时间</td></tr>
<tr><td>高苯乙烯 860</td><td>30</td></tr>
<tr><td>颗粒胶(薄通 30 次)</td><td>20</td></tr>
<tr><td>发泡剂 AC</td><td>7</td></tr>
<tr><td>发泡剂 H</td><td>1</td></tr>
<tr><td>氧化镁</td><td>3</td></tr>
<tr><td>氧化锌</td><td>5</td></tr>
<tr><td>硬脂酸</td><td>3</td></tr>
<tr><td>硬脂酸锌</td><td>2</td></tr>
<tr><td>邻苯二甲酸二辛酯(DOP)</td><td>20</td></tr>
<tr><td>钛白粉</td><td>6</td></tr>
<tr><td>碳酸钙</td><td>10</td></tr>
<tr><td>机油 30#</td><td>20</td></tr>
<tr><td>水果型香料</td><td>0.5</td></tr>
<tr><td>硫化剂 DCP</td><td>2.5</td></tr>
<tr><td>合计</td><td>200</td><td rowspan="4">圆盘振荡硫化仪(163℃)</td><td>M_L/N·m</td><td>0.5</td></tr>
<tr><td colspan="2" rowspan="3"></td><td>M_H/N·m</td><td>6.5</td></tr>
<tr><td>t_{10}</td><td>7 分 24 秒</td></tr>
<tr><td>t_{90}</td><td>25 分 24 秒</td></tr>
</table>

混炼加料顺序：辊温 80℃±5℃，EVA＋高苯乙烯压至透明＋胶(降温)＋（发泡剂、硬脂酸 / 氧化镁、硬脂酸锌 / 氧化锌）＋（DOP / 机油 / 钛白粉 / 硫酸钙）＋香料＋DCP——薄通 6 次下片备用

混炼辊温：45℃以内

第13章 其他产品配方

13.1 其他产品配方（邵尔A硬度52~92）

表13-1 力车内胎胶（硬度52）

材料名称 \ 基本用量/g \ 配方编号	1	试验项目			试验结果
烟片胶1#（1段）	100	硫化条件(160℃)/min			8
硬脂酸	1.5	邵尔A型硬度/度			52
石蜡	0.8	拉伸强度/MPa			19.7
防老剂A	1	拉断伸长率/%			656
防老剂D	1	定伸应力/MPa	300%		3.5
促进剂DM	0.8		500%		9.8
促进剂CZ	0.55	拉断永久变形/%			33
氧化锌	5	回弹性/%			67
机油10#	5	无割口直角撕裂强度/(kN/m)			30.1
碳酸钙	65	割口直角撕裂强度/(kN/m)			51
硫酸钡	20	脆性温度(单试样法)/℃			−53
橡胶红	1	300%定伸变形率/%			12
硫黄	2.2	热空气加速老化(70℃×72h)	拉伸断强度/MPa		19.0
合计	203.85		拉断伸长率/%		612
			性能变化率/%	拉伸强度	−4
				伸长率	−6
		门尼焦烧(120℃)	t_5		23分
			t_{35}		26分
		圆盘振荡硫化仪(160℃)	M_L/N·m		3.9
			M_H/N·m		56.7
			t_{10}		5分
			t_{90}		7分

混炼加料顺序：胶＋石蜡、硬脂酸、防老剂A＋促进剂、氧化锌、防老剂D＋橡胶红、硫酸钡、碳酸钙、机油＋硫黄——薄通4次下片备用

混炼辊温：55℃±5℃

表 13-2 汽车用雨刷条胶（硬度 53）

材料名称 \ 基本用量/g \ 配方编号	2	试验项目			试验结果
颗粒胶 1#（1 段）	65	硫化条件(148℃)/min			7
顺丁胶	35	邵尔 A 型硬度/度			53
硬脂酸	2	拉伸强度/MPa			15.2
防老剂 4010NA	1	拉断伸长率/%			512
防老剂 4010	1.5	定伸应力/MPa	300%		6.0
促进剂 D	0.5		500%		14.6
促进剂 M	0.5	拉断永久变形/%			15
氧化锌	6	回弹性/%			70
邻苯二甲酸二辛酯(DOP)	6	无割口直角撕裂强度/(kN/m)			43
半补强炉黑	33	脆性温度(单试样法)/℃			−70
石墨 200 目	12	应力松弛系数(压缩率 25%)	室温×48h		0.98
硫黄	2.6		室温×167h		0.94
合计	165.1	热空气加速老化（70℃×96h）	拉伸强度/MPa		13.2
			拉断伸长率/%		460
			性能变化率/%	拉伸强度	−13
				伸长率	−10
		门尼焦烧(120℃)	t_5		23 分
			t_{35}		26 分
		圆盘振荡硫化仪（148℃）	M_L/N·m		5.1
			M_H/N·m		57
			t_{10}		2 分 24 秒
			t_{90}		9 分

混炼加料顺序：颗粒胶＋顺丁胶＋4010NA/硬脂酸＋4010/氧化锌/促进剂＋DOP/炭黑/石墨＋硫黄——薄通 6 次下片备用

混炼辊温：55℃±5℃

该配方做的雨刷条抗压变好，在室温条件下已停放近十年，并未发现有喷霜和老化现象，而且反弹很好

表 13-3 耐海水止水胶（硬度 63）

配方编号 基本用量/g 材料名称	3	试验项目			试验结果
氯丁胶(通用)	92	硫化条件(143℃)/min			15
顺丁胶	8	邵尔 A 型硬度/度			63
硬脂酸	1	拉伸强度/MPa			18.5
石蜡	1	拉断伸长率/%			623
防老剂 A	1.5	300%定伸应力/MPa			88
防老剂 4010	1	拉断永久变形/%			13
促进剂 DM	1	回弹性/%			45
机油 10#	10	阿克隆磨耗/cm^3			0.109
通用炉黑	40	试样密度/(g/cm^3)			1.43
高耐磨炉黑	20	脆性温度(单试样法)/℃			−67
氧化锌	2	压缩变形/%	负荷 3MPa,压缩率 40%		1.1
NA22	0.1		压缩负荷 3MPa		0.7
合计	177.6	摩擦系数(清水)	不锈钢		0.05
			3# 钢		0.08
		热空气加速老化(70℃×72h)	拉伸强度/MPa		18.0
			拉断伸长率/%		600
			性能变化率/%	拉伸强度	−3
				伸长率	−4
		门尼焦烧(120℃)	t_5		24 分
			t_{35}		28 分
		圆盘振荡硫化仪(143℃)	M_L/N·m		5.4
			M_H/N·m		42.0
			t_{10}		5 分 30 秒
			t_{90}		10 分 40 秒

混炼加料顺序：氯丁胶＋顺丁胶＋ 硬脂酸 石蜡 防老剂 A ＋ 4010 DM ＋ 炭黑 机油 ＋ 氧化锌 NA22 ——薄通 6 次下片备用

混炼辊温：45℃以内

表 13-4 泥浆泵活塞胶（硬度 80）

配方编号 基本用量/g 材料名称	4	试验项目			试验结果	
丁腈胶 220S(日本)	93	硫化条件(153℃)/min			15	国外产品
高苯乙烯 860(日本)	7	邵尔 A 型硬度/度			80	81
硫黄	1.6	拉伸强度/MPa			22.8	15.2
硬脂酸	1	拉断伸长率/%			560	540
防老剂 4010NA	1	定伸应力/MPa	100%		4.4	4.5
防老剂 4010	1.5		300%		12.9	11.2
氧化锌	5	拉断永久变形/%			20	14
邻苯二甲酸二辛酯(DOP)	9	回弹性/%			14	21
通用炉黑	35	阿克隆磨耗/cm^3			0.091	0.108
中超耐磨炉黑	25	试样密度/(g/cm^3)			1.22	1.28
促进剂 CZ	1.5	无割口直角撕裂强度/(kN/m)			61.0	58.0
合计	180.6	脆性温度(单试样法)/℃			−21	
		B 型压缩永久变形(压缩率 25%)/%	室温×22h		15	15
			70℃×22h		20	30
		热空气加速老化(70℃×96h)	拉伸强度/MPa		23.9	15.8
			拉断伸长率/%		454	490
			性能变化率/%	拉伸强度	+5	+4
				伸长率	−19	−9
		圆盘振荡硫化仪(153℃)	M_L/N·m		12.08	
			M_H/N·m		37.34	
			t_{10}		2 分 13 秒	
			t_{90}		10 分 34 秒	

混炼加料顺序：辊温 80℃±5℃，高苯乙烯压至透明＋胶混匀(降温)＋硫黄＋$\frac{\text{硬脂酸}}{\text{4010NA}}$＋$\frac{\text{4010}}{\text{氧化锌}}$＋$\frac{\text{DOP}}{\text{炭黑}}$＋CZ——薄通 8 次下片备用

混炼辊温：45℃以内

表 13-5 通孔胶塞（旋转防喷器密封胶芯，硬度 83）

材料名称 \ 基本用量/g \ 配方编号	5
颗粒胶 1#（1 段）	100
石蜡	0.5
硬脂酸	2.5
防老剂 4010NA	1
防老剂 4010	1.5
促进剂 DZ	1.8
氧化锌	8
石墨	8
快压出炉黑	50
高耐磨炉黑	32
硫化剂 DTDM	2.5
硫黄	0.6
合计	208.4

试验项目			试验结果
硫化条件(148℃)/min			20
邵尔 A 型硬度/度			83
拉伸强度/MPa			19.9
拉断伸长率/%			280
100%定伸应力/MPa			8.0
拉断永久变形/%			9
撕裂强度/(kN/m)			71
回弹性/%			40
阿克隆磨耗/(cm^3/1.61km)			0.222
密度/(g/cm^3)			1.23
热空气加速老化(70℃×72h)	拉伸强度/MPa		18.3
	拉断伸长率/%		222
	性能变化率/%	拉伸强度	−8
		伸长率	−22
B 型压缩永久变形(压缩率 25%)/%		室温×24h	10
		70℃×24h	24
硫化(ϕ150mm×100mm 产品,148℃×3h)			物性很好
圆盘振荡硫化仪(148℃)	M_L/N·m		9.32
	M_H/N·m		40.32
	t_{10}		7 分 56 秒
	t_{90}		16 分 54 秒

混炼加料顺序：胶＋（石蜡、硬脂酸、防老剂 4010NA）＋（4010、DZ、氧化锌）＋（石墨、炭黑）＋（DTDM、硫黄）——薄通 6 次下片备用

混炼辊温：55℃±5℃

表 13-6 高硬度耐油夹布密封圈胶（硬度 92）

材料名称 \ 基本用量/g \ 配方编号	6	试验项目			试验结果
丁腈胶 3604(兰化)	85	硫化条件(153℃)/min			35
高苯乙烯 860	15	邵尔 A 型硬度/度			92
硫黄	1.8	拉伸强度/MPa			22.5
硬脂酸	1	拉断伸长率/%			244
防老剂 A	1	100%定伸应力/MPa			10.3
防老剂 4010	1.5	拉断永久变形/%			16
氧化锌	5	撕裂强度/(kN/m)			46.5
邻苯二甲酸二辛酯(DOP)	5	回弹性/%			13
碳酸钙	15	脆性温度/℃			−15
中超耐磨炉黑	40	耐 10# 机油(70℃×24h)质量变化率/%			−0.55
通用炉黑	30	热空气加速老化(100℃×96h)	拉伸强度/MPa		23.3
促进剂 DM	1.5		拉断伸长率/%		156
促进剂 M	0.1		性能变化率/%	拉伸强度	+4
合计	201.9			伸长率	−36
		圆盘振荡硫化仪(153℃)	M_L/N·m		24.2
			M_H/N·m		89.7
			t_{10}		3 分 48 秒
			t_{90}		29 分 36 秒

胶浆配制：醋酸乙酯∶环已烷∶胶料=5∶0.6∶1

混炼加料顺序：辊温 80℃±5℃，高苯乙烯压至透明+胶混匀(降温)+硫黄+(硬脂酸、防老剂 A)+(氧化锌、4010)+(DOP、碳酸钙、炭黑)+(DM、M)——薄通 8 次下片备用

混炼辊温：45℃以内

13.2 PTFE 滑环

表 13-7 滑环用料（聚四氟乙烯）+高量铜粉

材料名称 \ 基本用量/g \ 配方编号	7	试验项目	试验结果
聚四氟乙烯粉(济南)	40	拉伸强度/MPa	11.2
青铜粉(250 目)	60	拉断伸长率/%	123
胶体二硫化钼	0.5	拉断永久变形/%	61
合计	100.5	室温下 200MPa 压缩变形率/%	52
		产品密度/(g/cm³)	3.825
		国外产品密度/(g/cm³)	3.084

压型后自由状态下硫化

室温至 200℃	1h
200～250℃	1h
250～350℃	1h
350～380℃	1h
380℃保持	2h
降温	
380～340℃	30min
340～300℃	30min
300～250℃	30min
冷却后取出	

粉料混均装模压型成半成品

例：ϕ150mm×壁厚 5mm(压型模)

压力	保温时间
0～5MPa	2min
5～10MPa	2min
10～15MPa	6min

表 13-8 滑环用料（聚四氟乙烯）+中量铜粉

材料名称 \ 基本用量/g \ 配方编号	8	试验项目	试验结果
聚四氟乙烯粉（济南）	40	拉伸强度/MPa	21.7
青铜粉（250 目）	60	拉断伸长率/%	362
胶体二硫化钼	0.5	300%定伸应力/MPa	18.8
合计	100.5	拉断永久变形/%	186
		压缩变形率（室温下，200MPa）/%	46
		产品密度/(g/cm^3)	3.089
		国外产品密度/(g/cm^3)	3.084

压型后自由状态下硫化

室温至 200℃	1h
200～250℃	1h
250～350℃	1h
350～380℃	1h
380℃保持	2h
降温	
380～340℃	30min
340～300℃	30min
300～250℃	30min

冷却后取出

粉料混均装模压型成半成品
例：ϕ150mm×壁厚 5mm（压型模）

压力	保温时间
0～5MPa	2min
5～10MPa	2min
10～15MPa	6min

第3部分

海绵胶配方

本部分共分六章，九十三例配方。配方按孔径大小及产品类别、胶种分类。包括不同胶种、不同配比的并用胶及橡塑并用胶配方，不同硬度和不同孔径的海绵产品配方。在海绵制品中制造工艺是至关重要的，对海绵产品的质量起着十分重要的作用。该类配方中提供了胶料混炼、硫化和发泡工艺条件，供有关人员参考和应用。

硬度采用：橡胶微孔材料硬度计（XHS-W型）。海绵胶混炼、硫化工艺比较复杂，虽有工艺条件，但难以表达全面。

第14章 海绵胶衬垫配方（减震、高弹性、不吸水）

14.1 圆形海绵减震垫

表 14-1 颗粒胶/EVA 海绵减震垫

材料名称 \ 基本用量/g \ 配方编号	u-1	混炼工艺条件	
颗粒胶(薄通 30 次)	50	混炼辊温：60℃±5℃ 母胶：辊温 85℃±5℃，EVA(压至透明)＋胶(混匀、薄通3次)＋硬脂酸、硬脂酸锌——薄通 6 次下片备用 混炼：母胶＋发泡剂＋氧化锌、氧化镁＋碳酸钙、DOP、机油＋DCP＋香料——薄通 6 次下片，停放 18h 后再薄通 10 次下片备用 该配方硫化后，弹性好，片平整，孔径密实，闭孔海绵，如不加香料硫化胶有异味	
EVA(VA 含量 30%)	70		
硬脂酸	3		
硬脂酸锌	2		
发泡剂 AC	7		
发泡剂 H	1		
氧化锌	5		
氧化镁	3		
碳酸钙	20		
邻苯二甲酸二辛酯(DOP)	30		
机油 30#	10		
硫化剂 DCP	2.5		
香料	0.1		
合计	203.6	圆盘振荡硫化仪(163℃)	M_L/N·m: 1.1
			M_H/N·m: 10.5
			t_{10}: 5 分 48 秒
			t_{90}: 22 分 36 秒

硫化工艺条件：

163℃×28min，硫化模具表面压力不低于 3MPa，模具内填胶量 95%，如填胶量不同，硫化胶孔径也不同。硫化前胶料须返炼，胶片要平整

硫化产品 ϕ550mm×28mm，可用模具型腔 ϕ390mm×15mm，硫化后快速出模较好

表 14-2 颗粒胶/EVA，海绵衬垫（1）

材料名称 \ 基本用量/g \ 配方编号	u-2	混炼工艺条件		
颗粒胶(薄通 30 次)	100	混炼辊温:50℃±5℃ 母胶:辊温 85℃±5℃,EVA(压至透明)+胶(混匀薄通 3 次)+硬脂酸——薄通 6 次下片备用 混炼:母胶+发泡剂+氧化锌、氧化镁+DOP、钛白粉、碳酸钙、立德粉+双二五+硫黄——薄通 6 次下片,停放 18h 后再薄通 8 次下片备用 该配方硫化后海绵胶无味,如果用发泡剂 AC 和 H 有异味		
EVA(VA 含量 15%)	70			
硬脂酸	2			
苏州发泡剂 OBSH	8			
氧化锌	3			
氧化镁	3			
邻苯二甲酸二辛酯(DOP)	30			
钛白粉	8			
碳酸钙	10			
立德粉	10			
硫化剂(双二五)	2			
硫黄	2.5			
合计	248.5			
		圆盘振荡硫化仪(163℃)	M_L/N·m	1.0
			M_H/N·m	7.3
			t_{10}	4 分
			t_{90}	18 分 24 秒

硫化工艺条件:

153℃×50min,硫化模具表面压力不低于 3MPa,模具内填胶量 85%~95%,填胶量不同孔径也不同。硫化后的海绵两表面平整,微孔,弹性好。硫化时应严格控制温度和时间

硫化前胶料应返炼,下片时两表面要求平整

表 14-3 颗粒胶/EVA，海绵衬垫（2）

配方编号 / 基本用量/g / 材料名称	u-3	混炼工艺条件
颗粒胶 1#（薄通 30 次）	100	混炼辊温：50℃±5℃ 母胶：辊温 85℃±5℃，EVA（压至透明）＋胶（混匀薄通 3 次）＋硬脂酸锌——薄通 6 次下片备用 混炼：母胶＋发泡剂＋氧化锌、氧化镁＋DOP、钛白粉、碳酸钙、立德粉＋DCP、硫黄——薄通 8 次下片备用 胶料密度 1.10g/cm^3，该配方硫化后海绵胶有异味
EVA（VA 含量 15%）	70	
硬脂酸锌	2	
发泡剂 AC	5	
发泡剂 H	3	
氧化锌	3	
氧化镁	3	
邻苯二甲酸二辛酯（DOP）	30	
钛白粉	8	
碳酸钙	10	
立德粉	10	
硫黄	2.5	
硫化剂 DCP	2	
合计	248.5	

圆盘振荡硫化仪（163℃）	M_L/N·m	1.1
	M_H/N·m	12.2
	t_{10}	4 分
	t_{90}	15 分 12 秒

硫化工艺条件：

163℃×40min，硫化模具表面压力不低于 3MPa，模具内填胶 90%～95%，胶料硫化前须返炼，本次硫化模具型腔 ϕ460mm×16mm，填胶量为 2925g，发泡很好，微孔，弹性好，硫化后（停放后）尺寸稳定

表 14-4 颗粒胶 90/EVA70，海绵衬垫（3）

<table>
<tr><td>配方编号
基本用量/g
材料名称</td><td>u-4</td><td colspan="3">混炼工艺条件</td></tr>
<tr><td>颗粒胶(薄通 30 次)</td><td>90</td><td colspan="3" rowspan="13">混炼辊温:50℃±5℃
母胶:辊温 85℃±5℃,EVA(压至透明)+胶(薄通 3 次)+石蜡、硬脂酸、硬脂酸锌——薄通 6 次下片备用
混炼:母胶+发泡剂+氧化锌、氧化镁+DOP、钛白粉、碳酸钙、立德粉+DCP——薄通 6 次下片,停放 18h 后再薄通 8 次下片备用
该配方硫化后微孔密实,弹性好,胶很白,胶挺性好</td></tr>
<tr><td>EVA(VA 含量 30%)</td><td>70</td></tr>
<tr><td>石蜡</td><td>1</td></tr>
<tr><td>硬脂酸</td><td>3</td></tr>
<tr><td>硬脂酸锌</td><td>2</td></tr>
<tr><td>苏州发泡剂(OBSH)</td><td>8</td></tr>
<tr><td>氧化锌</td><td>3</td></tr>
<tr><td>氧化镁</td><td>3</td></tr>
<tr><td>邻苯二甲酸二辛酯(DOP)</td><td>30</td></tr>
<tr><td>钛白粉</td><td>8</td></tr>
<tr><td>碳酸钙</td><td>10</td></tr>
<tr><td>立德粉</td><td>10</td></tr>
<tr><td>硫化剂 DCP</td><td>3</td></tr>
<tr><td>合计</td><td>241</td><td rowspan="4">圆盘振荡硫化仪
(163℃)</td><td>M_L/N·m</td><td>1.0</td></tr>
<tr><td colspan="2" rowspan="3"></td><td>M_H/N·m</td><td>16.3</td></tr>
<tr><td>t_{10}</td><td>3 分</td></tr>
<tr><td>t_{90}</td><td>19 分 12 秒</td></tr>
<tr><td colspan="5">硫化工艺条件:
163℃×30min,硫化模具表面压力不低于 3MPa,模具内填胶量 95%,硫化过程中应严格控制硫化温度和时间
硫化前胶料须返炼,下片要求平整,出模速度要快,对充分发泡有帮助</td></tr>
</table>

表 14-5 烟片胶/EVA，海绵衬垫

配方编号 基本用量/g 材料名称	u-5	混炼工艺条件		
烟片胶 3#（3 段）	40	混炼辊温：60℃±5℃ 母胶：辊温 85℃±5℃，EVA（压至透明）+胶（混匀、薄通 3 次）+石蜡、硬脂酸、硬脂酸锌——薄通 6 次下片备用 混炼：母胶+发泡剂+促进剂、氧化镁、氧化锌+环烷油、DBP、白炭黑、碳酸钙、立德粉、乙二醇+DCP、香料——薄通 8 次下片备用 硫化前胶料要返炼，下片时两表面要平整，胶内不可有气泡		
EVA（VA 含量 31.5%）	60			
石蜡	0.5			
硬脂酸	1.5			
硬脂酸锌	2			
发泡剂 H	3			
氧化锌	2.5			
氧化镁	2.5			
促进剂 DM	0.5			
邻苯二甲酸二丁酯（DBP）	13			
环烷油	5			
白炭黑 36-5	10			
碳酸钙	13			
立德粉	11			
乙二醇	1			
硫化剂 DCP	2	圆盘振荡硫化仪（163℃）	M_L/N·m	3.0
香料	0.07		M_H/N·m	10.9
合计	167.57		t_{10}	2 分 36 秒
			t_{90}	15 分 24 秒

硫化工艺条件：

163℃×25min，硫化模具表面压力 2～3MPa，模具内填胶量 95%，胶料密度按 1.20g/cm^3 计算。硫化模具型腔 225mm×200mm×10mm，微孔密实，两表面平整，海绵胶表面硬度 41 度，内 38 度。用 153℃×50min 和用两段硫化效果均没有一段 163℃好

14.2 闭孔海绵(弹性好、变形小、耐热、减震)

表 14-6 颗粒胶/CPE，微孔海绵

材料名称 \ 基本用量/g \ 配方编号	u-6	混炼工艺条件	
颗粒胶 1#(3 段)	100	混炼辊温：55℃±5℃ 母胶：辊温 85℃±5℃，氯化聚乙烯(压至透明)+胶(混匀薄通 8 次)+白油膏+石蜡、硬脂酸——薄通 6 次下片备用 混炼：母胶+发泡剂+防老剂、促进剂+机油、氧化锌、陶土、碳酸钙、白炭黑、乙二醇+硫黄——薄通 6 次下片备用 硫化前胶料应返炼，下片应平整，胶内不允许有气泡	
氯化聚乙烯 135A(山东)	10		
白油膏	15		
石蜡	1		
硬脂酸	4		
发泡剂 H	3		
防老剂 SP	1.5		
促进剂 DM	1.5		
氧化锌	20		
机油 10#	40		
碳酸钙	40		
陶土	15		
沉淀法白炭黑	15		
乙二醇	1.5		
硫黄	2.5		
合计	270	圆盘振荡硫化仪(153℃) M_L/N·m	1.8
		M_H/N·m	32.0
		t_{10}	5 分 12 秒
		t_{90}	8 分 48 秒

硫化工艺条件：
153℃×30min，硫化模具型腔 124mm×45mm×30mm，如果模具型腔为 158mm×25mm×6mm，则硫化时间为 153℃×10min。模具表面压力 2～3MPa，并做了不同发泡率试样，可根据需要孔径选择发泡率。模型内可用 100%填胶量，硫化的海绵片更平整

表 14-7 SBR[1500]/CPE，海绵减震垫

配方编号 基本用量/g 材料名称	u-7	混炼工艺条件
丁苯胶 1500#（薄通 15 次）	70	混炼辊温：55℃±5℃ 母胶：辊温 85℃±5℃，CPE(压至透明)＋胶(混匀、薄通4次)＋硬脂酸、硬脂酸锌——薄通 6 次下片备用 混炼：母胶＋发泡剂＋DM、氧化锌、氧化镁＋DOP，立德粉、钛白粉、碳酸钙＋DCP、硫黄——薄通 6 次下片备用 该配方弹性好，微孔，孔径较均匀，大圆片两表面平整，胶较白，但硫化后有异味
氯化聚乙烯 135A(山东)	70	
硬脂酸	3	
硬脂酸锌	2	
发泡剂 AC	6	
发泡剂 H	1	
促进剂 DM	0.3	
氧化锌	3	
氧化镁	3	
邻苯二甲酸二辛酯(DOP)	30	
立德粉	10	
钛白粉	8	
碳酸钙	10	
硫化剂 DCP	1.5	
硫黄	2.5	
合计	220.3	

圆盘振荡硫化仪（163℃）		
	M_L/N·m	2.0
	M_H/N·m	11.0
	t_{10}	4 分 12 秒
	t_{90}	13 分

硫化工艺条件：

163℃×20min，硫化模具表面压力不低于 3MPa，模具内填胶量 95%～100%，硫化时应严格控制温度、时间，本次硫化模具型腔 ϕ260mm×14.4mm，产品出模后(稳定后)ϕ390mm×24.8mm

硫化前胶料须返炼

表 14-8 SBR1502/CPE，微孔海绵

材料名称 \ 基本用量/g \ 配方编号	u-8	混炼工艺条件	
丁苯胶 1502#（薄通 15 次）	70	混炼辊温：60℃±5℃ 母胶：辊温 85℃±5℃，CPE（压至透明）+SBR（混匀、薄通 4 次）+硬脂酸、硬脂酸锌——薄通 6 次下片备用 混炼：母胶+发泡剂+氧化锌、氧化镁+DOP、碳酸钙、立德粉、钛白粉+DCP、硫黄——薄通 6 次下片备用 硫化前胶须返炼，下片两面应平整，胶内不可有气泡	
氯化聚乙烯 135A（山东）	70		
硬脂酸	3		
硬脂酸锌	2		
发泡剂 AC	6		
发泡剂 H	1.7		
氧化锌	3		
氧化镁	3		
邻苯二甲酸二辛酯（DOP）	30		
碳酸钙	10		
立德粉	10		
钛白粉	8		
硫化剂 DCP	2		
硫黄	2.5		
合计	221.2	圆盘振荡硫化仪（163℃）	M_L/N·m: 3.7
			M_H/N·m: 11.9
			t_{10}: 3 分 24 秒
			t_{90}: 8 分 36 秒

硫化工艺条件：

163℃×17min，模具表面压力不低于 3MPa，模内填胶量 95%～100%，硫化时应严格控制温度和时间。硫化模具型腔 ϕ400mm×19mm

海绵胶弹性好，微孔，胶较白，如果硫化时间过长，内部会有鼓包或爆破。硫化胶有异味

表 14-9 颗粒胶/SBR1502/EVA，海绵衬垫

材料名称 \ 基本用量/g \ 配方编号	u-9	混炼工艺条件	
颗粒胶(薄通 30 次)	25	混炼辊温:55℃±5℃ 母胶:辊温 85℃±5℃,EVA(压至透明)+胶(薄通 3 次)+硬脂酸+硬脂酸锌——薄通 6 次下片备用 混炼:母胶+发泡剂+氧化锌、氧化镁+DOP、钛白粉、碳酸钙、立德粉+DCP、硫黄——薄通 6 次下片,停放 18h 后再薄通 10 次下片备用 该配方硫化后胶有点黄,但弹性较好,微孔 胶有异味	
丁苯胶 1502(薄通 15 次)	30		
EVA(VA 含量 30%)	70		
硬脂酸	3		
硬脂酸锌	2		
发泡剂 AC	5		
发泡剂 H	1.5		
氧化锌	3		
氧化镁	3		
邻苯二甲酸二辛酯(DOP)	30		
钛白粉	8		
碳酸钙	10		
立德粉	10		
硫化剂 DCP	2		
硫黄	2.5		
合计	205.0	圆盘振荡硫化仪(163℃) M_L/N·m	1.6
		M_H/N·m	6.6
		t_{10}	3 分 12 秒
		t_{90}	9 分 36 秒

硫化工艺条件:

163℃×25min,硫化模具表面压力不低于 3MPa,模具内填胶量 95%～100%效果好,填胶量不同孔径也不同,硫化时应严格控制温度和时间。曾硫化 ϕ600mm×29mm 厚的圆片,孔径很好,微孔

硫化时胶料须返炼,下片表面应平整

表 14-10 烟片胶/SBR^{1502}/高苯乙烯，海绵减震垫

材料名称 \ 基本用量/g \ 配方编号	u-10	混炼工艺条件		
烟片胶 3#（3 段）	35	混炼辊温：55℃±5℃ 母胶：辊温 85℃±5℃，高苯乙烯（压至透明）+丁苯胶、天然胶（混匀、薄通 3 次）+石蜡+硬脂酸——薄通 6 次下片备用 混炼：母胶+发泡剂+促进剂、氧化锌、氧化镁+DBP、环烷油、白炭黑、立德粉、乙二醇+硫黄——薄通 6 次下片停放一天后，再薄通 10 次下片备用 该配方硫化后为闭孔海绵，发泡较好，微孔，孔径小而均匀，较软，弹性好		
高苯乙烯 860（日本）	40			
丁苯胶 1502#（薄通 10 次）	25			
石蜡	0.5			
硬脂酸	1.5			
发泡剂 AC	3			
发泡剂 H	3			
促进剂 DM	0.5			
促进剂 CZ	0.6			
促进剂 TT	0.05			
氧化镁	2.5			
氧化锌	2.5			
邻苯二甲酸二丁酯(DBP)	28			
环烷油	25			
白炭黑 36-5	40			
立德粉	10			
乙二醇	2	圆盘振荡硫化仪（163℃）	M_L/N·m	3.5
硫黄	2		M_H/N·m	16.9
合计	221.15		t_{10}	3 分 30 秒
			t_{90}	5 分 40 秒

硫化工艺条件：

153℃×20min，硫化模具型腔 ϕ400mm×19mm，硫化后产品 ϕ560～580mm，厚度 28～30mm，胶重 2860g。硫化时模具表面压力不低于 3MPa，硫化时应严格控制温度、时间。硫化前胶料一定要返炼，胶片两表面要求压光平整，称好质量后硫化

第15章 微孔海绵胶配方

15.1 NR/SBR/CPE海绵胶

表15-1 颗粒胶/SBR[1500]/CPE，微孔海绵（1）

配方编号 基本用量/g 材料名称	u-11	混炼工艺条件		
颗粒胶1#（薄通15次）	30	混炼辊温：60℃±5℃ 母胶：辊温85℃±5℃，CPE（压至透明）+SBR+颗粒胶（混匀、薄通6次）+石蜡、硬脂酸——薄通6次下片备用 混炼：母胶+发泡剂+氧化锌、乙二醇、DBP、碳酸钙、立德粉+硫化剂DCP、硫黄——薄通6次，停放一天后再薄通6次下片备用 胶料密度1.15g/cm³ 本配方还做了不同发泡率（20%、30%、40%、50%、60%）试验，硫化模具采用型腔为158mm×25mm×6mm，不同发泡率孔径不同		
丁苯胶1500#（薄通15次）	70			
氯化聚乙烯135A（山东）	70			
石蜡	1			
硬脂酸	4			
氧化锌	5			
发泡剂AC	8			
邻苯二甲酸二丁酯（DBP）	20			
乙二醇	1			
碳酸钙	10			
立德粉	10			
硫化剂DCP	2			
硫黄	2			
合计	233	圆盘振荡硫化仪（163℃）	M_L/N·m	4.6
			M_H/N·m	13.9
			t_{10}	2分24秒
			t_{90}	7分

硫化工艺条件：

二段硫化，一段133℃×15min，二段163℃×15min，硫化模表面压力一段1～2MPa，二段硫化不低于3MPa。硫化后海绵孔径均匀，胶有弹性，发泡率放胶量60%，也可用50%，但孔径略大。硫化前胶片两面应平整。该配方海绵胶有异味

表 15-2 颗粒胶/SBR1500/CPE，微孔海绵（2）

配方编号 / 基本用量/g / 材料名称	u-12	混炼工艺条件	
颗粒胶 1#（薄通 15 次）	30	混炼辊温：60℃±5℃ 母胶：辊温 85℃±5℃，CPE（压至透明）+SBR+颗粒胶（混匀、薄通 6 次）+石蜡、硬脂酸——薄通 6 次下片备用 混炼：母胶+发泡剂+氧化锌、乙二醇、DBP、碳酸钙、立德粉+DCP、硫黄——薄通 6 次下片，停放一天后再薄通 6 次下片备用 胶料密度 1.15g/cm³ 本配方还做了不同发泡率（20%、30%、40%、50%、60%）试验，硫化模具采用型腔为 158mm×25mm×6mm，不同发泡率孔径不同	
丁苯胶 1500#（薄通 15 次）	70		
氯化聚乙烯 135A（山东）	70		
石蜡	1		
硬脂酸	4		
发泡剂 AC	4		
发泡剂 H	4		
氧化锌	5		
乙二醇	1		
邻苯二甲酸二丁酯（DBP）	20		
碳酸钙	10		
立德粉	10		
硫化剂 DCP	2		
硫黄	2		
合计	233		
		圆盘振荡硫化仪（163℃） M_L/N·m	5.1
		M_H/N·m	16.4
		t_{10}	2 分
		t_{90}	7 分 24 秒

硫化工艺条件：

二段硫化，一段 133℃×15min，二段 163℃×15min，硫化模表面压力一段 1～2MPa，二段硫化不低于 3MPa。硫化后海绵孔径均匀，弹性好，微孔，发泡率 50%。硫化前胶料须返炼，下片两面应平整。该配方硫化后海绵胶有异味

表 15-3 颗粒胶/SBR1500/CPE，微孔海绵（3）

基本用量/g 配方编号 材料名称	u-13	混炼工艺条件	
颗粒胶 1#（3 段）	30	混炼辊温：60℃±5℃ 母胶：辊温 85℃±5℃，CPE（压至透明）+SBR+颗粒胶（混匀、薄通 6 次）+石蜡、硬脂酸——薄通 6 次下片备用 混炼：母胶+发泡剂+防老剂、氧化锌+DBP、立德粉+DCP、硫黄——薄通 6 次下片备用 硫化前胶料须返炼下片，胶片两表面应平整 硫化后海绵胶有异味	
丁苯胶 1500#（薄通 15 次）	70		
氯化聚乙烯 135A（山东）	70		
石蜡	1		
硬脂酸	2		
发泡剂 H	8		
防老剂 SP	1		
氧化锌	5		
邻苯二甲酸二丁酯（DBP）	20		
立德粉	15		
硫化剂 DCP	2		
硫黄	2		
合计	226		
		圆盘振荡硫化仪（153℃） M_L/N·m	3.7
		圆盘振荡硫化仪（153℃） M_H/N·m	16.1
		圆盘振荡硫化仪（153℃） t_{10}	7 分
		圆盘振荡硫化仪（153℃） t_{90}	22 分 48 秒

硫化工艺条件：

二段硫化，一段 133℃×30min，二段硫化 163℃×20min，一段模腔应涂硅油，一段模具表面压力 1～2MPa，二段压力不低于 3MPa。硫化模内填胶量 80%，胶发孔均匀，柔软，可根据放胶量控制孔径的大小

表 15-4 颗粒胶/SBR[1502]/CPE，微孔海绵（1）

配方编号 / 基本用量/g / 材料名称	u-14	混炼工艺条件		
颗粒胶 1#（薄通 15 次）	30	混炼辊温：60℃±5℃ 母胶：辊温 85℃±5℃，CPE(压至透明)＋SBR＋颗粒胶(混匀、薄通 6 次)＋石蜡、硬脂酸——薄通 6 次下片备用 混炼：母胶＋发泡剂＋氧化锌、DBP、碳酸钙、立德粉＋钛白粉＋DCP、硫黄——薄通 6 次下片，停放一天后再薄通 6 次下片备用		
丁苯胶 1502#（山东）（薄通 15 次）	70			
氯化聚乙烯 135A（山东）	70			
石蜡	1			
硬脂酸	4			
发泡剂 H（北京）	8			
氧化锌	5			
邻苯二甲酸二丁酯（DBP）	30			
碳酸钙	15			
立德粉	10			
钛白粉	8			
硫化剂 DCP	2			
硫黄	2.5	圆盘振荡硫化仪（153℃）	M_L/N·m	3.6
合计	255.5		M_H/N·m	12.1
			t_{10}	8 分 24 秒
			t_{90}	28 分
		圆盘振荡硫化仪（163℃）	M_L/N·m	2.9
			M_H/N·m	16.6
			t_{10}	4 分 36 秒
			t_{90}	16 分

硫化工艺条件：

二段硫化，一段 133℃，二段 163℃，硫化模具表面压力 1～2MPa，二段不低于 3MPa。硫化后海绵孔径均匀，微孔，密实，弹性好，发泡率放胶量 100%。如果二段用 153℃，或用 163℃一次性硫化，发泡效果较差。该配方硫化后海绵胶有异味

表 15-5 颗粒胶/SBR1502/CPE，微孔海绵（2）

材料名称 \ 基本用量/g \ 配方编号	u-15	混炼工艺条件		
颗粒胶 1#（薄通 15 次）	30	混炼辊温：60℃±5℃ 母胶：辊温 85℃±5℃，CPE（压至透明）+SBR+颗粒胶（混匀、薄通 6 次）+石蜡、硬脂酸——薄通 6 次下片备用 混炼：母胶+发泡剂+氧化锌、乙二醇、DBP、碳酸钙、立德粉+DCP、硫黄——薄通 6 次，停放一天后再薄通 6 次下片备用 本配方还做了不同发泡率（20%、30%、40%、50%、60%）试验，硫化模具采用型腔为 158mm×25mm×6mm，不同发泡率孔径不同		
丁苯胶 1502#（薄通 15 次）	70			
氯化聚乙烯 135A（山东）	70			
石蜡	1			
硬脂酸	4			
发泡剂 H	8			
氧化锌	5			
邻苯二甲酸二丁酯（DBP）	20			
碳酸钙	10			
立德粉	10			
乙二醇	1			
硫化剂 DCP	2			
硫黄	2			
合计	233	圆盘振荡硫化仪（163℃）	M_L/N·m	5.4
			M_H/N·m	18.0
			t_{10}	2 分
			t_{90}	11 分

硫化工艺条件：

二段硫化，一段 133℃×15min，二段 163℃×15min，硫化模具表面压力一段 1～2MPa，二段硫化不低 3MPa。硫化后海绵孔径五个发泡率基本相似，但片厚度不同，随发泡率降低厚度增大，孔径均匀，挺性好。胶料密度 1.15g/cm^3。硫化后海绵胶有异味

表 15-6 颗粒胶/SBR1502/CPE，微孔海绵（3）

材料名称 \ 基本用量/g \ 配方编号	u-16	混炼工艺条件		
颗粒胶 1#（薄通 15 次）	30	混炼辊温：60℃±5℃ 母胶：辊温 85℃±5℃，CPE（压至透明）+SBR+颗粒胶（混匀、薄通 6 次）+石蜡、硬脂酸——薄通 6 次下片备用 混炼：母胶+发泡剂+氧化锌、乙二醇、DBP、碳酸钙、立德粉+DCP、硫黄——薄通 6 次下片，停放一天后再薄通 6 次下片备用 本配方做了不同发泡率（20%、30%、40%、50%、60%）试验，硫化模具采用型腔为 158mm×25mm×6mm		
丁苯胶 1502#（薄通 15 次）	70			
氯化聚乙烯 135A（山东）	70			
发泡剂 H	12			
石蜡	1			
硬脂酸	4			
氧化锌	5			
邻苯二甲酸二丁酯（DBP）	20			
碳酸钙	10			
立德粉	10			
乙二醇	1			
硫化剂 DCP	2			
硫黄	2			
合计	237	圆盘振荡硫化仪（163℃）	M_L/N·m	4.9
			M_H/N·m	15.9
			t_{10}	2 分 36 秒
			t_{90}	9 分 24 秒

硫化工艺条件：

二段硫化，一段 133℃×15min，二段 163℃×15min，硫化模具表面压力一段 1～2MPa，二段硫化不低于 3MPa。硫化后海绵孔径五个发泡率基本相似，但片厚度不同，随发泡率降低厚度增大，孔径均匀，挺性好。胶料密度 1.15g/cm³ 硫化后海绵胶有异味。也可用 163℃×25min 直接硫化

15.2 NR/SBR/LDPE 海绵胶

表 15-7 颗粒胶/SBR[1502]/LDPE，海绵胶（1）

材料名称 \ 基本用量/g \ 配方编号	u-17	混炼工艺条件	
颗粒胶 1#（3 段）	30	混炼辊温：70℃±5℃ 母胶：辊温不低于 120℃，PE（压至透明）+SBR+颗粒胶（薄通 6 次）+石蜡、硬脂酸+1/2DBP——薄通 6 次下片备用 混炼：母胶+发泡剂+氧化锌、1/2DBP 碳酸钙、立德粉、乙二醇+DCP、硫黄——薄通 6 次下片备用 硫化前在辊温 55℃±5℃薄通 4 次下片，片两面应平整 该配方硫化后海绵胶有异味	
丁苯胶 1502#（薄通 15 次）	70		
高压聚乙烯（112A-1）	70		
石蜡	1		
硬脂酸	4		
发泡剂 H	12		
氧化锌	5		
邻苯二甲酸二丁酯（DBP）	40		
碳酸钙	10		
立德粉	10		
乙二醇	1		
硫化剂 DCP	2		
硫黄	2.5		
合计	257.5		
	圆盘振荡硫化仪（163℃）	M_L/N·m	2.3
		M_H/N·m	11.2
		t_{10}	3 分 12 秒
		t_{90}	19 分 24 秒

硫化工艺条件：

二段硫化，一段 133℃×30min，二段 163℃×20min，硫化模具表面压力一段 1～2MPa，二段不低于 3MPa。硫化了不同发泡率（20%、30%、40%、50%、60%），五个发泡率孔径差不多，但厚度不同，随发泡率降低厚度增大，孔径均匀，挺性好。硫化模具型腔 158mm×25mm×6mm，胶料密度 1.08g/cm³

表 15-8 颗粒胶/SBR[1502]/LDPE，海绵胶（2）

材料名称 \ 基本用量/g \ 配方编号	u-18	混炼工艺条件	
颗粒胶 1#（3 段）	30	混炼辊温：70℃±5℃ 母胶：辊温不低于 120℃，PE（压至透明）＋SBR＋颗粒胶（薄通 6 次）＋石蜡、硬脂酸＋1/2DBP——薄通 6 次下片备用 混炼：母胶＋发泡剂＋氧化锌、1/2DBP、碳酸钙、立德粉、乙二醇＋DCP、硫黄——薄通 6 次下片备用 硫化前在辊温 55℃±5℃薄通 4 次下片，片两表面应平整 该配方海绵胶硫化后有异味	
丁苯胶 1502#（薄通 15 次）	70		
高压聚乙烯（112A-1）	70		
石蜡	1		
硬脂酸	4		
发泡剂 AC	4		
发泡剂 H	4		
氧化锌	5		
邻苯二甲酸二丁酯（DBP）	40		
碳酸钙	10		
立德粉	10		
乙二醇	1		
硫化剂 DCP	2		
硫黄	2.5		
合计	253.5	圆盘振荡硫化仪（163℃）	M_L/N·m：5.3
			M_H/N·m：14.5
			t_{10}：3 分 24 秒
			t_{90}：14 分 24 秒

硫化工艺条件：

二段硫化，一段 133℃×30min，二段 163℃×20min，硫化模具表面压力一段 1～2MPa，二段不低于 3MPa。硫化了不同发泡率（20%、30%、40%、50%、60%），五个发泡率孔径基本相似，但厚度不同，随发泡率降低厚度增大，孔径均匀，密实。硫化模具型腔 158mm×25mm×6mm，胶料密度 1.08g/cm^3

表 15-9 颗粒胶/SBR1502/LDPE，海绵胶（3）

材料名称 \ 基本用量/g \ 配方编号	u-19	混炼工艺条件	
颗粒胶 1#（3 段）	30	混炼辊温：70℃±5℃ 母胶：辊温不低于 120℃，PE（压至透明）＋SBR＋颗粒胶＋石蜡、硬脂酸（混匀、薄通 6 次下片备用） 混炼：母胶＋发泡剂＋防老剂、氧化锌＋DBP、立德粉＋DCP、硫黄——薄通 6 次下片备用 硫化前在辊温 55℃±5℃薄通 4 次下片 该配方海绵胶硫化后有异味	
丁苯胶 1502#（薄通 15 次）	70		
高压聚乙烯（112A-1）	70		
石蜡	1		
硬脂酸	2		
发泡剂 H	8		
防老剂 SP	1		
氧化锌	5		
邻苯二甲酸二丁酯（DBP）	20		
立德粉	15		
硫化剂 DCP	2		
硫黄	2		
合计	226	圆盘振荡硫化仪（153℃）　M_L/N·m	2.0
		M_H/N·m	11.3
		t_{10}	11 分
		t_{90}	32 分 48 秒

硫化工艺条件：

二段硫化，一段 133℃×30min，二段 163℃×20min，也可采用 153℃×45min 一次性硫化。硫化模具表面压力一段 1～2MPa，二段硫化不低于 3MPa。本次硫化模具内填胶量 80%，一段硫化模具型腔内要涂硅油，孔径大小可根据胶量而定。试验模具采用的型腔为 225mm×200mm×10mm

表 15-10 颗粒胶/SBR[1502]/LDPE，海绵胶（4）

配方编号 / 基本用量/g / 材料名称	u-20	混炼工艺条件
颗粒胶 1#（3 段）	30	混炼辊温：70℃±5℃ 母胶：辊温 125℃±5℃，PE（压至透明）＋SBR＋颗粒胶（混匀，薄通 6 次）＋石蜡、硬脂酸、1/2DBP——薄通 6 次下片备用 混炼：母胶＋发泡剂＋氧化锌、1/2DBP、碳酸钙、立德粉、乙二醇＋DCP、硫黄——薄通 6 次下片备用 硫化前在辊温 55℃±5℃薄通 4 次下片，片两表面应平整 该配方海绵胶硫化后有异味
丁苯胶 1502#（薄通 15 次）	70	
高压聚乙烯（112A-1）	70	
石蜡	1	
硬脂酸	4	
发泡剂 H	8	
氧化锌	5	
邻苯二甲酸二丁酯（DBP）	40	
碳酸钙	10	
立德粉	10	
乙二醇	1	
硫化剂 DCP	2	
硫黄	2.5	
合计	253.5	

	圆盘振荡硫化仪（163℃）		
		M_L/N·m	2.5
		M_H/N·m	11.2
		t_{10}	3 分 12 秒
		t_{90}	17 分

硫化工艺条件：

二段硫化，一段 133℃×30min，二段 163℃×20min，硫化模具表面压力一段 1～2MPa，二段不低于 3MPa。硫化不同发泡率（20%、30%、40%、50%、60%），五个发泡率孔径差不多，但厚度不同，随发泡率降低厚度增大，但孔径均匀，孔径较大，挺性好，但海绵较硬。硫化模具采用的型腔为 158mm×25mm×6mm，胶料密度 1.08g/cm^3

表 15-11 颗粒胶/LDPE，海绵胶

<table>
<tr><td>配方编号
基本用量/g
材料名称</td><td>u-21</td><td colspan="3">混炼工艺条件</td></tr>
<tr><td>颗粒胶 1#(3 段)</td><td>90</td><td colspan="3" rowspan="14">混炼辊温：50℃±5℃
母胶：辊温不低于 120℃，PE(压至透明)+胶(混匀、薄通 4 次)下片备用
混炼：母胶+发泡剂+石蜡、硬脂酸+防老剂、促进剂+机油、氧化锌、碳酸钙、白炭黑、立德粉、乙二醇+硫黄——薄通 4 次下片，停放一天后再薄通 6 次下片备用
硫化前胶料须返炼后再用</td></tr>
<tr><td>高压聚乙烯(112-A)</td><td>10</td></tr>
<tr><td>发泡剂 AC</td><td>3</td></tr>
<tr><td>发泡剂 H</td><td>2.5</td></tr>
<tr><td>石蜡</td><td>2</td></tr>
<tr><td>硬脂酸</td><td>5</td></tr>
<tr><td>防老剂 SP</td><td>1.5</td></tr>
<tr><td>促进剂 DM</td><td>1.5</td></tr>
<tr><td>促进剂 M</td><td>1.2</td></tr>
<tr><td>机油 10#</td><td>60</td></tr>
<tr><td>氧化锌</td><td>10</td></tr>
<tr><td>碳酸钙</td><td>40</td></tr>
<tr><td>沉淀法白炭黑</td><td>15</td></tr>
<tr><td>立德粉</td><td>30</td></tr>
<tr><td>乙二醇</td><td>3</td><td rowspan="4">圆盘振荡硫化仪
(153℃)</td><td>M_L/N·m</td><td>1.1</td></tr>
<tr><td>硫黄</td><td>1.5</td><td>M_H/N·m</td><td>18.5</td></tr>
<tr><td rowspan="2">合计</td><td rowspan="2">276.2</td><td>t_{10}</td><td>8 分</td></tr>
<tr><td>t_{90}</td><td>12 分 15 秒</td></tr>
<tr><td colspan="5">硫化工艺条件：
153℃×30min，硫化模具型腔 253mm×182mm×20mm。如果用模具型腔为 158mm×25mm×6mm，硫化时间用 153℃×15min。模具表面单位压力 3MPa，发泡率 55%～60%，发泡很好，微孔，孔径均匀，表面平整。该配方海绵胶在室温下停放 8 个月未变色、变形。胶料密度 1.095g/cm³</td></tr>
</table>

15.3 NR/高苯乙烯，海绵胶

表 15-12 颗粒胶/高苯乙烯，海绵胶（1）

材料名称 \ 基本用量/g \ 配方编号	u-22	混炼工艺条件
颗粒胶 1#（薄通 20 次）	100	混炼辊温：55℃±5℃ 母胶：辊温 85℃±5℃，高苯乙烯（压至透明）+胶（混匀、薄通 8 次）+白油膏+石蜡、硬脂酸——薄通 6 次下片备用 混炼：母胶+发泡剂+防老剂、促进剂+机油、氧化锌、碳酸钙、陶土、白炭黑、乙二醇+硫黄——薄通 6 次下片备用 硫化前胶料须返炼，下片应平整，胶内不可有气泡
高苯乙烯 860（日本）	10	
白油膏	15	
石蜡	1	
硬脂酸	4	
发泡剂 H	3	
防老剂 SP	1.5	
促进剂 DM	1.5	
氧化锌	20	
机油 10#	40	
碳酸钙	40	
陶土	15	
沉淀法白炭黑	15	
乙二醇	1.5	
硫黄	2.5	
合计	270	

圆盘振荡硫化仪（153℃）	项目	数值
	M_L/N·m	1.8
	M_H/N·m	28.6
	t_{10}	5 分
	t_{90}	7 分 48 秒

硫化工艺条件：

153℃×30min，硫化模具型腔 125mm×45mm×30mm。如果模具用型腔为 158mm×25mm×6mm，则硫化时间用 153℃×10min，模具表面单位压力 2～3MPa。该胶做了不同发泡率试验，可根据需要孔径选择发泡率。该配方已做海绵胶样品。胶料密度可按 1.30g/cm^3 计算

表 15-13 颗粒胶/高苯乙烯，海绵胶（2）

材料名称 \ 基本用量/g \ 配方编号	u-23	混炼工艺条件		
颗粒胶 1#（薄通 30 次）	70	混炼辊温：55℃±5℃ 母胶：辊温 85℃±5℃，高苯乙烯（压至透明）+胶（薄通 4 次）+石蜡、硬脂酸、硬脂酸锌——薄通 6 次下片备用 混炼：母胶+发泡剂+促进剂、氧化锌、氧化镁+DOP、钛白粉、碳酸钙、立德粉+硫黄——薄通 6 次下片备用 硫化前胶料须返炼，下片时两表面应平整，胶片内不可有气泡		
高苯乙烯 860（日本）	30			
石蜡	1			
硬脂酸	3			
硬脂酸锌	2			
发泡剂 AC	4			
发泡剂 H	2			
促进剂 DM	1.5			
氧化锌	3			
氧化镁	3			
邻苯二甲酸二辛酯（DOP）	35			
钛白粉	8			
碳酸钙	10			
立德粉	10			
硫黄	2.5			
合计	185	圆盘振荡硫化仪（163℃）	M_L/N·m	0.5
			M_H/N·m	22.2
			t_{10}	6 分 12 秒
			t_{90}	10 分 36 秒

硫化工艺条件：

163℃×15min，硫化模具型腔 ϕ260mm×14.6mm。硫化模具表面压力不低于 3MPa，模具内填胶量 95%～100%。硫化时严格控制温度和时间。硫化胶无味，弹性好，微孔，孔径略大

表 15-14 烟片胶/SBR[1502]/高苯乙烯，海绵胶（1）

材料名称 \ 基本用量/g \ 配方编号	u-24	混炼工艺条件		
烟片胶 3#（3 段）	35	混炼辊温：55℃±5℃ 母胶：辊温 85℃±5℃，高苯乙烯（压至透明）＋丁苯胶＋天然胶（混匀、薄通 3 次）＋石蜡、硬脂酸——薄通 6 次下片备用 混炼：母胶＋发泡剂＋促进剂＋氧化锌、氧化镁＋DBP、环烷油、白炭黑、立德粉、乙二醇＋硫黄——薄通 6 次下片，停放一天后薄通 10 次下片备用		
丁苯胶 1502#（薄通 10 次）	25			
高苯乙烯 860（日本）	40			
石蜡	0.5			
硬脂酸	1.5			
发泡剂 H	3			
促进剂 DM	0.5			
促进剂 CZ	0.6			
促进剂 TT	0.05			
氧化锌	2.5			
氧化镁	2.5			
乙二醇	2			
环烷油	25			
邻苯二甲酸二丁酯（DBP）	28			
白炭黑 36-5	25			
立德粉	10	圆盘振荡硫化仪（163℃）	M_L/N·m	3.2
硫黄	2		M_H/N·m	16.1
合计	203.15		t_{10}	3 分 12 秒
			t_{90}	4 分 36 秒

硫化工艺条件：

153℃×12min，硫化模具型腔 Φ400mm×19mm，硫化后海绵尺寸为 Φ570mm，厚度 28～30mm，胶重 2860g，硫化模具表面压力不低于 2MPa，硫化时严格控制温度和时间。硫化前胶料一定要返炼，如用 143℃×20min，孔径比 153℃×12min 略小，但孔径均匀，微孔，表面硬度 48 度，内部硬度 44 度。该配方海绵较软，胶柔性好，弹性好

表 15-15 烟片胶/SBR1502/高苯乙烯，海绵胶（2）

<table>
<tr><th>配方编号
基本用量/g
材料名称</th><th>u-25</th><th colspan="3">混炼工艺条件</th></tr>
<tr><td>烟片胶 3#(3 段)</td><td>35</td><td colspan="3" rowspan="13">混炼辊温：55℃±5℃
母胶：辊温 85℃±5℃，高苯乙烯(压至透明)+SBR+烟片胶+石蜡、硬脂酸——薄通 6 次下片备用
混炼：母胶+发泡剂+氧化锌、氧化镁、促进剂+DBP、白炭黑、碳酸钙、立德粉、环烷油、乙二醇+硫黄——薄通 6 次下片备用
硫化前胶料须薄通 4 次下片</td></tr>
<tr><td>丁苯胶 1502#(薄通 10 次)</td><td>25</td></tr>
<tr><td>高苯乙烯 860(日本)</td><td>40</td></tr>
<tr><td>石蜡</td><td>0.5</td></tr>
<tr><td>硬脂酸</td><td>1.5</td></tr>
<tr><td>发泡剂 AC</td><td>3</td></tr>
<tr><td>促进剂 DM</td><td>0.5</td></tr>
<tr><td>促进剂 CZ</td><td>0.6</td></tr>
<tr><td>促进剂 TT</td><td>0.05</td></tr>
<tr><td>氧化锌</td><td>2.5</td></tr>
<tr><td>氧化镁</td><td>2.5</td></tr>
<tr><td>环烷油</td><td>25</td></tr>
<tr><td>邻苯二甲酸二丁酯(DBP)</td><td>15</td></tr>
<tr><td>白炭黑 36-5</td><td>25</td><td rowspan="4">圆盘振荡硫化仪
(148℃)</td><td>M_L/N·m</td><td>2.3</td></tr>
<tr><td>立德粉</td><td>10</td><td>M_H/N·m</td><td>19.5</td></tr>
<tr><td>碳酸钙</td><td>40</td><td>t_{10}</td><td>11 分 24 秒</td></tr>
<tr><td>乙二醇</td><td>2</td><td>t_{90}</td><td>21 分 24 秒</td></tr>
<tr><td>硫黄</td><td>2</td><td rowspan="4">圆盘振荡硫化仪
(153℃)</td><td>M_L/N·m</td><td>2.8</td></tr>
<tr><td rowspan="3">合计</td><td rowspan="3">230.15</td><td>M_H/N·m</td><td>19.0</td></tr>
<tr><td>t_{10}</td><td>9 分</td></tr>
<tr><td>t_{90}</td><td>16 分</td></tr>
</table>

硫化工艺条件：

148℃×30min，硫化模具型腔 ϕ50mm×12mm 厚，模具内填胶量 95%，硫化模具表面压力不低于 3MPa，发泡很好，微孔，孔径较松散。海绵胶表面硬度 50 度，内部硬度 48 度。随发泡率不同，孔径大小也不同。可按密度 1.18g/cm^3 计算。也可用 153℃×25min 硫化，孔径同 148℃所硫化

表 15-16 烟片胶/SBR^{1502}/高苯乙烯，海绵胶（3）

<table>
<tr><td>配方编号
基本用量/g
材料名称</td><td>u-26</td><td colspan="3">混炼工艺条件</td></tr>
<tr><td>烟片胶 3#（3 段）</td><td>35</td><td colspan="3" rowspan="13">混炼辊温：55℃±5℃
母胶：辊温 85℃±5℃，高苯乙烯（压至透明）＋SBR＋烟片胶＋石蜡＋硬脂酸——薄通 6 次下片备用
混炼：母胶＋发泡剂＋氧化锌、氧化镁、促进剂＋DBP、白炭黑、立德粉、环烷油、乙二醇＋硫黄——薄通 6 次下片备用
硫化前胶料须薄通 4 次下片</td></tr>
<tr><td>丁苯胶 1502#（薄通 10 次）</td><td>25</td></tr>
<tr><td>高苯乙烯 860（日本）</td><td>40</td></tr>
<tr><td>石蜡</td><td>0.5</td></tr>
<tr><td>硬脂酸</td><td>1.5</td></tr>
<tr><td>发泡剂 AC</td><td>3</td></tr>
<tr><td>促进剂 DM</td><td>0.5</td></tr>
<tr><td>促进剂 CZ</td><td>0.6</td></tr>
<tr><td>促进剂 TT</td><td>0.05</td></tr>
<tr><td>氧化锌</td><td>2.5</td></tr>
<tr><td>氧化镁</td><td>2.5</td></tr>
<tr><td>环烷油</td><td>25</td></tr>
<tr><td>邻苯二甲酸二丁酯（DBP）</td><td>15</td><td rowspan="4">圆盘振荡硫化仪（148℃）</td><td>M_L/N·m</td><td>4.0</td></tr>
<tr><td>白炭黑 36-5</td><td>40</td><td>M_H/N·m</td><td>24.2</td></tr>
<tr><td>立德粉</td><td>10</td><td>t_{10}</td><td>14 分</td></tr>
<tr><td>乙二醇</td><td>2</td><td>t_{90}</td><td>21 分 12 秒</td></tr>
<tr><td>硫黄</td><td>2</td><td rowspan="4">圆盘振荡硫化仪（153℃）</td><td>M_L/N·m</td><td>4.2</td></tr>
<tr><td>合计</td><td>205.15</td><td>M_H/N·m</td><td>24.0</td></tr>
<tr><td colspan="2" rowspan="2"></td><td>t_{10}</td><td>11 分 24 秒</td></tr>
<tr><td>t_{90}</td><td>18 分 12 秒</td></tr>
<tr><td colspan="5">硫化工艺条件：
148℃×30min，硫化模具型腔 ϕ50mm×12mm 厚，模具内填胶量 95%，模具表面压力不低于 3MPa，发泡很好，微孔，弹性好，海绵胶表面硬度 52 度，内部硬度 48 度。随发泡率不同，孔径大小也不同，硬度也有所不同。可按密度 1.15g/cm^3 计算。如果用 153℃×25min 硫化，孔径同 148℃硫化</td></tr>
</table>

表 15-17 烟片胶/SBR^{1502}/高苯乙烯，海绵胶（4）

基本用量/g（配方编号 / 材料名称）	u-27	混炼工艺条件		
烟片胶 3#（3 段）	35	混炼辊温：55℃±5℃ 母胶：辊温 85℃±5℃，高苯乙烯（压至透明）+SBR+烟片胶+石蜡+硬脂酸——薄通 6 次下片备用 混炼：母胶+发泡剂+氧化锌、氧化镁、促进剂+DBP、白炭黑、立德粉、环烷油、乙二醇+硫黄——薄通 6 次下片备用 硫化前胶料须薄通 4 次下片		
丁苯胶 1502#（薄通 10 次）	25			
高苯乙烯 860（日本）	40			
石蜡	0.5			
硬脂酸	1.5			
发泡剂 H	3			
促进剂 DM	0.5			
促进剂 CZ	0.6			
促进剂 TT	0.05			
氧化锌	2.5			
氧化镁	2.5			
环烷油	25			
邻苯二甲酸二丁酯（DBP）	15	圆盘振荡硫化仪（148℃）	M_L/N·m	2.6
白炭黑 36-5	25		M_H/N·m	18.3
立德粉	10		t_{10}	7 分
乙二醇	2		t_{90}	9 分 12 秒
硫黄	2	圆盘振荡硫化仪（153℃）	M_L/N·m	2.6
合计	190.15		M_H/N·m	17.0
			t_{10}	6 分
			t_{90}	8 分 12 秒

硫化工艺条件：

148℃×15min，硫化模具型腔 ϕ50mm×12mm 厚，模具内填胶量 95%，硫化模具表面压力不低于 3MPa。发泡很好，微孔，弹性好，海绵胶表面硬度 52 度，内部硬度 50 度。随发泡率不同，孔径大小也不同，硬度也有所不同，可按密度 1.15g/cm³ 计算。也可采用 153℃×12min 硫化，孔径同 148℃硫化

表 15-18 颗粒胶/SBR^{1502}/高苯乙烯，海绵胶（1）

<table>
<tr><td>配方编号
基本用量/g
材料名称</td><td>u-28</td><td colspan="3">混炼工艺条件</td></tr>
<tr><td>颗粒胶 1#（薄通 30 次）</td><td>20</td><td colspan="3" rowspan="15">混炼辊温：55℃±5℃
母胶：辊温 85℃±5℃，高苯乙烯（压至透明）＋SBR＋颗粒胶（薄通 4 次）＋石蜡、硬脂酸、硬脂酸锌——薄通 6 次下片备用
混炼：母胶＋发泡剂＋促进剂、氧化锌、氧化镁＋DOP、钛白粉、碳酸钙、立德粉＋硫黄——薄通 6 次下片备用
硫化前胶料须返炼，下片时两表面应平整，胶片内不准有气泡</td></tr>
<tr><td>丁苯胶 1502#（薄通 15 次）</td><td>40</td></tr>
<tr><td>高苯乙烯 860（日本）</td><td>40</td></tr>
<tr><td>石蜡</td><td>1</td></tr>
<tr><td>硬脂酸</td><td>3</td></tr>
<tr><td>硬脂酸锌</td><td>2</td></tr>
<tr><td>发泡剂 AC</td><td>4</td></tr>
<tr><td>发泡剂 H</td><td>2</td></tr>
<tr><td>促进剂 DM</td><td>1.5</td></tr>
<tr><td>氧化锌</td><td>3</td></tr>
<tr><td>氧化镁</td><td>3</td></tr>
<tr><td>邻苯二甲酸二辛酯（DOP）</td><td>35</td></tr>
<tr><td>钛白粉</td><td>8</td></tr>
<tr><td>碳酸钙</td><td>10</td></tr>
<tr><td>立德粉</td><td>10</td><td rowspan="4">圆盘振荡硫化仪（163℃）</td><td>M_L/N·m</td><td>0.8</td></tr>
<tr><td>硫黄</td><td>2.5</td><td>M_H/N·m</td><td>16.0</td></tr>
<tr><td rowspan="2">合计</td><td rowspan="2">185</td><td>t_{10}</td><td>6 分 36 秒</td></tr>
<tr><td>t_{90}</td><td>12 分 48 秒</td></tr>
<tr><td colspan="5">硫化工艺条件：
163℃×17min，硫化模具型腔 ϕ260mm×14.6mm 厚，模具内填胶量 95%～100%，硫化模具表面压力不低于 3MPa。硫化时严格控制温度和时间，硫化胶无味，弹性好，微孔，孔径较大</td></tr>
</table>

表 15-19 颗粒胶/SBR1502/高苯乙烯，海绵胶（2）

材料名称 \ 基本用量/g \ 配方编号	u-29	混炼工艺条件	
颗粒胶 1#（3 段）	30	混炼辊温：60℃±5℃ 母胶：辊温 85℃±5℃，高苯乙烯（压至透明）＋SBR＋颗粒胶（混匀、薄通 4 次）＋石蜡、硬脂酸——薄通 6 次下片备用 混炼：母胶＋发泡剂＋促进剂、防老剂、氧化锌、DBP、立德粉＋硫黄——薄通 6 次下片备用 硫化前胶料须返炼，下片时两面应平整	
丁苯胶 1502#（薄通 15 次）	70		
高苯乙烯 860（日本）	70		
石蜡	1		
硬脂酸	2		
防老剂 SP	1		
发泡剂 H	8		
促进剂 CZ	1		
促进剂 DM	1		
促进剂 TT	0.5		
氧化锌	5		
邻苯二甲酸二丁酯（DBP）	20		
立德粉	15		
硫黄	2		
合计	226.5	圆盘振荡硫化仪（153℃）	M_L/N·m	2.8
			M_H/N·m	26.0
			t_{10}	8 分 24 秒
			t_{90}	10 分

硫化工艺条件：

二段硫化，一段 133℃×20min，二段 163℃×20min，硫化模具表面压力一段 1～2MPa，二段硫化不低于 3MPa，如果用 163℃直接硫化效果较差，发泡率 30%，孔径均匀，弹性好，一段硫化时模腔内要涂硅油才能取出产品。控制孔径的大小，根据填胶量多少有关。硫化模具采用型腔为 225mm×200mm×10mm

第16章
大孔海绵衬垫配方（圆海绵衬垫，减震用）

表16-1 烟片胶，大孔海绵衬垫

<table>
<tr><td>配方编号
基本用量/g
材料名称</td><td>u-30</td><td colspan="3">混炼工艺条件</td></tr>
<tr><td>烟片胶 3#（3段）</td><td>100</td><td colspan="3" rowspan="12">混炼辊温：45℃±5℃
混炼加料顺序：胶＋发泡剂＋硬脂酸＋促进剂＋环烷油＋立德粉、碳酸钙、陶土、氧化锌、凡士林＋硫黄——薄通3次下片。停放一天后再薄通4次下片备用
硫化前胶料须返炼后再硫化，当天返炼的胶料当天用</td></tr>
<tr><td>发泡剂 AC</td><td>2</td></tr>
<tr><td>发泡剂 H</td><td>2.5</td></tr>
<tr><td>硬脂酸</td><td>5.5</td></tr>
<tr><td>促进剂 CZ</td><td>1.7</td></tr>
<tr><td>促进剂 TT</td><td>0.15</td></tr>
<tr><td>环烷油</td><td>45</td></tr>
<tr><td>白凡士林</td><td>9</td></tr>
<tr><td>氧化锌</td><td>10</td></tr>
<tr><td>立德粉</td><td>5</td></tr>
<tr><td>碳酸钙</td><td>35</td></tr>
<tr><td>陶土</td><td>50</td><td rowspan="4">圆盘振荡硫化仪（148℃）</td><td>M_L/N·m</td><td>1.0</td></tr>
<tr><td>硫黄</td><td>1.4</td><td>M_H/N·m</td><td>13.1</td></tr>
<tr><td>合计</td><td>267.25</td><td>t_{10}</td><td>8分</td></tr>
<tr><td colspan="2" rowspan="5"></td><td>t_{90}</td><td>25分18秒</td></tr>
<tr><td rowspan="4">圆盘振荡硫化仪（153℃）</td><td>M_L/N·m</td><td>2.0</td></tr>
<tr><td>M_H/N·m</td><td>17.5</td></tr>
<tr><td>t_{10}</td><td>8分24秒</td></tr>
<tr><td>t_{90}</td><td>11分36秒</td></tr>
<tr><td colspan="5">硫化工艺条件：
148℃×40min，硫化模具型腔为ϕ260mm×14mm，发泡率55%左右，发泡效果较好，硫化后海绵弹性很好，孔径均匀，挺性好，表面平整。硫化模具表面单位压力2～3MPa，孔径大小可用发泡率控制
该配方用153℃硫化效果，不如用148℃硫化效果好</td></tr>
</table>

表 16-2 烟片胶/SBR^{1502}/BR，大孔海绵衬垫（1）

<table>
<tr><td>配方编号
基本用量/g
材料名称</td><td>u-31</td><td colspan="3">混炼工艺条件</td></tr>
<tr><td>烟片胶 1#（3 段）</td><td>70</td><td colspan="3" rowspan="15">混炼辊温：55℃±5℃
NR+SBR+BR+白油膏(薄通 4 次)发泡剂 H+石蜡、硬脂酸+促进剂、氧化锌+凡士林、碳酸钙、氧化铁、聚丙烯、水+硫黄——薄通 10 次下片备用
硫化前薄通 4 次下片，片应平整，胶片内不可有气泡
该胶料密度可按 1.20g/cm³ 计算</td></tr>
<tr><td>丁苯胶 1502#（薄通 10 次）</td><td>15</td></tr>
<tr><td>顺丁胶</td><td>15</td></tr>
<tr><td>白油膏</td><td>10</td></tr>
<tr><td>发泡剂 H</td><td>4</td></tr>
<tr><td>石蜡</td><td>1</td></tr>
<tr><td>硬脂酸</td><td>5</td></tr>
<tr><td>促进剂 CZ</td><td>3.5</td></tr>
<tr><td>氧化锌</td><td>5</td></tr>
<tr><td>白凡士林</td><td>20</td></tr>
<tr><td>碳酸钙</td><td>60</td></tr>
<tr><td>氧化铁红</td><td>1</td></tr>
<tr><td>聚丙烯发泡料(60 目)</td><td>30</td></tr>
<tr><td>水</td><td>9</td></tr>
<tr><td>硫黄</td><td>1.5</td></tr>
<tr><td>合计</td><td>250</td><td rowspan="4">圆盘振荡硫化仪
(153℃)</td><td>M_L/N·m</td><td>0.7</td></tr>
<tr><td colspan="2" rowspan="3"></td><td>M_H/N·m</td><td>35.5</td></tr>
<tr><td>t_{10}</td><td>5 分 36 秒</td></tr>
<tr><td>t_{90}</td><td>7 分 24 秒</td></tr>
<tr><td colspan="5">硫化工艺条件：
153℃×20min，模型型腔尺寸 ϕ252mm×12.8mm 厚，发泡率 62%时发孔较好。模具表面压力不低于 3MPa。硫化时严格控制温度和时间。该配方做出的海绵胶挺性不够，如果需要增加挺性可增加 6%～8%高苯乙烯</td></tr>
</table>

表 16-3 烟片胶/SBR1502/BR，大孔海绵衬垫（2）

<table>
<tr><td>材料名称 \ 基本用量/g \ 配方编号</td><td>u-32</td><td colspan="2">混炼工艺条件</td></tr>
<tr><td>烟片胶 1#（3 段）</td><td>70</td><td colspan="2" rowspan="14">混炼辊温：55℃±5℃
NR＋SBR＋BR＋白油膏（薄通 4 次）＋石蜡、硬脂酸＋促进剂、氧化锌＋白凡士林、碳酸钙、氧化铁、聚丙烯、水＋硫黄——薄通 10 次下片备用
硫化前薄通 4 次下片，片应平整，胶片内不可有气泡
该胶料密度可按 1.20g/cm³ 计算</td></tr>
<tr><td>丁苯胶 1502#</td><td>15</td></tr>
<tr><td>顺丁胶</td><td>15</td></tr>
<tr><td>白油膏</td><td>10</td></tr>
<tr><td>石蜡</td><td>1</td></tr>
<tr><td>硬脂酸</td><td>5</td></tr>
<tr><td>促进剂 CZ</td><td>3.5</td></tr>
<tr><td>氧化锌</td><td>5</td></tr>
<tr><td>白凡士林</td><td>20</td></tr>
<tr><td>碳酸钙</td><td>60</td></tr>
<tr><td>氧化铁红</td><td>1</td></tr>
<tr><td>聚丙烯发泡料（80 目）</td><td>30</td></tr>
<tr><td>水</td><td>9</td></tr>
<tr><td>硫黄</td><td>1.5</td></tr>
<tr><td>合计</td><td>246</td><td rowspan="4">圆盘振荡硫化仪
（153℃）</td><td>M_L/N·m　0.7</td></tr>
<tr><td colspan="2" rowspan="3"></td><td>M_H/N·m　36.8</td></tr>
<tr><td>t_{10}　5 分 36 秒</td></tr>
<tr><td>t_{90}　7 分 12 秒</td></tr>
<tr><td colspan="4">硫化工艺条件：
153℃×20min，模型型腔为 ϕ252mm×12.8mm 厚，发泡率 60%时发孔均匀，弹性好，胶挺性好。模具表面压力不低于 3MPa。硫化时严格控制温度和时间。在配方中也可考虑用 25%聚丙烯发泡料</td></tr>
</table>

表 16-4 烟片胶/SBR^{1502}/BR/LDPE，大孔海绵衬垫（3）

<table>
<tr><th>配方编号
基本用量/g
材料名称</th><th>u-33</th><th colspan="3">混炼工艺条件</th></tr>
<tr><td>烟片胶 1#（3 段）</td><td>70</td><td colspan="3" rowspan="15">混炼辊温：55℃±5℃
母胶：辊温 120～130℃，PE（压至透明）＋SBR＋BR＋NR（混匀后薄通 6 次下片备用）
混炼：母胶＋发泡剂＋白油膏＋石蜡、硬脂酸＋促进剂、氧化锌＋凡士林、碳酸钙、氧化铁红＋硫黄——薄通 6 次下片备用
硫化前薄通 4 次下片，胶片两表面应平整，胶片内不可有气泡</td></tr>
<tr><td>丁苯胶 1502#</td><td>15</td></tr>
<tr><td>顺丁胶</td><td>15</td></tr>
<tr><td>高压聚乙烯（112A-1）</td><td>15</td></tr>
<tr><td>白油膏</td><td>10</td></tr>
<tr><td>发泡剂 AC</td><td>3</td></tr>
<tr><td>发泡剂 H</td><td>3.5</td></tr>
<tr><td>石蜡</td><td>1</td></tr>
<tr><td>硬脂酸</td><td>5</td></tr>
<tr><td>促进剂 CZ</td><td>3.5</td></tr>
<tr><td>氧化锌</td><td>5</td></tr>
<tr><td>白凡士林</td><td>25</td></tr>
<tr><td>碳酸钙</td><td>60</td></tr>
<tr><td>氧化铁红</td><td>1</td></tr>
<tr><td>硫黄</td><td>1.5</td></tr>
<tr><td>合计</td><td>233.5</td><td rowspan="4">圆盘振荡硫化仪（153℃）</td><td>M_L/N·m</td><td>0.4</td></tr>
<tr><td colspan="2" rowspan="3"></td><td>M_H/N·m</td><td>39.4</td></tr>
<tr><td>t_{10}</td><td>10 分 48 秒</td></tr>
<tr><td>t_{90}</td><td>13 分 24 秒</td></tr>
<tr><td colspan="5">硫化工艺条件：
153℃×25min，硫化模具型腔为 ϕ260mm×14mm 厚，发泡率 60%，模具表面压力不低于 3MPa。硫化后海绵孔径均匀，微孔，胶挺性好。硫化时严格控制温度和时间。该配方也可加 3%水（生胶 100），但必须混炼均匀。胶料密度可按 1.20g/cm^3 计算</td></tr>
</table>

表 16-5 烟片胶/SBR[1502]/BR，大孔海绵衬垫

配方编号 / 基本用量/g / 材料名称	u-34	混炼工艺条件	
烟片胶 3#（3 段）	70	混炼辊温：50℃±5℃ 混炼加料顺序：NR＋SBR＋BR（混匀，薄通 3 次）＋白油膏＋发泡剂＋石蜡、硬脂酸＋促进剂、氧化锌＋凡士林、碳酸钙、氧化铁红、聚丙烯发泡剂＋硫黄——薄通 4 次下片，停放一天后再薄通 6 次下片备用 硫化前胶料须返炼后再硫化，当天返炼的胶料当天用	
丁苯胶 1502#	15		
顺丁胶	15		
白油膏	15		
发泡剂 H	2.5		
石蜡	1		
硬脂酸	5		
促进剂 CZ	3.5		
氧化锌	5		
白凡士林	20		
碳酸钙	30		
氧化铁红	1		
聚丙烯发泡料（80 目）	30	圆盘振荡硫化仪（153℃）	M_L/N·m	1.6
硫黄	1.5		M_H/N·m	28.1
合计	214.5		t_{10}	9 分 12 秒
			t_{90}	11 分 24 秒

硫化工艺条件：

153℃×15min，硫化模具型腔为 ϕ260mm×14mm，发泡率 62%，硫化后海绵孔径均匀，弹性较好，表面很平整，硫化模具表面单位压力 2～3MPa，硫化时严格控制温度。孔径大小可用发泡率控制

该配方与样品相比，孔径基本相同，但弹性略差

表 16-6 烟片胶/高苯乙烯，大孔海绵衬垫（1）

配方编号 基本用量/g 材料名称	u-35	混炼工艺条件		
烟片胶 $1^{\#}$(3 段)	92	混炼辊温:50℃±5℃ 母胶:辊温 85℃±5℃,高苯乙烯(压至透明)+胶(薄通 3 次)+石蜡、硬脂酸——薄通 6 次下片备用 混炼:母胶+发泡剂+防老剂、促进剂、氧化锌+机油、碳酸钙、白炭黑、氧化铁、高耐磨炉黑+硫黄——薄通 6 次下片备用		
高苯乙烯 860(日本)	8			
石蜡	1			
硬脂酸	5			
发泡剂 AC	4			
发泡剂 H	1			
防老剂 D	1.5			
促进剂 NOBS	1.5			
促进剂 TT	0.3			
氧化锌	5			
机油 $20^{\#}$	20			
碳酸钙	60			
白炭黑(沉淀法)	15	圆盘振荡硫化仪(143℃)	M_L/N·m	2.0
氧化铁红	1		M_H/N·m	41.1
高耐磨炉黑	0.1		t_{10}	19 分 24 秒
硫黄	0.8		t_{90}	28 分 12 秒
合计	216.2	圆盘振荡硫化仪(153℃)	M_L/N·m	2.5
			M_H/N·m	38.6
			t_{10}	10 分 48 秒
			t_{90}	18 分 36 秒

硫化工艺条件：

153℃×40min,硫化模具型腔 ϕ257mm×13.4mm 厚,发泡率 65%,模具表面压力不低于 3MPa。硫化后海绵孔径均匀,弹性好,与样品近似,硫化后片两表面平整,也可根据需要选择不同发泡率控制孔径的大小。胶料密度可按 1.25g/cm³ 计算。硫化前薄通 4 次下片,胶片内不可有气泡

表 16-7 烟片胶/高苯乙烯，大孔海绵衬垫（2）

<table>
<tr><td>配方编号
基本用量/g
材料名称</td><td>u-36</td><td colspan="3">混炼工艺条件</td></tr>
<tr><td>烟片胶 1#(3 段)</td><td>92</td><td colspan="3" rowspan="13">混炼辊温:50℃±5℃
母胶:辊温 85℃±5℃,高苯乙烯(压至透明)+胶(薄通 3 次)+白油膏+石蜡、硬脂酸——薄通 6 次下片备用
混炼:母胶+发泡剂+防老剂、促进剂、氧化锌+凡士林、碳酸钙、氧化铁、高耐磨炉黑+硫黄——薄通 6 次下片备用</td></tr>
<tr><td>高苯乙烯 860(日本)</td><td>8</td></tr>
<tr><td>石蜡</td><td>1</td></tr>
<tr><td>硬脂酸</td><td>5</td></tr>
<tr><td>白油膏</td><td>10</td></tr>
<tr><td>发泡剂 AC</td><td>3.5</td></tr>
<tr><td>发泡剂 H</td><td>3</td></tr>
<tr><td>防老剂 D</td><td>1.5</td></tr>
<tr><td>促进剂 CZ</td><td>3.5</td></tr>
<tr><td>氧化锌</td><td>5</td></tr>
<tr><td>白凡士林</td><td>20</td></tr>
<tr><td>碳酸钙</td><td>60</td></tr>
<tr><td>氧化铁红</td><td>1</td><td rowspan="4">圆盘振荡硫化仪
(143℃)</td><td>M_L/N·m</td><td>1.2</td></tr>
<tr><td>高耐磨炉黑</td><td>0.1</td><td>M_H/N·m</td><td>44.7</td></tr>
<tr><td>硫黄</td><td>1.5</td><td>t_{10}</td><td>15 分 36 秒</td></tr>
<tr><td>合计</td><td>215.1</td><td>t_{90}</td><td>18 分</td></tr>
<tr><td colspan="2" rowspan="4"></td><td rowspan="4">圆盘振荡硫化仪
(153℃)</td><td>M_L/N·m</td><td>2.0</td></tr>
<tr><td>M_H/N·m</td><td>34.6</td></tr>
<tr><td>t_{10}</td><td>8 分 48 秒</td></tr>
<tr><td>t_{90}</td><td>10 分 12 秒</td></tr>
<tr><td colspan="5">硫化工艺条件：
153℃×40min,硫化模具型腔 ϕ600mm×25mm 厚,发泡率 65%,模具表面压力不低于 3MPa。硫化后海绵孔径均匀,弹性好,表面平整,也可根据需要选择不同发泡率控制孔径的大小。胶料密度可按 1.20g/cm^3 计算。硫化前胶料要薄通 4 次,下片两表面应平整,胶片内不可有气泡</td></tr>
</table>

第17章 不同硬度海绵胶配方

17.1 不同孔径海绵胶

表17-1 颗粒胶/高苯乙烯，微孔软海绵

材料名称 \ 基本用量/g \ 配方编号	R-1	混炼工艺条件	
颗粒胶 1#(3段)	70	混炼辊温：55℃±5℃ 母胶：辊温85℃±5℃，高苯乙烯(压至透明)+胶(薄通4次)+白油膏+石蜡、硬脂酸——薄通6次下片备用 混炼：母胶+发泡剂+防老剂、促进剂+机油、氧化锌、碳酸钙、立德粉、白炭黑、乙二醇+硫黄——薄通6次下片备用 硫化前胶料须返炼，下片时两表面应平整，胶片内不可有气泡	
高苯乙烯 860(日本)	30		
白油膏	15		
石蜡	1		
硬脂酸	4		
发泡剂 H	3		
防老剂 SP	1.5		
促进剂 DM	1.5		
机油 10#	40		
氧化锌	15		
碳酸钙	30		
立德粉	25		
沉淀法白炭黑	15		
乙二醇	2		
硫黄	2.5		
合计	255.5	圆盘振荡硫化仪(153℃) M_L/N·m	0.2
		M_H/N·m	15.4
		t_{10}	4分54秒
		t_{90}	10分54秒

硫化工艺条件：

163℃×13min，硫化模具型腔158mm×25mm×6mm，胶料密度按1.13g/cm³计算。做了不同发泡率试验，其中50%发泡率较好，微孔，表面平整，弹性好。模具表面受压不低于2MPa。随发泡率大小不同，孔径也不同。可根据需要选择发泡率

表 17-2 颗粒胶，微孔软海绵

材料名称 \ 基本用量/g \ 配方编号	R-2	混炼工艺条件	
颗粒胶 1#(3 段)	100	混炼辊温:45℃±5℃ 混炼加料顺序:胶+白油膏+发泡剂+石蜡、硬脂酸+防老剂、促进剂+机油、氧化锌、碳酸钙、陶土、白炭黑、乙二醇+硫黄——薄通 6 次下片备用 硫化前薄通 3 次下片，要求两表面平整，胶片内无气泡	
白油膏	15		
发泡剂 H	3		
石蜡	1		
硬脂酸	4		
防老剂 SP	1.5		
促进剂 DM	1.5		
氧化锌	20		
机油 10#	40		
碳酸钙	40		
陶土	15		
沉淀法白炭黑	15		
乙二醇	1.5		
硫黄	2.5		
合计	260	圆盘振荡硫化仪(153℃)	M_L/N·m	2.0
			M_H/N·m	31.0
			t_{10}	5 分 24 秒
			t_{90}	8 分 36 秒

硫化工艺条件：

153℃×30min，硫化模具型腔 124mm×45mm×30mm，如果用硫化模具型腔为 158mm×25mm×6mm，则硫化条件为 153℃×10min。模具表面压力 2～3MPa。并做了发泡率试验，可根据需要孔径选择发泡率。该配方试制了海绵胶样品

表 17-3 烟片胶，微孔软海绵

材料名称 \ 基本用量/g \ 配方编号	R-3	混炼工艺条件		
烟片胶 1#（3 段）	100	混炼辊温：45℃±5℃ 混炼加料顺序：胶＋白油膏＋发泡剂＋石蜡、硬脂酸＋促进剂＋机油、氧化锌、碳酸钙、立德粉、氧化铁＋硫黄——薄通 6 次下片备用 硫化前薄通 3 次下片，胶片两表面求平整，胶片内无气泡		
白油膏	15			
发泡剂 H	3.5			
石蜡	1			
硬脂酸	5			
促进剂 CZ	3.5			
氧化锌	10			
机油 20#	65			
碳酸钙	110			
氧化铁红	1.5			
立德粉	30			
硫黄	1.5			
合计	346	圆盘振荡硫化仪（153℃）	M_L/N·m	0.65
			M_H/N·m	31.9
			t_{10}	5 分 24 秒
			t_{90}	6 分 48 秒

硫化工艺条件：

153℃×20min，硫化模具型腔 ϕ260mm×14mm 厚，模具表面压力 2～3MPa。发泡率可用 60%，硫化后海绵两表面较光，孔径均匀，可根据需要选择发泡率，发泡率不同，孔径大小也不同。该胶密度 1.30g/cm^3

表 17-4 烟片胶，软海绵（1）

材料名称 \ 基本用量/g \ 配方编号	R-4	混炼工艺条件	
烟片胶 1#（3 段）	100	混炼辊温：55℃±5℃ 混炼加料顺序：胶+白油膏+发泡剂+石蜡、硬脂酸+防老剂+促进剂、氧化锌+凡士林、碳酸钙、炉黑+硫黄——薄通 6 次下片备用 硫化前胶料应返炼，薄通 4 次后下片硫化，片内不可有气泡 如果需要浅色海绵，可不添加炭黑	
白油膏	15		
发泡剂 H	3.5		
石蜡	1		
硬脂酸	5		
防老剂 4010NA	1.5		
促进剂 CZ	3.5		
氧化锌	5		
白凡士林	15		
碳酸钙	35		
高耐磨炉黑	2		
硫黄	1.2		
合计	187.7	圆盘振荡硫化仪（153℃） M_L/N·m	1.7
		M_H/N·m	30.5
		t_{10}	9 分
		t_{90}	10 分 40 秒

硫化工艺条件：

153℃×15min，硫化模具型腔 ϕ50mm×12mm 厚，模具表面压力 2MPa。发泡率按75%～80%，硫化后海绵孔径均匀，表面平整，很光，硫化时严格控制温度和时间。海绵胶柔软，抗撕裂

胶料密度可按 1.07g/cm^3 计算

表 17-5 烟片胶，软海绵（2）

材料名称 \ 基本用量/g \ 配方编号	R-5	混炼工艺条件		
烟片胶 1#（3 段）	100	混炼辊温：45℃±5℃ 混炼加料顺序：胶+发泡剂+石蜡、硬脂酸+防老剂、促进剂+机油、氧化锌、白炭黑、立德粉、乙二醇+硫黄——薄通 3 次下片，停放一天后再薄通 4 次下片备用 胶料须返炼后再硫化，当天返炼的胶料当天硫化 该配方胶料密度 1.102g/cm^3		
发泡剂 AC	3			
发泡剂 H	2.5			
石蜡	2			
硬脂酸	5			
防老剂 SP	1.5			
促进剂 DM	1.5			
促进剂 M	1.2			
机油 10#	60			
氧化锌	10			
沉淀法白炭黑	15			
碳酸钙	40			
立德粉	30			
乙二醇	3	圆盘振荡硫化仪（153℃）	M_L/N·m	1.5
硫黄	1.5		M_H/N·m	19.9
合计	276.2		t_{10}	7 分 50 秒
			t_{90}	11 分 50 秒

硫化工艺条件：

153℃×30min，硫化模具型腔 253mm×182mm×20mm，发泡率 55%～60%，较好，如果发泡率为 75%，模型未充满。硫化后的海绵胶弹性好，微孔，孔径均匀，表面平整，较白。硫化模具表面单位压力 2～3MPa，硫化时严格控制温度

17.2 大孔径软海绵胶（海绵球）

表 17-6 颗粒胶，大孔径软海绵（1）

配方编号 / 基本用量/g / 材料名称	R-6	混炼工艺条件	
颗粒胶 1#（3 段）	100	混炼辊温：50℃±5℃ 混炼加料顺序：胶＋白油膏＋发泡剂＋石蜡、硬脂酸＋促进剂、氧化锌＋凡士林、碳酸钙、水＋橘红＋硫黄——薄通 4 次下片，停放一天后再薄通 4 次下片，停放一天后再薄通 4 次下片备用 胶料须返炼后再硫化，当天返炼的胶料当天硫化 该配方也可用发泡剂（OBSH）4 份，发泡效果较好	
白油膏	15		
发泡剂 AC	4		
石蜡	1		
硬脂酸	5		
促进剂 CZ	3.5		
氧化锌	5		
白凡士林	15		
碳酸钙	30		
水	2		
橘红	0.1		
硫黄	1		
合计	181.6	圆盘振荡硫化仪（163℃） M_L/N·m	0.86
		M_H/N·m	18.30
		t_{10}	4 分 11 秒
		t_{90}	8 分 34 秒

硫化工艺条件：

163℃×5min，球型模腔 ϕ60mm，填胶 16g，发满模型，球表面较光，内里到外孔径均匀，弹性较好。硫化模具表面单位压力 2MPa，硫化时严格控制温度。可根据需要孔径控制发泡率

该配方胶料密度 1.07g/cm^3

表 17-7 颗粒胶，大孔径软海绵（2）

材料名称 \ 基本用量/g \ 配方编号	R-7	混炼工艺条件		
颗粒胶 1#（3 段）	100	混炼辊温：50℃±5℃ 混炼加料顺序：胶+石蜡、硬脂酸+发泡剂+促进剂、氧化锌+凡士林、环烷油、碳酸钙+橘红+硫黄——薄通 4 次下片，停放一天后再薄通 4 次下片备用 胶料须返炼后再硫化，当天返炼的胶料当天硫化 该配方也可用发泡剂（OBSH）4 份，发泡效果也很好		
石蜡	1			
硬脂酸	5			
发泡剂 AC	4			
促进剂 CZ	3.5			
氧化锌	5			
白凡士林	25			
环烷油	25			
碳酸钙	30			
橘红	0.1			
硫黄	1.6			
合计	200.2	圆盘振荡硫化仪（163℃）	M_L/N·m	0.66
			M_H/N·m	11.53
			t_{10}	2 分 46 秒
			t_{90}	5 分 40 秒

硫化工艺条件：

163℃×40min，球型模腔 ϕ60mm，填胶量 16g，硫化后海绵球孔径均匀很好，表面光亮，薄皮，弹性好。硫化模具表面单位压力 2MPa，硫化时严格控制温度。可根据需要孔径控制发泡率

表 17-8 颗粒胶，大孔径软海绵（3）

配方编号 / 基本用量/g / 材料名称	R-8	混炼工艺条件	
颗粒胶 1#（3 段）	100	混炼辊温：45℃±5℃ 混炼加料顺序：胶＋石蜡、硬脂酸＋发泡剂＋促进剂、氧化锌＋凡士林、环烷油、碳酸钙、硫酸钡＋橘红＋硫黄——薄通 4 次下片，停放一天后再薄通 4 次下片备用 胶料须返炼后再硫化，当天返炼的胶料当天硫化 该配方发泡剂 AC 用 5 份，效果也很好 也可用 80％碳酸钙（生胶 100），但硫酸钡要去掉	
石蜡	1		
硬脂酸	5		
发泡剂 AC	4		
促进剂 CZ	3.5		
氧化锌	5		
白凡士林	25		
环烷油	25		
碳酸钙	34		
硫酸钡	80		
橘红	0.1		
硫黄	1.6		
合计	284.2	圆盘振荡硫化仪（163℃）	M_L/N·m　0.96
			M_H/N·m　20.77
			t_{10}　3 分 15 秒
			t_{90}　8 分

硫化工艺条件：

163℃×50min，球型模腔 ϕ60mm，硫化模具表面单位压力 2MPa，硫化后海绵胶微孔，表面较光，弹性较好，但该配方胶料密度大，填胶量 50g，也可用胶量控制发泡的大小

表 17-9 颗粒胶，大孔径软海绵（4）

基本用量/g 配方编号 材料名称	R-9	混炼工艺条件		
颗粒胶 1#（3 段）	100	混炼辊温：40℃±5℃ 混炼加料顺序：胶＋白油膏＋发泡剂＋石蜡、硬脂酸＋促进剂、氧化锌＋白凡士林、环烷油、碳酸钙橘红＋硫黄——薄通 4 次下片，停放一天后再薄通 4 次下片备用 硫化前胶料须返炼，当天返炼的胶料当天用		
白油膏	15			
发泡剂 AC	8			
石蜡	2			
硬脂酸	4			
促进剂 CZ	3			
氧化锌	5			
白凡士林	25			
环烷油	27			
碳酸钙	15			
橘红	0.3			
硫黄	1.6			
合计	205.9	圆盘振荡硫化仪（153℃）	M_L/N·m	1.50
			M_H/N·m	19.0
			t_{10}	8 分 50 秒
			t_{90}	14 分 30 秒

硫化工艺条件：

153℃×50min，硫化模具型腔 ϕ182mm×32mm，填胶 160g，硫化后孔径密实，弹性好，发满模型。胶很柔软，模型表面压力不低于 2MPa，发泡率 84.5%，硫化时应严格控制温度，孔径大小与发泡率有关。本次试验用 82%发泡率，密度可按 1.07g/cm³ 计算

表 17-10 颗粒胶，大孔径软海绵（5）

<table>
<tr><td>配方编号
基本用量/g
材料名称</td><td>R-10</td><td colspan="3">混炼工艺条件</td></tr>
<tr><td>颗粒胶 1#（3 段）</td><td>100</td><td colspan="3" rowspan="11">混炼辊温：45℃±5℃
混炼加料顺序：胶＋石蜡、硬脂酸＋发泡剂＋促进剂、氧化锌＋凡士林、环烷油、碳酸钙＋橘红＋硫黄——薄通 4 次下片，停放一天后再薄通 4 次下片备用
胶料须返炼后再硫化，当天返炼的胶料当天硫化
发泡剂可用 5 份，发泡效果也较好</td></tr>
<tr><td>石蜡</td><td>1</td></tr>
<tr><td>硬脂酸</td><td>5</td></tr>
<tr><td>发泡剂 AC</td><td>4</td></tr>
<tr><td>促进剂 CZ</td><td>3.5</td></tr>
<tr><td>氧化锌</td><td>5</td></tr>
<tr><td>白凡士林</td><td>25</td></tr>
<tr><td>环烷油</td><td>25</td></tr>
<tr><td>碳酸钙</td><td>54</td></tr>
<tr><td>橘红</td><td>0.1</td></tr>
<tr><td>硫黄</td><td>1.6</td></tr>
<tr><td>合计</td><td>224.2</td><td rowspan="4">圆盘振荡硫化仪
（163℃）</td><td>M_L/N·m</td><td>1.01</td></tr>
<tr><td colspan="2" rowspan="3"></td><td>M_H/N·m</td><td>20.89</td></tr>
<tr><td>t_{10}</td><td>3 分 46 秒</td></tr>
<tr><td>t_{90}</td><td>10 分 10 秒</td></tr>
<tr><td colspan="5">硫化工艺条件：
163℃×50min，球型模腔 ϕ60mm，填充 16g 胶硫化，海绵胶孔径小而均匀，弹性好，球表面很光，发泡率 85.8%，可用胶量控制发泡的大小。硫化模具表面单位压力 2MPa</td></tr>
</table>

表 17-11 颗粒胶/EVA，大孔径软海绵（1）

配方编号 / 基本用量/g / 材料名称	R-11	混炼工艺条件		
颗粒胶 1#（3 段）	100	混炼辊温：50℃±5℃ 母胶：辊温 85℃±5℃，EVA（压至透明）＋胶（混匀，薄通 4 次）下片备用 混炼加料顺序：母胶＋白油膏＋发泡剂＋石蜡、硬脂酸＋促进剂、氧化锌＋碳酸钙、凡士林、水＋橘红＋硫黄——薄通 6 次下片备用 硫化前胶料返炼后再用 该配方也可用发泡剂 AC4～5 份发泡效果也较好		
EVA（VA 含量 30%）	10			
白油膏	15			
发泡剂（OBSH）	4			
石蜡	1			
硬脂酸	5			
促进剂 CZ	3.5			
氧化锌	5			
白凡士林	15			
碳酸钙	30			
橘红	0.1			
水	2			
硫黄	1			
合计	191.6	圆盘振荡硫化仪（163℃）	M_L/N·m	1.03
			M_H/N·m	13.05
			t_{10}	1 分 45 秒
			t_{90}	3 分 43 秒

硫化工艺条件：

163℃×35min，球型模腔 ϕ60mm，填充 16g 胶硫化，硫化后海绵球孔径均匀、密实，球表面很光，弹性很好。孔径大小可用发泡率控制。硫化模具表面单位压力 2MPa。硫化时应严格控制温度，该胶料密度 1.08g/cm^3

表 17-12 烟片胶/EVA，大孔径软海绵（2）

配方编号 基本用量/g 材料名称	R-12	混炼工艺条件		
颗粒胶 1#（3 段）	100	混炼辊温：60℃±5℃ 母胶：辊温 85℃±5℃，EVA（压至透明）+胶（混匀，薄通 4 次）下片备用 混炼加料顺序：母胶+白油膏+发泡剂+石蜡、硬脂酸+促进剂、氧化锌+碳酸钙、立德粉、凡士林、水+橘红+硫黄——薄通 6 次下片备用 硫化前胶料须返炼后再用，该胶料密度 1.09g/cm³		
EVA（VA 含量 30%）	15			
白油膏	15			
发泡剂 AC	4.5			
石蜡	1			
硬脂酸	5			
促进剂 CZ	3.5			
氧化锌	5			
碳酸钙	25			
立德粉	10			
白凡士林	15			
橘红	0.1			
水	2			
硫黄	1			
合计	202.1	圆盘振荡硫化仪（163℃）	M_L/N·m	0.70
			M_H/N·m	16.51
			t_{10}	4 分 25 秒
			t_{90}	6 分 30 秒

硫化工艺条件：

163℃×45min，球型模腔 ϕ60mm，用胶料量 16～17g，硫化后充满模型，硫化的海绵球表面较光，内部孔径均匀，孔径松散。孔径大小可用胶量控制。硫化模型表面单位 1.5～2.0MPa。硫化时应严格控制温度、时间

表 17-13 颗粒胶/高苯乙烯，大孔径软海绵

配方编号 / 基本用量/g / 材料名称	R-13	混炼工艺条件	
颗粒胶 1#（3 段）	100	混炼辊温：50℃±5℃ 母胶：辊温 85℃±5℃，高苯乙烯（压至透明）+胶（混匀，薄通 3 次）+白油膏+石蜡、硬脂酸——薄通 4 次下片备用 混炼加料顺序：母胶+发泡剂+促进剂、氧化锌+碳酸钙、凡士林、水+橘红+硫黄——薄通 6 次下片备用 硫化前薄通 4 次下片，当天薄通的胶料当天用	
高苯乙烯 860	10		
白油膏	15		
石蜡	1		
硬脂酸	5		
发泡剂（OBSH）	4		
促进剂 CZ	3.5		
氧化锌	5		
白凡士林	15		
碳酸钙	30		
橘红	0.1		
水	2		
硫黄	1		
合计	191.6	圆盘振荡硫化仪（163℃） M_L/N·m	1.35
		M_H/N·m	14.78
		t_{10}	1 分 53 秒
		t_{90}	3 分 55 秒

硫化工艺条件：

163℃×30min，球型模腔 ϕ60mm，填胶量 15g，发满模型，孔径均匀，球表面较光。硫化模具表面单位压力 2.5～3.0MPa。硫化时应严格控制温度，孔径的大小可根据需要控制发泡率，该配方胶料密度 1.08g/cm^3

17.3 微孔硬海绵胶配方

表 17-14 烟片胶/高苯乙烯/EVA，微孔硬海绵（1）

<table>
<tr><td>配方编号
基本用量/g
材料名称</td><td>R-14</td><td colspan="3">混炼工艺条件</td></tr>
<tr><td>烟片胶 3#(3 段)</td><td>60</td><td colspan="3" rowspan="13">混炼辊温:60℃±5℃
母胶:辊温 85℃±5℃,高苯乙烯 EVA(压至透明)+胶(混匀、薄通 4 次)下片备用
混炼:母胶+发泡剂+石蜡、硬脂酸+促进剂、氧化锌+DBP、白炭黑、乙二醇+硫黄——薄通 8 次下片备用
胶料须返炼后再硫化</td></tr>
<tr><td>高苯乙烯 860(日本)</td><td>70</td></tr>
<tr><td>EVA(VA 含量 31.5%)</td><td>40</td></tr>
<tr><td>发泡剂 H</td><td>5</td></tr>
<tr><td>石蜡</td><td>1</td></tr>
<tr><td>硬脂酸</td><td>2</td></tr>
<tr><td>促进剂 DM</td><td>1</td></tr>
<tr><td>促进剂 CZ</td><td>1</td></tr>
<tr><td>促进剂 TT</td><td>0.5</td></tr>
<tr><td>氧化锌</td><td>5</td></tr>
<tr><td>邻苯二甲酸二丁酯(DBP)</td><td>5</td></tr>
<tr><td>沉淀法白炭黑</td><td>50</td></tr>
<tr><td>乙二醇</td><td>2.5</td><td rowspan="4">圆盘振荡硫化仪(163℃)</td><td>M_L/N·m</td><td>7.4</td></tr>
<tr><td>硫黄</td><td>2</td><td>M_H/N·m</td><td>34.0</td></tr>
<tr><td>合计</td><td>245</td><td>t_{10}</td><td>4 分</td></tr>
<tr><td colspan="2" rowspan="5"></td><td>t_{90}</td><td>4 分 48 秒</td></tr>
<tr><td rowspan="4">圆盘振荡硫化仪(153℃)</td><td>M_L/N·m</td><td>6.9</td></tr>
<tr><td>M_H/N·m</td><td>32.1</td></tr>
<tr><td>t_{10}</td><td>5 分</td></tr>
<tr><td>t_{90}</td><td>6 分 48 秒</td></tr>
<tr><td colspan="5">硫化工艺条件:
153℃×15min,硫化模具型腔 225mm×200mm×10mm,硫化模具内填胶量 95%~100%,发泡效果好,微孔,孔径密实,均匀。硫化模内填胶质量 492g。硫化前胶片厚度必须控制在(13±1)mm 厚。严格控制温度和时间。硫化后胶表面硬度 83 度,去表皮硬度 77 度。海绵挺性较好。胶料密度 1.15g/cm³,邵尔 A 型硬度(去表皮)54 度。硫化后海绵尺寸 290mm×265mm×15mm</td></tr>
</table>

表 17-15 烟片胶/高苯乙烯/EVA，微孔硬海绵（2）

<table>
<tr><td>配方编号
基本用量/g
材料名称</td><td>R-15</td><td colspan="3">混炼工艺条件</td></tr>
<tr><td>烟片胶 3#(3 段)</td><td>35</td><td colspan="3" rowspan="16">混炼辊温:60℃±5℃
母胶:辊温 85℃±5℃,高苯乙烯 EVA(压至透明)+胶(混匀、薄通 4 次)下片备用
混炼:母胶+发泡剂+石蜡、硬脂酸+促进剂、氧化锌+DBP、白炭黑、立德粉、乙二醇+硫黄——薄通 8 次下片备用
胶料须返炼后再硫化
胶料密度 1.23g/cm³</td></tr>
<tr><td>高苯乙烯 860(日本)</td><td>40</td></tr>
<tr><td>EVA(VA 含量 31.5%)</td><td>25</td></tr>
<tr><td>发泡剂 H</td><td>3</td></tr>
<tr><td>石蜡</td><td>0.5</td></tr>
<tr><td>硬脂酸</td><td>1.5</td></tr>
<tr><td>促进剂 DM</td><td>0.5</td></tr>
<tr><td>促进剂 CZ</td><td>0.6</td></tr>
<tr><td>促进剂 TT</td><td>0.2</td></tr>
<tr><td>氧化锌</td><td>3</td></tr>
<tr><td>邻苯二甲酸二丁酯(DBP)</td><td>3.5</td></tr>
<tr><td>沉淀法白炭黑</td><td>30</td></tr>
<tr><td>立德粉</td><td>20</td></tr>
<tr><td>乙二醇</td><td>1.5</td></tr>
<tr><td>硫黄</td><td>1.2</td></tr>
<tr><td>合计</td><td>165.5</td></tr>
<tr><td colspan="2" rowspan="4"></td><td rowspan="4">圆盘振荡硫化仪
(153℃)</td><td>M_L/N·m</td><td>10.4</td></tr>
<tr><td>M_H/N·m</td><td>37.0</td></tr>
<tr><td>t_{10}</td><td>5 分</td></tr>
<tr><td>t_{90}</td><td>7 分 48 秒</td></tr>
<tr><td colspan="5">硫化工艺条件:
153℃×13min,硫化模具型腔 320mm×70mm×10mm,硫化模具内填胶量 90%～95%,填胶质量 248g。硫化前胶片厚度(13±1)mm,片长 300mm,硫化后海绵孔径均匀,微孔,胶白,似样品。硫化胶表面硬度 83 度,去表皮硬度 77 度。硫化后海绵尺寸 420mm×97mm×14.5mm</td></tr>
</table>

表 17-16 烟片胶/高苯乙烯/EVA，微孔硬海绵（3）

材料名称 \ 基本用量/g \ 配方编号	R-16	混炼工艺条件	
烟片胶 3#（3 段）	35	混炼辊温：60℃±5℃ 母胶：辊温 85℃±5℃，高苯乙烯 EVA（压至透明）+胶（混匀、薄通 4 次）下片备用 混炼：母胶+发泡剂+石蜡、硬脂酸+促进剂、氧化锌+DBP、白炭黑、立德粉、乙二醇+硫黄——薄通 8 次下片备用 胶料须返炼后再硫化 胶料密度按 1.20g/cm^3 计算	
高苯乙烯 860（日本）	40		
EVA（VA 含量 31.5%）	25		
发泡剂 H	3		
石蜡	0.5		
硬脂酸	1.5		
促进剂 DM	0.5		
促进剂 CZ	0.6		
促进剂 TT	0.1		
氧化锌	3		
邻苯二甲酸二丁酯（DBP）	3.5		
白炭黑（36-5）	35		
立德粉	10		
乙二醇	2		
硫黄	1.3		
合计	161		

	圆盘振荡硫化仪（153℃）	
	M_L/N·m	12.8
	M_H/N·m	33.3
	t_{10}	5 分 24 秒
	t_{90}	10 分

硫化工艺条件：

153℃×15min，硫化模具型腔 320mm×70mm×10mm，硫化模内填胶量为 95%，填胶质量 255g。硫化前胶片厚度(13±1)mm。硫化后海绵孔径均匀，微孔，表面光亮。硫化后海绵 418mm×98mm×14.7mm，胶表面硬度 84 度，去表皮硬度 78 度。硫化出模时速度要快，片取出立即放在平台上，防止变形

表 17-17 烟片胶/高苯乙烯/EVA，微孔硬海绵（4）

材料名称 / 基本用量/g / 配方编号	R-17	混炼工艺条件		
烟片胶 3#（3 段）	70	混炼辊温：60℃±5℃ 母胶：辊温 85℃±5℃，高苯乙烯（压至透明）+SBR+NR（混匀，薄通 4 次）下片备用 混炼加料顺序：母胶+发泡剂+石蜡、硬脂酸+促进剂、氧化锌+DBP、白炭黑、乙二醇+硫黄——薄通 8 次下片备用 硫化前胶料须返炼后再用，当天返炼的胶料当天用		
丁苯胶 1502#	40			
高苯乙烯（HS-860，日本）	60			
石蜡	1			
硬脂酸	2			
发泡剂 H	5			
促进剂 DM	1			
促进剂 CZ	1			
促进剂 TT	0.5			
氧化锌	5			
邻苯二甲酸二丁酯（DBP）	5			
沉淀法白炭黑	50			
乙二醇	2.5			
硫黄	2			
合计	245	圆盘振荡硫化仪（153℃）	M_L/N·m	6.4
			M_H/N·m	40.3
			t_{10}	4 分 48 秒
			t_{90}	6 分
		圆盘振荡硫化仪（163℃）	M_L/N·m	5.4
			M_H/N·m	39.5
			t_{10}	4 分
			t_{90}	5 分

硫化工艺条件：

153℃×10min，硫化模具型腔 225mm×200mm×10mm，硫化时模具内填胶量 95%，硫化后海绵尺寸 275mm×244mm×13.5mm，海绵孔径均匀，两表面较平整，硫化时应严格控制温度、时间，硫化前胶片厚度应控制在（13±1）mm，这样效果较好。硫化模具表面单位压力 2.5～3.0MPa

表 17-18 烟片胶/SBR1502/高苯乙烯，微孔硬海绵

<table>
<tr><td>配方编号 / 基本用量/g / 材料名称</td><td>R-18</td><td colspan="3">混炼工艺条件</td></tr>
<tr><td>烟片胶 3#（3 段）</td><td>37</td><td colspan="3" rowspan="12">混炼辊温：60℃±5℃
母胶：辊温：85℃±5℃，高苯乙烯（压至透明）+SBR+NR（混匀、薄通 4 次）下片备用
混炼：母胶+发泡剂+石蜡、硬脂酸+促进剂、氧化锌+DBP、白炭黑、立德粉、乙二醇+硫黄——薄通 8 次下片备用
该配方如果发泡剂 H 用 3 份，孔径也很均匀，微孔，但胶较硬</td></tr>
<tr><td>丁苯胶 1502#（山东）</td><td>25</td></tr>
<tr><td>高苯乙烯 860（日本）</td><td>38</td></tr>
<tr><td>发泡剂 H</td><td>5</td></tr>
<tr><td>石蜡</td><td>0.5</td></tr>
<tr><td>硬脂酸</td><td>2</td></tr>
<tr><td>促进剂 DM</td><td>0.5</td></tr>
<tr><td>促进剂 CZ</td><td>0.5</td></tr>
<tr><td>促进剂 TT</td><td>0.2</td></tr>
<tr><td>氧化锌</td><td>3</td></tr>
<tr><td>邻苯二甲酸二丁酯（DBP）</td><td>6</td></tr>
<tr><td>沉淀法白炭黑</td><td>25</td></tr>
<tr><td>立德粉</td><td>12</td><td rowspan="4">圆盘振荡硫化仪（发泡剂 H 3%，153℃）</td><td>M_L/N·m</td><td>7.4</td></tr>
<tr><td>乙二醇</td><td>1.5</td><td>M_H/N·m</td><td>31.0</td></tr>
<tr><td>硫黄</td><td>1.2</td><td>t_{10}</td><td>9 分 12 秒</td></tr>
<tr><td>合计</td><td>157.4</td><td>t_{90}</td><td>12 分 12 秒</td></tr>
<tr><td colspan="2" rowspan="4"></td><td rowspan="4">圆盘振荡硫化仪（153℃）</td><td>M_L/N·m</td><td>5.2</td></tr>
<tr><td>M_H/N·m</td><td>23.6</td></tr>
<tr><td>t_{10}</td><td>5 分 48 秒</td></tr>
<tr><td>t_{90}</td><td>8 分 26 秒</td></tr>
<tr><td colspan="5">硫化工艺条件：
153℃×15min，硫化模具型腔 320mm×70mm×10mm，硫化时模具内填胶量 100%，填胶质量 268g。硫化前胶片厚度 13～15mm，长不少于 300mm。硫化后海绵尺寸 487mm×118mm×20mm，表面硬度 64 度，去表皮硬度 58 度，胶料密度 1.20g/cm³。硫化前胶料须返炼后再用。硫化后海绵表面平整、光亮、孔径均匀，微孔，细小。如果发泡剂 H 用 3%（生胶 100），表面硬度 77 度，去表皮硬度 72 度，硫化后海绵尺寸 414mm×94mm×13.6mm</td></tr>
</table>

表 17-19 烟片胶/EVA/高苯乙烯，微孔硬海绵

配方编号 基本用量/g 材料名称	R-19	混炼工艺条件
烟片胶 3#(3 段)	35	混炼辊温:60℃±5℃ 母胶:辊温 85℃±5℃,EVA(压至透明)+高苯乙烯(两胶压匀透明)+烟片胶混匀——薄通 6 次下片备用 混炼加料顺序:母胶+发泡剂+石蜡、硬脂酸+促进剂、氧化锌+DBP、白炭黑、立德粉+乙二醇+硫黄——薄通 8 次下片备用 胶料须返炼后再硫化,当天返炼的胶料当天用
高苯乙烯(HS-860)	40	
EVA(VA 含量 31.5%)	25	
发泡剂 H	3	
石蜡	0.6	
硬脂酸	1.8	
促进剂 DM	0.6	
促进剂 CZ	0.6	
促进剂 TT	0.13	
氧化锌	3	
邻苯二甲酸二丁酯(DBP)	5	
白炭黑 36-5	35	
立德粉	8	
乙二醇	2	
硫黄	1.2	
合计	160.93	

仪器	项目	数值
圆盘振荡硫化仪(153℃)	M_L/N·m	11.0
	M_H/N·m	30.3
	t_{10}	5 分
	t_{90}	7 分 48 秒
圆盘振荡硫化仪(163℃)	M_L/N·m	10.9
	M_H/N·m	30.8
	t_{10}	3 分 48 秒
	t_{90}	5 分 36 秒

硫化工艺条件:

153℃×13min,硫化模具型腔 320mm×70mm×10mm,硫化时模具内填胶量 95%,硫化后海绵尺寸 440mm×102mm×16mm,如果填胶量 100%,硫化后海绵尺寸 445mm×105mm×16.1mm,表面硬度 78~79,去表皮硬度 72~73。海绵孔径均匀,两表面平整、光亮。硫化前胶片要控制好尺寸。硫化模具表面单位压力 2.5~3.0MPa

表 17-20 烟片胶/EVA，微孔硬海绵

材料名称 \ 基本用量/g \ 配方编号	R-20	混炼工艺条件	
烟片胶 3#(3 段)	50	混炼辊温：60℃±5℃ 母胶：辊温 85℃±5℃，EVA(压至透明)+胶(混匀、薄通 4 次)下片备用 混炼：母胶+发泡剂+石蜡、硬脂酸、硬脂酸锌+DM、氧化锌、氧化镁+DOP、机油、碳酸钙、立德粉、香料+DCP——薄通 4 次下片，停放一天后再薄通 8 次下片备用 胶料须返炼后再硫化 胶料密度可按 1.20g/cm³ 计算	
EVA(VA 含量 31.5%)	70		
发泡剂 AC	6		
发泡剂 H	1		
石蜡	1		
硬脂酸	3		
硬脂酸锌	2		
促进剂 DM	0.5		
氧化锌	3		
氧化镁	3		
邻苯二甲酸二辛酯(DOP)	15		
机油 20#	6		
碳酸钙	15		
立德粉	13		
香料(水果型)	0.1		
硫化剂 DCP	2.4		
合计	191	圆盘振荡硫化仪(163℃)	M_L/N·m: 1.4
			M_H/N·m: 11.1
			t_{10}: 4 分 24 秒
			t_{90}: 12 分

硫化工艺条件：

163℃×20min，硫化模具型腔 225mm×200mm×10mm，硫化时模具内填胶量 95%～100%，填胶质量 520g。海绵表面硬度 37 度，去表皮硬度 34 度，硫化前胶片厚度应控制在(13±1)mm，严格控制温度和时间。硫化后发泡效果好，微孔，孔径密实，均匀，接近鞋底样品孔径

第18章 海绵胶产品配方

18.1 健身球用海绵胶配方

表18-1 烟片胶，健身球海绵（1）

<table>
<tr><td>配方编号
基本用量/g
材料名称</td><td>RO-1</td><td colspan="3">混炼工艺条件</td></tr>
<tr><td>烟片胶 3#（3段）</td><td>100</td><td colspan="3" rowspan="12">混炼辊温：40℃±5℃
混炼加料顺序：胶＋白油膏＋发泡剂＋石蜡、硬脂酸＋促进剂＋凡士林、氧化锌、陶土、立德粉、环烷油＋（尿素＋水）＋硫黄——薄通4次，停放一天后——薄通3次下片备用
胶料须返炼后再硫化，当天返炼的胶料当天用</td></tr>
<tr><td>白油膏</td><td>15</td></tr>
<tr><td>发泡剂 H</td><td>4.5</td></tr>
<tr><td>石蜡</td><td>2</td></tr>
<tr><td>硬脂酸</td><td>4</td></tr>
<tr><td>促进剂 CZ</td><td>0.7</td></tr>
<tr><td>氧化锌</td><td>12</td></tr>
<tr><td>白凡士林</td><td>40</td></tr>
<tr><td>环烷油</td><td>30</td></tr>
<tr><td>立德粉</td><td>10</td></tr>
<tr><td>陶土</td><td>20</td></tr>
<tr><td>碳酸钙</td><td>60</td></tr>
<tr><td>尿素</td><td>2</td><td rowspan="4">圆盘振荡硫化仪
（148℃）</td><td>M_L/N·m</td><td>1.3</td></tr>
<tr><td>水</td><td>8</td><td>M_H/N·m</td><td>10.4</td></tr>
<tr><td>硫黄</td><td>2.6</td><td>t_{10}</td><td>5分36秒</td></tr>
<tr><td>合计</td><td>310.8</td><td>t_{90}</td><td>14分24秒</td></tr>
<tr><td colspan="5">硫化工艺条件：
143℃×60min，硫化模型腔 ϕ62mm，硫化模具表面单位压力2.5～3.0MPa。硫化后海绵球弹性较好，孔径均匀，该配方硫化海绵球时不宜用148℃硫化，可根据用途需要选择发泡率控制胶量</td></tr>
</table>

表 18-2 烟片胶，健身球海绵（2）

<table>
<tr><td>配方编号 / 基本用量/g / 材料名称</td><td>RO-2</td><td colspan="3">混炼工艺条件</td></tr>
<tr><td>烟片胶 3#（3 段）</td><td>100</td><td colspan="3" rowspan="15">混炼辊温：40℃±5℃
加料顺序：胶＋白油膏＋发泡剂＋硬脂酸、石蜡＋促进剂、凡士林、氧化锌、碳酸钙、陶土、立德粉、环烷油＋（尿素＋水）＋硫黄——薄通 4 次，停放一天后薄通 3 次下片备用
胶料须返炼后再硫化，当天返炼当天用
该配方如果用发泡剂 H 4 份发泡也很好</td></tr>
<tr><td>白油膏</td><td>15</td></tr>
<tr><td>发泡剂 H</td><td>2</td></tr>
<tr><td>石蜡</td><td>1</td></tr>
<tr><td>硬脂酸</td><td>4</td></tr>
<tr><td>促进剂 CZ</td><td>3</td></tr>
<tr><td>氧化锌</td><td>12</td></tr>
<tr><td>白凡士林</td><td>20</td></tr>
<tr><td>环烷油</td><td>45</td></tr>
<tr><td>立德粉</td><td>12</td></tr>
<tr><td>陶土</td><td>20</td></tr>
<tr><td>碳酸钙</td><td>60</td></tr>
<tr><td>尿素</td><td>2.5</td></tr>
<tr><td>水</td><td>6</td></tr>
<tr><td>硫黄</td><td>1</td></tr>
<tr><td>合计</td><td>303.5</td><td rowspan="4">圆盘振荡硫化仪（148℃）</td><td>M_L/N·m</td><td>0.6</td></tr>
<tr><td colspan="2" rowspan="3"></td><td>M_H/N·m</td><td>13.4</td></tr>
<tr><td>t_{10}</td><td>6 分</td></tr>
<tr><td>t_{90}</td><td>10 分 24 秒</td></tr>
<tr><td colspan="5">硫化工艺条件：
143℃×50min，硫化模型腔 ϕ62mm，模型表面压力 2MPa，硫化后弹性很好，孔径均匀，表面硬度 18 度。该配方硫化海绵球时不宜用 148℃硫化。根据用途可需孔径的大小可选择不同发泡率。胶料密度 1.10g/cm³，硫化时严格控制温度。本次试验发泡率 50%</td></tr>
</table>

表 18-3 烟片胶，健身球海绵（3）

材料名称 \ 基本用量/g \ 配方编号	RO-3	混炼工艺条件	
烟片胶 3#	100	混炼辊温：55℃±5℃ 混炼加料顺序：胶＋白油膏＋发泡剂＋硬脂酸＋促进剂＋氧化锌、立德粉、碳酸钙＋硫黄＋薄通 4 次，停放一天后——薄通 4 次下片备用 胶料须返炼后再硫化，当天返炼的胶料当天用 该配方用生胶未塑炼，因此，发泡不太理想，生胶应塑炼	
白油膏	70		
发泡剂 AC	4		
硬脂酸	5		
促进剂 CZ	1.2		
促进剂 TT	0.3		
氧化锌	10		
立德粉	10		
碳酸钙	30		
硫黄	0.8		
合计	231.3	圆盘振荡硫化仪（148℃）	M_L/N·m: 1.2
			M_H/N·m: 14.8
			t_{10}: 8 分 48 秒
			t_{90}: 27 分 31 秒

硫化工艺条件：

148℃×50min，硫化模型腔 ϕ62mm，硫化模具表面单位压力 2MPa。硫化后发孔较均匀，微孔，弹性好，但海绵较硬，该配方用时须加适量软化剂

表 18-4 烟片胶，健身球海绵（4）

材料名称 \ 基本用量/g \ 配方编号	RO-4	混炼工艺条件	
烟片胶 3#	100	混炼辊温：50℃±5℃ 混炼加料顺序：胶＋白油膏＋发泡剂＋硬脂酸＋促进剂＋氧化锌、环烷油、立德粉、碳酸钙＋硫黄——薄通 4 次，停放一天后——薄通 4 次下片备用 胶料须返炼后再硫化，当天返炼的胶料当天用 该配方生胶未塑炼，孔径不理想，生胶应塑炼 2～3 段再用	
白油膏	40		
发泡剂 AC	4		
硬脂酸	5		
促进剂 CZ	1.2		
促进剂 TT	0.3		
氧化锌	10		
环烷油	30		
立德粉	10		
碳酸钙	30		
硫黄	0.8		
合计	231.3	圆盘振荡硫化仪（148℃） M_L/N·m	1.1
		M_H/N·m	15.7
		t_{10}	8 分 58 秒
		t_{90}	26 分 37 秒

硫化工艺条件：

148℃×50min，圆球模型腔 ϕ62mm，硫化模具表面单位压力 2MPa。硫化后发孔较均匀，弹性较好。该配方发泡率可按 50%计算

表 18-5 烟片胶，健身球海绵（5）

<table>
<tr><td>配方编号
基本用量/g
材料名称</td><td>RO-5</td><td colspan="3">混炼工艺条件</td></tr>
<tr><td>烟片胶 3#</td><td>100</td><td colspan="3" rowspan="11">混炼辊温：40℃±5℃
混炼加料顺序：胶+发泡剂+硬脂酸+促进剂+氧化锌、环烷油、立德粉、碳酸钙+硫黄——薄通 4 次，停放一天后——薄通 4 次下片备用
胶料须返炼后再硫化，当天返炼的胶料当天用
该配方生胶未塑炼，如果生胶塑炼 2 段，孔径能更好</td></tr>
<tr><td>发泡剂 AC</td><td>4</td></tr>
<tr><td>硬脂酸</td><td>5</td></tr>
<tr><td>促进剂 CZ</td><td>1.2</td></tr>
<tr><td>促进剂 TT</td><td>0.3</td></tr>
<tr><td>环烷油</td><td>50</td></tr>
<tr><td>氧化锌</td><td>10</td></tr>
<tr><td>立德粉</td><td>10</td></tr>
<tr><td>碳酸钙</td><td>30</td></tr>
<tr><td>硫黄</td><td>0.8</td></tr>
<tr><td>合计</td><td>211.3</td></tr>
<tr><td colspan="2" rowspan="4"></td><td rowspan="4">圆盘振荡硫化仪
（148℃）</td><td>M_L/N·m</td><td>1.0</td></tr>
<tr><td>M_H/N·m</td><td>13.1</td></tr>
<tr><td>t_{10}</td><td>8 分 11 秒</td></tr>
<tr><td>t_{90}</td><td>25 分 18 秒</td></tr>
<tr><td colspan="5">硫化工艺条件：
148℃×50min，圆球模型型腔 ϕ62mm，硫化模具表面单位压力 2MPa。硫化后球孔径比样品略大，但很均匀，弹性好。发泡率可按 55%计算</td></tr>
</table>

表 18-6 烟片胶，健身球海绵（6）

材料名称 \ 基本用量/g \ 配方编号	RO-6	混炼工艺条件	
烟片胶 3#	100	混炼辊温：50℃±5℃ 混炼加料顺序：胶＋发泡剂＋硬脂酸＋促进剂＋氧化锌、环烷油、立德粉、碳酸钙＋硫黄——薄通 4 次，停放一天后——薄通 4 次下片备用 胶料须返炼后再硫化，当天返炼的胶料当天用 该配方生胶未塑炼，如果用此配方生胶最少塑炼 2 段	
发泡剂 AC	4		
硬脂酸	5		
促进剂 CZ	1.2		
促进剂 TT	0.3		
环烷油	25		
氧化锌	10		
立德粉	10		
碳酸钙	30		
硫黄	0.8		
合计	186.3	圆盘振荡硫化仪（148℃） M_L/N·m	1.1
		M_H/N·m	19.5
		t_{10}	6 分 19 秒
		t_{90}	20 分 02 秒

硫化工艺条件：

148℃×50min，圆球模型型腔 ϕ62mm，硫化模具表面单位压力 2MPa。发泡率 58%，孔径很好，均匀，弹性好。海绵球表面硬度 23，内 20 度，孔径大小与发泡率有关

18.2 其他海绵胶产品配方

表 18-7 颗粒胶海绵球拍

材料名称 \ 基本用量/g \ 配方编号	F-1	混炼工艺条件		
颗粒胶 1#(3 段)	100	混炼辊温：50℃±5℃ 混炼加料顺序：胶＋白油膏＋发泡剂＋硬脂酸＋防老剂、促进剂、氧化锌＋白油、碳酸钙、立德粉＋硫黄——薄通 4 次下片，停放一天再薄通 6 次下片备用 胶料须返炼后再硫化。当天返炼的胶料当天用		
白油膏	15			
发泡剂 AC	3			
硬脂酸	4			
防老剂 SP	1.5			
促进剂 DM	1.2			
促进剂 TT	0.7			
氧化锌	5			
白油	25			
碳酸钙	40			
立德粉	15			
硫黄	1.5			
合计	211.9	圆盘振荡硫化仪(153℃)	M_L/N·m	1.5
			M_H/N·m	42.5
			t_{10}	9 分
			t_{90}	19 分 45 秒

硫化工艺条件：

153℃×25min，硫化模具型腔 200mm×120mm×4mm，发泡率 60%～75%(可根据需要孔径选择发泡率)。硫化后海绵孔径均匀，片平整。硫化模具表面单位压力 2MPa，硫化时应严格控制温度、时间和发泡率。胶料密度可按 1.15g/cm^3 计算

表 18-8 烟片胶海绵人力车座

材料名称 \ 基本用量/g \ 配方编号	F-2	混炼工艺条件	
烟片胶 1#(2 段)	100	混炼辊温:40℃±5℃ 混炼加料顺序:胶+白油膏+发泡剂、小苏打(薄通 4 次)+硬脂酸+防老剂、促进剂、氧化锌+机油、碳酸钙+硫黄——下片,停放一天后薄通 6 次下片备用 硫化前胶料须返炼后再硫化 胶料密度 1.201g/cm³ 硫化后海绵胶密度 0.735g/cm³	
白油膏	25		
发泡剂 AC	2.5		
发泡剂 H	2.5		
小苏打	15		
硬脂酸	4		
防老剂 SP	1.5		
促进剂 DM	1.5		
促进剂 M	1.2		
氧化锌	5		
机油 10#	70		
碳酸钙	90		
硫黄	1.3		
合计	319.5	圆盘振荡硫化仪(153℃) M_L/N·m	1.4
		M_H/N·m	16.8
		t_{10}	6 分 24 秒
		t_{90}	9 分 36 秒

硫化工艺条件:

153℃×25min,硫化模具(自行车座厚 5cm,内有孔),发泡率 50%,硫化模具表面单位压力 2MPa。硫化后海绵孔径均匀,胶柔软,很好。硫化时应注意温度和填胶量,可根据需要的孔径选择适当的发泡率。该海绵座曾是专利产品

表 18-9 烟片胶海绵座椅垫（1）

材料名称 \ 基本用量/g \ 配方编号	F-3	混炼工艺条件
烟片胶 1#（3 段）	100	混炼辊温：50℃±5℃ 混炼加料顺序：胶＋发泡剂＋硬脂酸＋防老剂、NOBS＋锭子油、氧化锌、碳酸钙＋TT、硫黄——薄通 6 次下片备用 硫化前薄通 4 次下片硫化 该配方用 153℃硫化仪曲线很快返原。配方中加尿素也很快返原，但加尿素可缩短硫化时间 发泡剂 AC 增加，延长硫化时间，硫化后海绵胶弹性不变
发泡剂 AC	4	
硬脂酸	4	
防老剂 D	2	
促进剂 NOBS	1.5	
锭子油	25	
氧化锌	15	
碳酸钙	40	
促进剂 TT	0.4	
硫黄	0.5	
合计	192.4	

项目		F-3
塑性值平行板法	生胶	0.519
	混炼胶	0.747
门尼焦烧(120℃)	t_5	57 分
圆盘振荡硫化仪（143℃）	M_L/N·m	1.0
	M_H/N·m	33.7
	t_{10}	15 分
	t_{90}	25 分

硫化工艺条件：

143℃，硫化时间可根据模型大小而定。模型表面压力 2MPa，胶料密度可按 1.10g/cm^3 计算。该配方不适宜用高温硫化

用该配方做的椅垫弹性好，无毒、无味，孔径均匀，软硬合适，现已使用二十余年，耐老化性能较好

表 18-10 烟片胶海绵座椅垫（2）

材料名称 \ 基本用量/g \ 配方编号	F-4	混炼工艺条件		
烟片胶 1#（3 段）	100	混炼辊温：50℃±5℃ 混炼加料顺序：胶+发泡剂+硬脂酸+防老剂、促进剂 NOBS+锭子油、氧化锌、碳酸钙+促进剂 TT、硫黄——薄通 6 次下片备用 硫化前薄通 4 次下片硫化 当天用当天薄通		
发泡剂 AC	4			
硬脂酸	4			
防老剂 D	2			
促进剂 NOBS	1.5			
促进剂 TT	0.4			
锭子油	20			
氧化锌	15			
碳酸钙	60			
硫黄	0.5			
合计	207.4	塑性值平行板法	生胶	0.519
			混炼胶	0.618
		门尼焦烧（120℃）	t_5	61 分
		圆盘振荡硫化仪（143℃）	M_L/N·m	0.5
			M_H/N·m	48.0
			t_{10}	11 分 30 秒
			t_{90}	31 分 30 秒

硫化工艺条件：

148℃，硫化模具表面单位压力 2～2.5MPa。胶料密度可按 1.12g/cm^3，硫化时间根据模具大小、填胶质量而定。孔径大小，可根据要求用发泡率控制，该配方发泡率 50%左右较好，无毒，无味，弹性好，孔径均匀，硬软度合适，耐老化。该配方不适宜高温硫化

表 18-11 烟片胶汽车尾灯海绵密封垫

材料名称 \ 基本用量/g \ 配方编号	F-5	混炼工艺条件	
烟片胶 3#(3 段)	100	混炼辊温:50℃±5℃ 混炼加料顺序:胶+发泡剂+石蜡、硬脂酸、防老剂 A+氧化锌、促进剂、防老剂 D+凡士林、炭黑、碳酸钙+(尿素+水)+硫黄——薄通 6 次下片备用 硫化前再薄通 4 次下片硫化 该配方也可用 153℃硫化 胶料密度 1.07g/cm³	
发泡剂 H	5		
石蜡	1		
硬脂酸	5		
防老剂 A	1		
促进剂 CZ	1.8		
促进剂 TT	1.2		
氧化锌	5		
防老剂 D	1.5		
凡士林(工业)	12		
混气炭黑	15		
碳酸钙	12		
尿素	2		
水	4		
硫黄	1.2		
合计	167.7	圆盘振荡硫化仪(148℃) M_L/N·m	1.7
		M_H/N·m	26.5
		t_{10}	5 分 04 秒
		t_{90}	7 分 18 秒

硫化工艺条件:

148℃×12min,硫化模具型腔 180mm×120mm×3mm,硫化模型表面单位压力 1~2MPa,硫化时严格控制温度。发泡率 50%~60%,孔径均匀,弹性好,也可根据孔径大小选择发泡率

表 18-12 烟片胶海绵胶带（1）

材料名称 \ 基本用量/g \ 配方编号	F-6	混炼工艺条件	
烟片胶 3#（3 段）	100	混炼辊温：50℃±5℃ 混炼加料顺序：胶+白油膏+发泡剂+硬脂酸、防老剂+促进剂、氧化锌+凡士林、立德粉、碳酸钙、钛白粉+硫黄——薄通 6 次下片备用 硫化前再薄通 4 次后再硫化 胶料密度 1.15g/cm³ 该配方也可用凡士林 10 份，10# 机油 10 份，发孔效果也较好	
白油膏	15		
发泡剂 H	3.5		
硬脂酸	5		
防老剂 SP	1.5		
促进剂 CZ	3.5		
氧化锌	5		
白凡士林	20		
立德粉	30		
碳酸钙	30		
钛白粉	15		
硫黄	1.2		
合计	229.7	圆盘振荡硫化仪（153℃） M_L/N·m	2.1
		M_H/N·m	37.9
		t_{10}	7 分 48 秒
		t_{90}	8 分 48 秒

硫化工艺条件：

153℃×15min，硫化模具型腔 240mm×150mm×3mm，硫化模表面单位压力 1～2MPa，发泡率 65%，硫化后海绵胶孔径均匀，表面平整，弹性好，孔径大小也可用发泡率控制。硫化时严格控制温度

表 18-13 烟片胶海绵胶带（2）

<table>
<tr><td>配方编号
基本用量/g
材料名称</td><td>F-7</td><td colspan="3">混炼工艺条件</td></tr>
<tr><td>烟片胶 1#（3 段）</td><td>100</td><td colspan="3" rowspan="13">混炼辊温：50℃±5℃
混炼加料顺序：胶＋发泡剂＋硬脂酸＋4010、促进剂＋白油、氧化锌、碳酸钙、白炭黑、乙二醇＋硫黄——薄通 4 次下片，停放一天后——薄通 4 次下片备用
胶料须返炼后再硫化，当天返炼的胶料当天用</td></tr>
<tr><td>发泡剂 H</td><td>2.5</td></tr>
<tr><td>发泡剂 AC</td><td>2.5</td></tr>
<tr><td>硬脂酸</td><td>5</td></tr>
<tr><td>防老剂 4010</td><td>1.5</td></tr>
<tr><td>促进剂 DM</td><td>1.5</td></tr>
<tr><td>促进剂 M</td><td>1.2</td></tr>
<tr><td>氧化锌</td><td>15</td></tr>
<tr><td>白油</td><td>30</td></tr>
<tr><td>碳酸钙</td><td>40</td></tr>
<tr><td>沉淀法白炭黑</td><td>10</td></tr>
<tr><td>一缩二乙二醇</td><td>1</td></tr>
<tr><td>硫黄</td><td>1.3</td></tr>
<tr><td>合计</td><td>211.5</td><td>塑性值平行板</td><td>混炼胶</td><td>0.672</td></tr>
<tr><td colspan="2" rowspan="5"></td><td colspan="2">门尼黏度/(1＋4)100</td><td>23</td></tr>
<tr><td rowspan="4">圆盘振荡硫化仪
（153℃）</td><td>M_L/N·m</td><td>0.2</td></tr>
<tr><td>M_H/N·m</td><td>16.2</td></tr>
<tr><td>t_{10}</td><td>3 分 12 秒</td></tr>
<tr><td>t_{90}</td><td>7 分 42 秒</td></tr>
<tr><td colspan="5">硫化工艺条件：
153℃×15min，硫化模具型腔 350mm×200mm×3mm，发泡率 70%左右较好，硫化后海绵胶孔径均匀，弹性较好，有一定的强度，可伸长 4 倍以上，硫化模具表面单位压力 2～2.5MPa。硫化时应严格控制温度，孔径大小可用发泡率控制</td></tr>
</table>

表 18-14 颗粒胶粘铝芯柱海绵胶

材料名称 \ 基本用量/g \ 配方编号	F-8	混炼工艺条件		
烟片胶 1#（3 段）	100	混炼辊温：50℃±5℃ 混炼加料顺序：胶＋发泡剂＋硬脂酸、硬脂酸锌＋促进剂、氧化锌、氧化镁＋DOP、机油、碳酸钙、钛白粉＋硫黄——薄通 4 次下片，停放一天后——薄通 4 次下片备用 硫化前胶料须返炼后再硫化，当天返炼的胶料当天用 胶料密度可按 1.08g/cm³ 计算填胶量		
发泡剂 AC	7			
发泡剂（OBSH）	1			
硬脂酸	3			
硬脂酸锌	2			
促进剂 CZ	1			
氧化锌	6			
氧化镁	3			
邻苯二甲酸二辛酯（DOP）	20			
机油 10#	20			
碳酸钙	10			
钛白粉	6			
硫黄	0.8			
合计	179.8	圆盘振荡硫化仪（163℃）	M_L/N·m	2.09
			M_H/N·m	9.35
			t_{10}	4 分 33 秒
			t_{90}	7 分 18 秒

硫化工艺条件：

163℃×25min，硫化模具型腔 ϕ50mm×13mm，硫化模具表面单位压力2～2.5MPa。硫化后海绵孔径均匀，表面平整，孔径密实，弹性好，可根据需要的孔径，适当选择发泡率，该配方选择发泡率的范围可在 40%～100%的填胶量，硫化时严格控制温度

表 18-15 颗粒胶/EVA 粘铝芯柱海绵胶

材料名称 \ 基本用量/g \ 配方编号	F-9	混炼工艺条件	
颗粒胶 1#(3 段)	50	混炼辊温:50℃±5℃ 母胶:辊温:85℃±5℃,EVA(压至透明)+胶(混匀,薄通3次)+硬脂酸、硬脂酸锌——薄通4次下片备用 混炼加料顺序:母胶+发泡剂+氧化锌、氧化镁+DOP、机油、碳酸钙、钛白粉+DCP——薄通4次下片,停放一天后——薄通4次下片备用 胶料须返炼后再硫化,当天返炼的胶料当天用 胶料密度可按1.10g/cm³计算放胶量	
EVA(VA 含量 31.5%)	70		
发泡剂 AC	7		
发泡剂(OBSH)	1		
硬脂酸	3		
硬脂酸锌	2		
氧化锌	6		
氧化镁	3		
邻苯二甲酸二辛酯(DOP)	30		
机油 10#	10		
碳酸钙	10		
钛白粉	6		
硫化剂 DCP	2.5		
合计	200.5	圆盘振荡硫化仪(163℃)	
		M_L/N·m	1.95
		M_H/N·m	7.44
		t_{10}	1分53秒
		t_{90}	10分54秒

硫化工艺条件:

163℃×30min,硫化模具型腔 ϕ50mm×13mm,硫化模具表面单位压力2.0～2.5MPa。硫化后海绵孔径均匀,孔径密实,弹性好,可根据需要的孔径,适当选择发泡率,该配方选择发泡率的范围可在40%～100%的填胶量,硫化时严格控制温度

18.3 海绵导电胶配方

表 18-16 烟片胶、导电海绵（4.5V，电阻 1290Ω）

<table>
<tr><td>配方编号
基本用量/g
材料名称</td><td>F-10</td><td colspan="3">混炼工艺条件</td></tr>
<tr><td>烟片胶 1#(3 段)</td><td>100</td><td colspan="3" rowspan="13">混炼辊温：50℃±5℃
混炼加料顺序：胶＋发泡剂＋石蜡、硬脂酸、防老剂 A＋4010、促进剂、氧化锌＋蓖麻油、炭黑、石墨＋硫黄——薄通4次下片，停放一天后再薄通4次下片备用
胶料须返炼后再硫化
该海绵胶电阻(4.5V)1290Ω</td></tr>
<tr><td>发泡剂 AC</td><td>4</td></tr>
<tr><td>石蜡</td><td>1</td></tr>
<tr><td>硬脂酸</td><td>4</td></tr>
<tr><td>防老剂 A</td><td>1.5</td></tr>
<tr><td>防老剂 4010</td><td>1</td></tr>
<tr><td>促进剂 DM</td><td>1.3</td></tr>
<tr><td>促进剂 M</td><td>1</td></tr>
<tr><td>氧化锌</td><td>5</td></tr>
<tr><td>蓖麻油</td><td>3</td></tr>
<tr><td>乙炔炭黑</td><td>50</td></tr>
<tr><td>石墨</td><td>30</td></tr>
<tr><td>硫黄</td><td>1</td></tr>
<tr><td>合计</td><td>202.8</td><td rowspan="4">圆盘振荡硫化仪
(153℃)</td><td>M_L/N·m</td><td>4.4</td></tr>
<tr><td colspan="2" rowspan="3"></td><td>M_H/N·m</td><td>87.9</td></tr>
<tr><td>t_{10}</td><td>4 分 36 秒</td></tr>
<tr><td>t_{90}</td><td>31 分 30 秒</td></tr>
<tr><td colspan="5">硫化工艺条件：
153℃×35min，硫化模具型腔 180mm×120mm×2mm，发泡率 60%左右，硫化模型表面单位压力 1～2MPa。硫化后海绵孔径均匀，片很平整。硫化时应严格控制温度。胶料密度可按 1.20g/cm³ 计算</td></tr>
</table>

表 18-17 烟片胶、导电海绵（4.5V，电阻 2600Ω）

材料名称 \ 基本用量/g \ 配方编号	F-11	混炼工艺条件		
烟片胶 1#（3 段）	100	混炼辊温：50℃±5℃ 混炼加料顺序：胶＋发泡剂＋石蜡、硬脂酸、防老剂 A＋4010、促进剂、氧化锌＋蓖麻油、炭黑、石墨＋硫黄——薄通 4 次下片，停放一天后再薄通 4 次下片备用 胶料须返炼后再硫化 该海绵胶电阻（4.5V）2600Ω		
发泡剂 AC	4			
石蜡	1			
硬脂酸	4			
防老剂 A	1.5			
防老剂 4010	1			
促进剂 DM	1.3			
促进剂 M	1			
氧化锌	5			
蓖麻油	3			
乙炔炭黑	20			
石墨	80			
硫黄	1			
合计	222.8	圆盘振荡硫化仪（153℃）	M_L/N·m	2.4
			M_H/N·m	85.3
			t_{10}	4 分 55 秒
			t_{90}	27 分 36 秒

硫化工艺条件：

153℃×30min，硫化模具型腔 180mm×120mm×2mm，发泡率 55%～60%，硫化模型表面单位压力 1～2MPa。硫化后海绵孔径均匀，表面光平。硫化时应严格控制温度。胶料密度可按 1.30g/cm³ 计算

表 18-18 烟片胶、导电海绵（4.5V，电阻 4200Ω）

材料名称 \ 基本用量/g \ 配方编号	F-12	混炼工艺条件	
烟片胶 1#(3 段)	100	混炼辊温：50℃±5℃ 混炼加料顺序：胶＋发泡剂＋石蜡、硬脂酸、防老剂 A＋4010、促进剂、氧化锌＋炭黑、石墨＋硫黄——薄通 4 次下片，停放一天后再薄通 4 次下片备用 胶料须返炼后再硫化 该海绵胶电阻(4.5V)4200Ω(样品为 4100Ω)	
发泡剂 AC	4		
石蜡	1		
硬脂酸	4		
防老剂 A	1.5		
防老剂 4010	1		
促进剂 DM	1.3		
促进剂 M	0.6		
氧化锌	5		
乙炔炭黑	40		
石墨	40		
硫黄	1		
合计	199.4	圆盘振荡硫化仪(153℃) M_L/N·m	2.8
		M_H/N·m	79.8
		t_{10}	5 分 15 秒
		t_{90}	32 分 24 秒

硫化工艺条件：

153℃×35min，硫化模具型腔 180mm×120mm×2mm，发泡率 60%左右，硫化模型表面单位压力 1～2MPa。硫化后海绵孔径均匀，表面光亮，平整。硫化时应严格控制温度。胶料密度可按 1.23g/cm³ 计算

表 18-19 烟片胶、导电海绵（4.5V，电阻 6800Ω）

材料名称 \ 基本用量/g \ 配方编号	F-13	混炼工艺条件		
烟片胶 1#（3 段）	100	混炼辊温：50℃±5℃ 混炼加料顺序：胶＋发泡剂＋石蜡、硬脂酸、防老剂 A＋4010、促进剂、氧化锌＋炭黑、石墨＋硫黄——薄通 4 次下片，停放一天后再薄通 4 次下片备用 胶料须返炼后再硫化 该海绵胶电阻（4.5V）6800Ω		
发泡剂 AC	4			
石蜡	1			
硬脂酸	4			
防老剂 A	1.5			
防老剂 4010	1			
促进剂 DM	1.3			
促进剂 M	0.6			
氧化锌	5			
乙炔炭黑	30			
石墨	70			
硫黄	1			
合计	219.4	圆盘振荡硫化仪（153℃）	M_L/N·m	2.3
			M_H/N·m	87
			t_{10}	5 分 24 秒
			t_{90}	27 分 36 秒

硫化工艺条件：

153℃×30min，硫化模具型腔 180mm×120mm×2mm，发泡率 55%～60%，硫化模型表面单位压力 1～2MPa。硫化后海绵胶孔径均匀，表面平整、光亮。硫化时应严格控制温度。胶料密度可按 1.28g/cm^3 计算

表 18-20 烟片胶、导电海绵（4.5V，电阻 9600Ω）

材料名称 \ 基本用量/g \ 配方编号	F-14	混炼工艺条件	
烟片胶 1#（3 段）	100	混炼辊温：50℃±5℃ 混炼加料顺序：胶＋发泡剂＋石蜡、硬脂酸、防老剂 A＋4010、促进剂、氧化锌＋蓖麻油、炭黑、石墨——薄通 4 次下片，停放一天后——薄通 4 次下片备用 胶料须返炼后再硫化 该配方海绵胶电阻（4.5V）9600Ω 该配方密度可按 1.20g/cm³ 计算	
发泡剂 AC	4		
石蜡	1		
硬脂酸	4		
防老剂 A	1.5		
防老剂 4010	1		
促进剂 DM	1.3		
促进剂 M	1		
氧化锌	5		
蓖麻油	3		
乙炔炭黑	35		
石墨	40		
硫黄	1		
合计	197.8	圆盘振荡硫化仪（153℃） M_L/N·m	3.1
		M_H/N·m	80.0
		t_{10}	4 分 52 秒
		t_{90}	43 分

硫化工艺条件：

153℃×45min，硫化模具型腔 180mm×120mm×2mm，发泡率 55%～66%，硫化模具表面单位压力 2MPa。硫化后海绵孔径均匀，片平整，硫化时严格控制温度

第 19 章

不同胶种海绵胶配方

19.1 通用胶海绵胶配方

表 19-1 烟片胶白色微孔海绵胶

<table>
<tr><td>配方编号
基本用量/g
材料名称</td><td>H-1</td><td colspan="3">混炼工艺条件</td></tr>
<tr><td>颗粒胶 1#（薄通 30 次）</td><td>100</td><td colspan="3" rowspan="11">混炼辊温：45℃±5℃
混炼加料顺序：胶＋发泡剂＋石蜡、硬脂酸＋防老剂、促进剂、氧化锌＋机油、立德粉＋硫黄——薄通 4 次下片备用
硫化前薄通 3 次下片，要求两表面平整，胶内无泡
该配方硫化胶无异味</td></tr>
<tr><td>发泡剂 H</td><td>3</td></tr>
<tr><td>石蜡</td><td>1</td></tr>
<tr><td>硬脂酸</td><td>4</td></tr>
<tr><td>防老剂 SP</td><td>1</td></tr>
<tr><td>促进剂 DM</td><td>1.5</td></tr>
<tr><td>氧化锌</td><td>5</td></tr>
<tr><td>机油 10#</td><td>15</td></tr>
<tr><td>立德粉</td><td>15</td></tr>
<tr><td>硫黄</td><td>2.5</td></tr>
<tr><td>合计</td><td>148</td></tr>
<tr><td colspan="2" rowspan="4"></td><td rowspan="4">圆盘振荡硫化仪
（153℃）</td><td>M_L/N·m</td><td>1.0</td></tr>
<tr><td>M_H/N·m</td><td>31.0</td></tr>
<tr><td>t_{10}</td><td>6 分 12 秒</td></tr>
<tr><td>t_{90}</td><td>9 分 24 秒</td></tr>
<tr><td colspan="5">硫化工艺条件：
153℃×17min，硫化模型表面单位压力不低于 2MPa，本次硫化发泡率为 30%，发泡较好，孔径密实，胶白，弹性好。如用 163℃硫化效果略差，硫化模具型腔 225mm×200mm×10mm</td></tr>
</table>

表 19-2 SBR^{1500}海绵胶

材料名称 \ 基本用量/g \ 配方编号	H-2	混炼工艺条件		
丁苯胶 1500#(薄通 15 次)	100	混炼辊温:45℃±5℃ 混炼加料顺序:胶+发泡剂+小苏打+石蜡、硬脂酸+促进剂、氧化锌+机油、凡士林、碳酸钙、白炭黑、乙二醇+硫黄——薄通 4 次下片,停放一天后再薄通 8 次下片备用 胶料须返炼后再硫化,最好当天返炼的胶料当天用 该配方如果用 SBR50、BR50 发泡,效果也可以,但发泡率只有 56%左右。硫化速率 t_{90} 比原配方快 1min		
发泡剂 H	10			
小苏打	20			
石蜡	2			
硬脂酸	5			
促进剂 DM	1.5			
促进剂 M	1.2			
氧化锌	5			
机油 10#	45			
凡士林(工业)	30			
碳酸钙	60			
沉淀法白炭黑	30			
乙二醇	3			
硫黄	4			
合计	316.7	圆盘振荡硫化仪(153℃)	M_L/N·m	2.0
			M_H/N·m	13.3
			t_{10}	5 分
			t_{90}	7 分 36 秒

硫化工艺条件:

153℃×12min,硫化模具型腔 158mm×25mm×6mm,发泡率可按 55%~60%计算。发泡孔径均匀。硫化模型表面单位压力 2MPa。硫化时应严格控制温度和时间,胶料密度可按 1.30g/cm³ 计算

表 19-3 颗粒胶/SBR1502软海绵

配方编号 / 基本用量/g / 材料名称	H-3	混炼工艺条件	
颗粒胶 1#(薄通 20 次)	100	混炼辊温:50℃±5℃ 混炼加料顺序:颗粒胶+SBR(混匀、薄通 6 次)+白油膏+发泡剂+石蜡、硬脂酸+防老剂+促进剂+机油、氧化锌、碳酸钙、陶土、白炭黑、乙二醇+硫黄——薄通 4 次下片备用 硫化前胶料薄通 4 次下片,胶片要光,胶片不可有气泡	
丁苯胶 1502#(薄通 10 次)	10		
白油膏	15		
发泡剂 H	3		
石蜡	1		
硬脂酸	4		
防老剂 SP	1.5		
促进剂 DM	1.5		
氧化锌	20		
机油 10#	40		
碳酸钙	40		
陶土	15		
沉淀法白炭黑	15		
乙二醇	1.5		
硫黄	2.5		
合计	270	圆盘振荡硫化仪(153℃) M_L/N·m	1.7
		M_H/N·m	30.3
		t_{10}	4 分 48 秒
		t_{90}	7 分 24 秒

硫化工艺条件:

153℃×30min,硫化模具型腔 125mm×45mm×30mm,如果模具型腔为 158mm×25mm×6mm,硫化条件为 153℃×10min,模型表面单位压力 2~3MPa。该配方做了不同发泡率试验,可根据需要孔径选择发泡率。试制了海绵胶样品

表 19-4 颗粒胶/溶聚丁苯胶海绵

材料名称 \ 基本用量/g \ 配方编号	H-4	混炼工艺条件	
颗粒胶 1#(薄通 20 次)	100	混炼辊温:50℃±5℃ 混炼加料顺序:颗粒胶+丁苯胶(混匀、薄通 6 次)+白油膏+发泡剂+石蜡、硬脂酸、防老剂+促进剂+机油、氧化锌、碳酸钙、陶土、白炭黑、乙二醇+硫黄——薄通 4 次下片备用 硫化前胶料薄通 4 次下片,胶片要光,胶片不可有气泡	
溶聚丁苯胶(薄通 10 次)	10		
白油膏	15		
发泡剂 H	3		
石蜡	1		
硬脂酸	4		
防老剂 SP	1.5		
促进剂 DM	1.5		
氧化锌	20		
机油 10#	40		
碳酸钙	40		
陶土	15		
沉淀法白炭黑	15		
乙二醇	1.5		
硫黄	2.5		
合计	270	圆盘振荡硫化仪(153℃) M_L/N·m	1.7
		M_H/N·m	29.3
		t_{10}	4 分 30 秒
		t_{90}	7 分 24 秒

硫化工艺条件:

153℃×30min,硫化模具型腔 125mm×45mm×30mm,如果模具型腔为 158mm×25mm×6mm,硫化条件为 153℃×10min,模型表面单位压力 2~3MPa。做了不同发泡率试验,可根据需要孔径选择发泡率。试制了海绵胶样品。胶料密度按 1.15g/cm³ 计算

表 19-5 颗粒胶/BR（100/10）海绵

材料名称 \ 基本用量/g \ 配方编号	H-5	混炼工艺条件
颗粒胶 1#（薄通 20 次）	100	混炼辊温：50℃±5℃ 混炼加料顺序：颗粒胶＋BR（混匀、薄通 6 次）＋白油膏＋发泡剂＋石蜡、硬脂酸、防老剂＋促进剂＋机油、碳酸钙、陶土、白炭黑、氧化锌、乙二醇＋硫黄——薄通 4 次下片备用 硫化前胶料薄通 4 次下片，胶片要光，胶片不可有气泡
顺丁胶（薄通 6 次）	10	
白油膏	15	
发泡剂 H	3	
石蜡	1	
硬脂酸	4	
防老剂 SP	1.5	
促进剂 DM	1.5	
氧化锌	20	
机油 10#	40	
碳酸钙	40	
陶土	15	
沉淀法白炭黑	15	
乙二醇	1.5	
硫黄	2.5	
合计	270	

圆盘振荡硫化仪（153℃）		
	M_L/N·m	2.0
	M_H/N·m	29.6
	t_{10}	5 分 12 秒
	t_{90}	7 分 48 秒

硫化工艺条件：

153℃×30min，硫化模具型腔 125mm×45mm×30mm，如果模具型腔为 158mm×25mm×6mm，硫化条件为 153℃×10min，模型表面单位压力 2～3MPa。做了不同发泡率试验，可根据需要选择发泡率。该配方备有海绵胶样品。胶料密度按 1.15g/cm³ 计算

表 19-6 颗粒胶/BR（50/50）海绵

配方编号 / 基本用量/g / 材料名称	H-6	混炼工艺条件		
烟片胶 3#（3 段）	50	混炼辊温：50℃±5℃ 混炼加料顺序：NR+BR+白油膏（薄通 6 次）+发泡剂、小苏打+石蜡、硬脂酸、防老剂+促进剂、氧化锌+凡士林、碳酸钙、白炭黑、乙二醇+硫黄——薄通 8 次下片备用 硫化前胶料须返炼后再用。当天返炼的胶当天用		
顺丁胶（薄通 6 次）	50			
白油膏	30			
发泡剂 H	5			
小苏打	15			
石蜡	1			
硬脂酸	4			
防老剂 SP	1.5			
促进剂 DM	1.5			
促进剂 M	1.2			
氧化锌	5			
白凡士林	40			
碳酸钙	50			
沉淀法白炭黑	25			
乙二醇	3			
硫黄	1.3			
合计	283.5	圆盘振荡硫化仪（153℃）	M_L/N·m	3.0
			M_H/N·m	20.2
			t_{10}	5 分
			t_{90}	9 分 45 秒

硫化工艺条件：

153℃×13min，硫化模具型腔 158mm×25mm×6mm，发泡率可按 55%～60%，发泡均匀，模型表面单位压力 2MPa。硫化后海绵胶可伸长五倍之多。硫化时应严格控制温度和时间，胶料密度按 1.20g/cm^3 计算

表 19-7 烟片胶/再生胶海绵

基本用量/g 配方编号 材料名称	H-7	混炼工艺条件		
烟片胶 3#（3 段）	50	混炼辊温：40℃±5℃ 混炼加料顺序：胶＋再生胶（薄通 4 次）＋白油膏＋发泡剂、小苏打＋石蜡、硬脂酸＋促进剂、氧化锌＋机油、碳酸钙＋硫黄——下片停放一天后薄通 6 次下片备用 胶料须返炼后再硫化		
胎面再生胶（薄通 10 次）	50			
白油膏	25			
发泡剂 AC	2.5			
发泡剂 H	3			
小苏打	15			
石蜡	1			
硬脂酸	4			
促进剂 DM	0.8			
氧化锌	3			
机油 20#	50			
碳酸钙	90			
硫黄	1.5	圆盘振荡硫化仪（143℃）	M_L/N·m	1.4
合计	295.8		M_H/N·m	16.8
			t_{10}	6 分 24 秒
			t_{90}	15 分
		圆盘振荡硫化仪（153℃）	M_L/N·m	1.1
			M_H/N·m	17.0
			t_{10}	3 分 36 秒
			t_{90}	7 分 48 秒

硫化工艺条件：

153℃×15min，硫化模具型腔 320mm×70mm×10mm，发泡率 50%左右，模型表面单位压力 2MPa。硫化后海绵胶孔径均匀，表面基本平整，硫化后海绵尺寸 320mm×69mm×9.2mm，硬度 32 度。硫化前胶片厚度必须 12～13mm，这样效果好。胶料密度按 1.30g/cm^3 计算

表 19-8 再生胶/烟片胶海绵胶

<table>
<tr><th>配方编号
基本用量/g
材料名称</th><th>H-8</th><th colspan="3">混炼工艺条件</th></tr>
<tr><td>胎面再生胶(薄通 3 次,压炼 5min)</td><td>80</td><td colspan="3" rowspan="11">混炼辊温:45℃±5℃
混炼加料顺序:再生胶+胶(薄通 4 次)+发泡剂+石蜡、硬脂酸+促进剂、氧化锌+机油+碳酸钙+(尿素+水)+硫黄——薄通 4 次下片,停放一天后再薄通 4 次下片备用
胶料须返炼后再硫化</td></tr>
<tr><td>烟片胶 1#(3 段)</td><td>20</td></tr>
<tr><td>石蜡</td><td>1</td></tr>
<tr><td>硬脂酸</td><td>4</td></tr>
<tr><td>发泡剂 H</td><td>3</td></tr>
<tr><td>促进剂 DM</td><td>1</td></tr>
<tr><td>氧化锌</td><td>3</td></tr>
<tr><td>机油 20#</td><td>30</td></tr>
<tr><td>碳酸钙</td><td>95</td></tr>
<tr><td>尿素</td><td>3</td></tr>
<tr><td>水</td><td>4</td></tr>
<tr><td>硫黄</td><td>1.7</td><td rowspan="4">圆盘振荡硫化仪
(153℃)</td><td>M_L/N·m</td><td>2.6</td></tr>
<tr><td>合计</td><td>245.7</td><td>M_H/N·m</td><td>32.5</td></tr>
<tr><td colspan="2" rowspan="2"></td><td>t_{10}</td><td>4 分 30 秒</td></tr>
<tr><td>t_{90}</td><td>8 分 10 秒</td></tr>
</table>

硫化工艺条件:

153℃×10min,148℃×12min,143℃×17min,都硫化得较好,从硫化的海绵胶来看,认为143℃、148℃硫化的海绵较好,孔径均匀,表面较光亮,硫化模具型腔370mm×70mm×10mm,发泡率可用 50%左右,硫化模具表面单位压力 2MPa

表 19-9 再生胶海绵

材料名称 \ 基本用量/g \ 配方编号	H-9	混炼工艺条件
胎面再生胶(薄通 10 次)	100	混炼辊温:40℃±5℃ 混炼加料顺序:再生胶+白油膏+发泡剂、小苏打(薄通 4 次)+石蜡、硬脂酸+促进剂、氧化锌+凡士林、机油、碳酸钙+硫黄——停放一天薄通 6 次下片备用 胶料须返炼后再硫化
白油膏	15	
发泡剂 H	5	
小苏打	15	
石蜡	1	
硬脂酸	4	
促进剂 CZ	1.5	
促进剂 TT	0.15	
氧化锌	4	
白凡士林	20	
机油 30#	18	
碳酸钙	35	
硫黄	1	
合计	219.65	

圆盘振荡硫化仪	项目	数值
圆盘振荡硫化仪(153℃)	M_L/N·m	2.9
	M_H/N·m	19.1
	t_{10}	3 分 36 秒
	t_{90}	4 分 58 秒
圆盘振荡硫化仪(143℃)	M_L/N·m	3.2
	M_H/N·m	21.7
	t_{10}	4 分 44 秒
	t_{90}	7 分

硫化工艺条件:

143℃×15min,硫化模具型腔 320mm×70mm×10mm,发泡率 50%~55%,模型表面单位压力 1~2MPa。硫化后海绵胶孔径基本均匀,表面较平,硫化时严格控制温度和发泡率。硫化后海绵片厚度 9.3mm。胶料密度按 1.30g/cm^3 计算

19.2 NBR、CR海绵胶配方

表 19-10 NBR耐油海绵胶（1）

材料名称 \ 基本用量/g \ 配方编号	H-10	混炼工艺条件	
丁腈胶 360(1段再薄通30次)	100	混炼辊温:40℃±5℃ 混炼加料顺序:胶+硫黄+发泡剂(薄通4次)+石蜡、硬脂酸+DBP、氧化锌、立德粉、炭黑+促进剂——薄通8次下片备用 硫化前胶料须薄通4次下片硫化,胶片不得有气泡 该海绵胶耐油	
硫黄	1.5		
发泡剂 AC	2.5		
发泡剂 H	2.5		
石蜡	1		
硬脂酸	3		
邻苯二甲酸二丁酯(DBP)	40		
氧化锌	10		
立德粉	50		
半补强炉黑	5		
促进剂 DM	1.2		
促进剂 M	0.7		
合计	217.4	圆盘振荡硫化仪(153℃) M_L/N·m	1.2
		M_H/N·m	13.6
		t_{10}	6分12秒
		t_{90}	9分06秒

硫化工艺条件:

153℃×15min,硫化模具型腔158mm×25mm×6mm,发泡率50%左右,发孔均匀,模型表面单位压力2MPa。硫化时严格控制温度。胶料密度按1.40g/cm^{3}计算

表 19-11 NBR 耐油海绵胶（2）

<table>
<tr><td>配方编号
基本用量/g
材料名称</td><td>H-11</td><td colspan="3">混炼工艺条件</td></tr>
<tr><td>丁腈胶 360(1 段再薄通 30 次)</td><td>100</td><td colspan="3" rowspan="9">混炼辊温：40℃±5℃
混炼加料顺序：胶+硫黄+发泡剂(薄通 4 次)+石蜡、硬脂酸+DBP、氧化锌、白炭黑+促进剂——薄通 8 次下片备用
硫化前胶料薄通 4 次下片硫化，胶片内不得有气泡
当天薄通的胶当天硫化
该配方胶料密度可按 1.26g/cm^3</td></tr>
<tr><td>硫黄</td><td>1.5</td></tr>
<tr><td>发泡剂 H</td><td>4</td></tr>
<tr><td>石蜡</td><td>1</td></tr>
<tr><td>硬脂酸</td><td>3</td></tr>
<tr><td>邻苯二甲酸二丁酯(DBP)</td><td>10</td></tr>
<tr><td>氧化锌</td><td>7</td></tr>
<tr><td>沉淀法白炭黑</td><td>20</td></tr>
<tr><td>促进剂 CZ</td><td>1</td></tr>
<tr><td>合计</td><td>147.5</td><td rowspan="4">圆盘振荡硫化仪
(153℃)</td><td>M_L/N·m</td><td>2.9</td></tr>
<tr><td colspan="2" rowspan="3"></td><td>M_H/N·m</td><td>28.8</td></tr>
<tr><td>t_{10}</td><td>5 分 45 秒</td></tr>
<tr><td>t_{90}</td><td>29 分 30 秒</td></tr>
<tr><td colspan="5">硫化工艺条件：
153℃×3min，硫化模具型腔 158mm×25mm×6mm，硫化模具表面单位压力 2MPa，发泡率 55%左右为宜，硫化后海绵胶孔径均匀，弹性较好，表面较平整。硫化时应严格控制温度，孔径大小根据发泡率而定</td></tr>
</table>

表 19-12 NBR 耐油海绵胶（3）

材料名称 \ 基本用量/g \ 配方编号	H-12	混炼工艺条件	
丁腈胶 360(1 段再薄通 20 次)	100	混炼辊温:40℃±5℃ 混炼加料顺序:胶+硫黄+发泡剂(薄通 4 次)+石蜡、硬脂酸+DBP、氧化锌、立德粉+促进剂——薄通 8 次下片备用 硫化前胶料薄通 4 次下片硫化,胶片内不得有气泡 当天薄通的胶当天硫化 该配方胶料密度可按 1.50g/cm³ 计算	
硫黄	1.5		
发泡剂 AC	2.5		
发泡剂 H	2.5		
石蜡	1		
硬脂酸	3		
氧化锌	10		
邻苯二甲酸二丁酯(DBP)	15		
立德粉	50		
促进剂 DM	1.2		
促进剂 M	0.7		
合计	187.4	圆盘振荡硫化仪(153℃) M_L/N·m	2.4
		M_H/N·m	24.7
		t_{10}	8 分
		t_{90}	12 分

硫化工艺条件:

153℃×15min,硫化模具型腔 158mm×25mm×6mm,硫化模具表面单位压力 2MPa,发泡率 50%左右,硫化后海绵胶孔径均匀,弹性较好,表面光而平整。硫化时应严格控制温度

表 19-13 CR 耐热、耐酸碱微孔海绵（1）

材料名称 \ 基本用量/g \ 配方编号	H-13	混炼工艺条件		
氯丁胶 120(山西)	100	混炼辊温：45℃±5℃ 混炼加料顺序：胶(薄通 15 次)＋氧化镁＋发泡剂＋硬脂酸＋促进剂 D、TT＋DOP、机油、炭黑、碳酸钙＋氧化锌、NA22——薄通 4 次下片，停放一天后再薄通 6 次下片备用 胶料须返炼后再硫化。当天返炼的胶当天用 该配方如果去掉碳酸钙，换上陶土 50 份，孔径也很好，发泡率可在 50%左右，胶料密度 1.24g/cm³		
氧化镁	4			
发泡剂 AC	3			
发泡剂 H	3			
硬脂酸	2			
促进剂 D	0.5			
促进剂 TT	0.5			
邻苯二甲酸二辛酯(DOP)	15			
机油 30#	15			
半补强炉黑	50			
碳酸钙	50			
促进剂 NA22	0.5			
氧化锌	5			
合计	248.5	圆盘振荡硫化仪(153℃)	M_L/N·m	3.3
			M_H/N·m	13.0
			t_{10}	4 分 24 秒
			t_{90}	17 分 36 秒

硫化工艺条件：

153℃×30min，硫化模具型腔 225mm×200mm×10.5mm，发泡率 48%，硫化后海绵胶孔径较好，表面平整。模型表面单位压力 2～3MPa，硫化时应严格控制放胶量和硫化温度。胶料密度可按 1.20g/cm³ 计算。该海绵胶耐热，耐酸碱

表 19-14 **CR 耐热、耐酸碱微孔海绵（2）**

材料名称 \ 基本用量/g \ 配方编号	H-14	混炼工艺条件	
氯丁胶（通用型，青岛产小块）	100	混炼辊温：45℃±5℃ 混炼加料顺序：胶（薄通 15 次）＋氧化镁＋发泡剂＋硬脂酸＋促进剂、D、TT＋DOP、机油、炭黑＋NA22、氧化锌——薄通 4 次下片。停放一天后再薄通 8 次下片备用 胶料须返炼后再硫化，当天返炼的胶料当天用 该配方胶料密度 1.133g/cm^3 该配方也可用发泡剂 H 3 份，发泡效果也较好	
氧化镁	4		
发泡剂 AC	3		
硬脂酸	2		
促进剂 D	0.5		
促进剂 TT	0.5		
邻苯二甲酸二辛酯(DOP)	20		
机油 30#	20		
高耐磨炉黑	30		
半补强炉黑	40		
促进剂 NA22	0.8		
氧化锌	2		
合计	222.8	圆盘振荡硫化仪（153℃） M_L/N·m	0.8
		M_H/N·m	11.0
		t_{10}	4 分 54 秒
		t_{90}	35 分 06 秒

硫化工艺条件：

153℃×50min，硫化模具型腔 225mm×200mm×10.5mm，发泡率 50%左右，硫化模具表面单位压力 2～3MPa，硫化后海绵胶孔径均匀，微孔，孔径密实，胶很柔软，弹性好，整片很平整，尺寸较稳定。硫化时应严格控制温度、时间。可根据需要孔径选择发泡率

表 19-15 CR耐热、耐酸碱微孔海绵（3）

基本用量/g 配方编号 材料名称	H-15	混炼工艺条件	
氯丁胶(薄通15次,青岛产小块)	100	混炼辊温:45℃±5℃ 混炼加料顺序:胶+氧化镁+发泡剂+硬脂酸+促进剂D、TT+DOP、机油、炭黑+NA22、氧化锌——薄通4次下片,停放一天后再薄通8次下片备用 胶料须返炼后再硫化,当天返炼的胶料当天用 该配方胶料密度1.107g/cm³ 该配方也可用半补强炉黑20份,发泡效果也较好	
氧化镁	4		
发泡剂AC	3		
发泡剂H	3		
硬脂酸	1		
促进剂D	0.5		
促进剂TT	0.5		
邻苯二甲酸二辛酯(DOP)	20		
机油30#	20		
炭黑(川槽)	20		
促进剂NA22	0.5		
氧化锌	5		
合计	177.5	圆盘振荡硫化仪(163℃) M_L/N·m	2.0
		M_H/N·m	18.3
		t_{10}	4分
		t_{90}	15分

硫化工艺条件：

153℃×35min,硫化模具型腔ϕ160mm×8mm,硫化模内填胶量90%左右效果较好。硫化模具表面单位压力2～3MPa,硫化后海绵胶孔径均匀,微孔,密实,弹性好,两表面很平整,胶柔软。硫化时应严格控制温度、时间。孔径大小决定填胶量。该配方如果用163℃硫化,效果不大理想

表 19-16 CR 耐热、耐酸碱微孔海绵（4）

材料名称 \ 基本用量/g \ 配方编号	H-16	混炼工艺条件	
氯丁胶 120(薄通 15 次)	100	混炼辊温：45℃±5℃ 混炼加料顺序：胶＋氧化镁＋发泡剂＋硬脂酸＋促进剂 D、TT＋DOP、机油、炭黑、碳酸钙、瓷土＋NA22、氧化锌——薄通 4 次下片，停放一天后再薄通 8 次下片备用 胶料须返炼后再硫化，当天返炼的胶料当天用 该配方胶料密度 1.315g/cm³	
氧化镁	4		
发泡剂 AC	3		
发泡剂 H	3		
硬脂酸	2		
促进剂 D	0.5		
促进剂 TT	0.5		
邻苯二甲酸二辛酯(DOP)	20		
机油 30[#]	20		
半补强炉黑	50		
碳酸钙	50		
瓷土	50		
促进剂 NA22	0.5		
氧化锌	5		
合计	308.5	圆盘振荡硫化仪（153℃） M_L/N·m	2.9
		M_H/N·m	17.8
		t_{10}	4 分 36 秒
		t_{90}	21 分

硫化工艺条件：

153℃×35min，硫化模具型腔 225mm×200mm×10.5mm，发泡率 40%左右效果较好，硫化模具表面单位压力 2～3MPa，硫化后海绵胶孔径均匀，微孔，弹性好，两表面光平。硫化时应严格控制温度、时间。该配方不适宜 163℃硫化

表 19-17 CR/NBR 耐热、耐油、耐酸碱微孔海绵

<table>
<tr><td>配方编号
基本用量/g
材料名称</td><td>H-17</td><td colspan="3">混炼工艺条件</td></tr>
<tr><td>丁腈胶 360#(1 段,薄通 30 次)</td><td>55</td><td colspan="3" rowspan="17">混炼辊温:45℃±5℃
混炼加料顺序:CR 先薄通 15 次停放后待用
NBR+CR+氧化镁+白油膏(薄通 6 次)+发泡剂+硬脂酸+促进剂 D、TT、DM+DBP、机油、碳酸钙、立德粉、陶土、炭黑+硫黄、NA22、氧化锌——薄通 4 次下片,停放一天再薄通 8 次下片备用
胶料须返炼后再硫化,当天返炼的胶料当天硫化
该海绵胶耐热、耐油、耐酸碱</td></tr>
<tr><td>氯丁胶(通用型,青岛产小块)</td><td>45</td></tr>
<tr><td>氧化镁</td><td>2</td></tr>
<tr><td>白油膏</td><td>6</td></tr>
<tr><td>发泡剂 AC</td><td>2.6</td></tr>
<tr><td>发泡剂 H</td><td>2.6</td></tr>
<tr><td>硬脂酸</td><td>2</td></tr>
<tr><td>促进剂 TT</td><td>0.04</td></tr>
<tr><td>促进剂 DM</td><td>1</td></tr>
<tr><td>促进剂 D</td><td>0.2</td></tr>
<tr><td>邻苯二甲酸二丁酯(DBP)</td><td>25</td></tr>
<tr><td>机油 30#</td><td>15</td></tr>
<tr><td>碳酸钙</td><td>25</td></tr>
<tr><td>立德粉</td><td>30</td></tr>
<tr><td>陶土</td><td>10</td></tr>
<tr><td>半补强炉黑</td><td>20</td></tr>
<tr><td>硫黄</td><td>0.8</td></tr>
<tr><td>促进剂 NA22</td><td>0.3</td><td rowspan="4">圆盘振荡硫化仪
(153℃)</td><td>M_L/N·m</td><td>1.8</td></tr>
<tr><td>氧化锌</td><td>8</td><td>M_H/N·m</td><td>18.7</td></tr>
<tr><td rowspan="2">合计</td><td rowspan="2">250.54</td><td>t_{10}</td><td>5 分 12 秒</td></tr>
<tr><td>t_{90}</td><td>8 分 48 秒</td></tr>
<tr><td colspan="5">硫化工艺条件:
153℃×15min,硫化模具型腔 ϕ362mm×6.2mm 厚,模具内填胶量 90%~95%,硫化后海绵胶较软,微孔,孔径均匀,表面光,油不渗透表面,胶片表面平整,硫化时注意控制温度和填胶量。硫化时模型表面单位压力 2~3MPa。胶料密度可按 1.30g/cm^3 计算</td></tr>
</table>